21世纪高职高专规划教材
机械基础系列

"十二五"职业教育国家规划教材
经全国职业教育教材审定委员会审定

钳工实训(修订本)

张玉中 曹 明 陈云峰 编著

清华大学出版社
北京

内容简介

本书以项目形式展开教学，全书安排了30个练习项目，学生通过完成一定的项目训练，了解、掌握钳工的基础知识和基本操作技能。主要内容包括：钳工常用设备及工具量具的使用、划线、錾削、锯削、锉削、刮削、研磨、钻孔、锪孔、扩孔、铰孔、攻螺纹、套丝等钳工基本操作及简单装配。

此修订本进行了全新改版，调整、增加了技能练习项目和内容。

本书适合用于高职高专模具、机电、机械等专业钳工实训教学，也可作为钳工考证培训教材，还可供技术工人培训时参考。

图书在版编目(CIP)数据

钳工实训/张玉中，曹明，陈云峰编著. --修订本. --北京：清华大学出版社，2015 (2024.2重印)
21世纪高职高专规划教材. 机械基础系列
ISBN 978-7-302-39412-9

Ⅰ. ①钳… Ⅱ. ①张… ②曹… ③陈… Ⅲ. ①钳工—高等职业教育—教材 Ⅳ. ①TG9

中国版本图书馆CIP数据核字(2015)第031495号

责任编辑：田 梅
封面设计：傅瑞学
责任校对：袁 芳
责任印制：宋 林

出版发行：清华大学出版社
网　　址：https://www.tup.com.cn, https://www.wqxuetang.com
地　　址：北京清华大学学研大厦A座　　**邮　　编**：100084
社 总 机：010-83470000　　**邮　　购**：010-62786544
投稿与读者服务：010-62776969，c-service@tup.tsinghua.edu.cn
质量反馈：010-62772015，zhiliang@tup.tsinghua.edu.cn
课件下载：https://www.tup.com.cn，010-62795764
印 装 者：三河市君旺印务有限公司
经　　销：全国新华书店
开　　本：185mm×260mm　　**印　　张**：15.75　　**字　　数**：357千字
版　　次：2006年6月第1版　　2015年6月第3版　　**印　　次**：2024年2月第10次印刷
定　　价：45.00元

产品编号：061477-03

FOREWORD

修订本前言

《钳工实训》自2006年出版以来深受高职院校师生的欢迎，多次重印并获江苏省精品教材。2011年第2版对2006年的初版进行了修订，主要是充实、增加了练习内容，便于实训时选择练习。为了适应高职教育快速发展，提高学生的钳工操作技能，培养“双证”型高素质技术技能人才，并依照“高等职业学校专业教学标准(试行)”，我们再次对《钳工实训》教材进行了修订，以便更好地开展高职院校的钳工技能培训。

本书是《钳工实训》第2版的修订本，本教材经全国职业教育教材审定委员会审定被评为“十二五”职业教育国家规划教材调整、更新了第2版中的部分内容，以全新的方式编排。全书分成两篇，第1篇是练习项目，第2篇是学习内容，以完成项目形式引领学生掌握知识和技能，便于学生自学和教师授课，使用灵活方便。在实训教学中，可通过练习第1篇中的部分项目，去学习、掌握第2篇中的钳工基本操作技能(如划线、锯削、锉削、钻孔等)，从而达到提高钳工操作技能的目的。

本书采用项目形式教学，内容安排由浅入深，由易到难，循序渐进。重点介绍规范的操作方法、加工步骤，以提高实际动手能力。在项目的编排上，兼顾基础技能、训练提高、装配技能三方面，便于开展实践教学和考证培训。

本书可供高职高专院校模具、机械、机电等专业及中等职业学校模具、机械、机电等专业学生钳工实训时使用，也可供培训机构用作钳工考证培训教材，还可供技术工人培训时参考。

本书第1篇中项目1至项目6、第2篇及附录由江苏信息职业技术学院张玉中编写，第1篇中项目7至项目25由曹明编写，第1篇中项目26至项目30由陈云峰编写，全书由张玉中统编定稿。

由于编者水平和经验有限，书中难免会有错误和不妥之处，恳请读者批评、指正。

编　者

2015年2月

CONTENTS

目录

第1篇　练习项目

第2篇　学习内容

第1篇

练习项目

项目1

圆角长方体制作

项目目标

(1) 掌握简单的立体划线和平面划线方法。
(2) 掌握简单平面錾削方法。
(3) 掌握锯削方法。
(4) 掌握平面锉削方法和简单外圆弧面锉削方法。
(5) 掌握简单平面刮削方法。
(6) 掌握通孔加工、沉孔加工、销钉孔加工、螺纹孔加工方法。
(7) 掌握游标卡尺、刀口直角尺、ϕ8H7 塞规等量具的使用方法。

项目学习内容

在实施本项目各任务前,应分别学习第 2 篇单元 2～单元 9 中的相关内容。

项目材料准备

项目材料为毛坯尺寸为 87mm×67mm×16mm 的长方体,材料为 HT200,其中 2 个大平面和 1 组侧面这 4 个面已经机械加工,且互相垂直。

项目完成时间

项目完成时间约为 30 学时左右,详见表 1-1-1。

表 1-1-1 项目各任务完成时间表

序号	任 务	操作时间/学时	序号	任 务	操作时间/学时
1	錾削 2 侧面	4	4	刮削大平面	8
2	锯削 2 侧面	2	5	钻孔、扩孔、锪孔、铰孔、攻螺纹	4
3	锉削 2 侧面	8	6	锉削圆角	4

项目考核标准

圆角长方体经过 30 学时左右的钳工加工,要求达到图 1-1-1 所示要求,项目的考核标准如表 1-1-2 所示。

表 1-1-2　圆角长方体制作评分表

任务	序号	考核要求 尺寸	考核要求 偏差	配分	评分标准	自检	检测得分
1	1	85mm	±0.5mm	4	超差全扣		
	2	65mm	±0.5mm	4			
	3	//≤0.5mm(2 处)		2×2			
2	4	82mm	±0.3mm	4			
	5	62mm	±0.3mm	4			
	6	//≤0.5mm(2 处)		2×2			
3	7	80mm	±0.1mm	4			
	8	60mm	±0.1mm	4			
	9	//≤0.2mm(2 处)		2×2			
	10	⊥≤0.1mm(2 处)		2×2			
	11	▱≤0.1mm(2 处)		2×2			
4	12	每 25mm×25mm 内研点数≥18 点		5	酌情扣分		
	13	刮削表面无明显沟痕，研点均布、刮纹交错		3			
5	14	56mm(2 处)	±0.2mm	2×2	超差全扣		
	15	36mm(3 处)	±0.2mm	2×3			
	16	$\phi8^{+0.015}_{0}$ mm(2 处)		2×2			
	17	柱形沉孔深 9～9.5mm		2×2			
	18	两锥形沉孔上下、左右对称度误差≤0.5mm		2×2			
	19	操作钻床正确		2			
	20	铰孔正确		2			
	21	M8 螺孔⊥≤0.3mm		2×2			
	22	攻螺纹正确，无烂牙		2			
6	23	$R(10\pm0.1)$mm(4 处)		2×4			
	24	⊥≤0.1mm(4 处)		2×4			
	25	各任务中的表面粗糙度			酌情扣分		
班级		姓名		学号		总分	

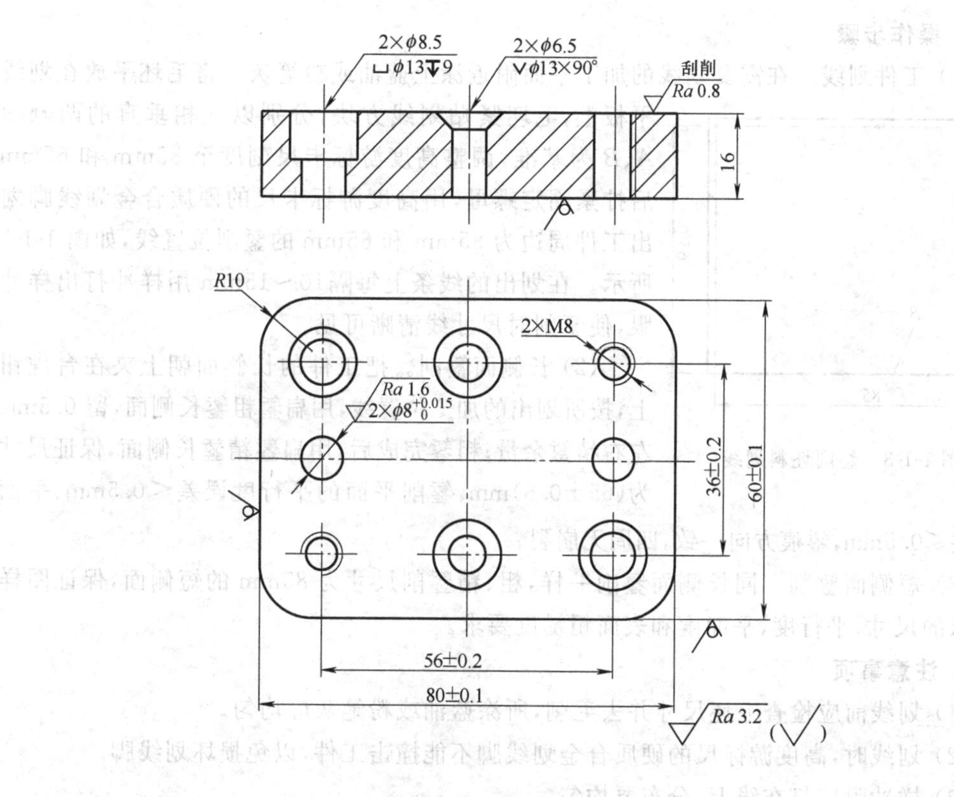

图 1-1-1　圆角长方体

项目实施

圆角长方体如图 1-1-1 所示，经过任务 1～任务 6 的钳工加工，达到图样要求。

任务 1　錾削 2 侧面

1. 任务分析

工件毛坯尺寸为 87mm×67mm×16mm，材料为铸铁，其中两个大面和一组相邻侧面已经机械加工，且互相垂直。长方体錾削如图 1-1-2 所示。要求錾削两侧平面，外形尺寸为 85mm×65mm，平行度误差≤0.5mm，平面度误差≤0.5mm，錾痕方向一致，四周无崩裂。

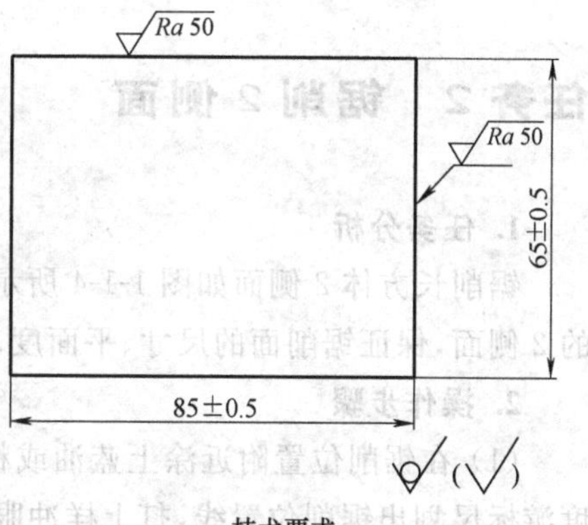

图 1-1-2　錾削 2 侧面

2. 操作步骤

(1) 工件划线。在需要划线的加工平面附近涂上蓝油或粉笔灰。将毛坯平放在划线平板上,毛坯紧贴划线方块,分别以互相垂直的两侧面 A、B 为基准,调整高度游标卡尺刻度至 85mm 和 65mm 后拧紧固定螺母,用高度游标卡尺的硬质合金划线脚划出工件周边为 85mm 和 65mm 的錾削位置线,如图 1-1-3 所示。在划出的线条上每隔10～15mm 用样冲打出样冲眼,使錾削时尺寸线清晰可见。

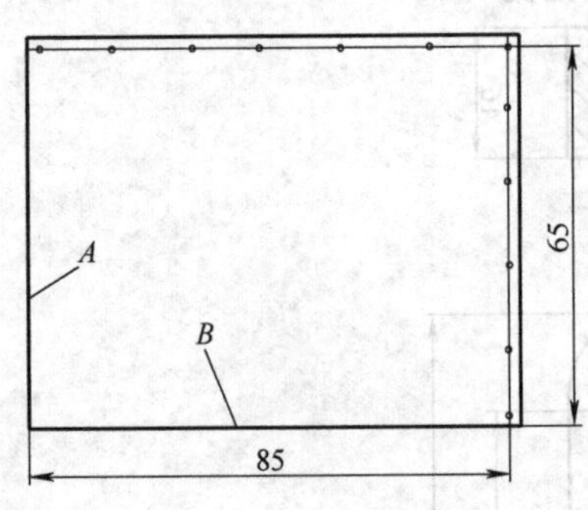

图 1-1-3 錾削坯料划线

(2) 长侧面錾削。把工件的长侧面朝上夹在台虎钳上,按所划出的加工位置线,用扁錾粗錾长侧面,留 0.5mm 左右精錾余量;粗錾完成后,用扁錾精錾长侧面,保证尺寸为(65±0.5)mm、錾削平面的平行度误差≤0.5mm、平面度误差≤0.5mm,錾痕方向一致,四周无崩裂。

(3) 短侧面錾削。同长侧面錾削一样,粗、精錾削尺寸为 85mm 的短侧面,保证图样所要求的尺寸、平行度、平面度和表面粗糙度要求。

3. 注意事项

(1) 划线前应检查毛坯尺寸并去毛刺,所涂蓝油或粉笔灰应均匀。

(2) 划线时,高度游标尺的硬质合金划线脚不能撞击工件,以免损坏划线脚。

(3) 样冲眼应打在线上,分布要均匀。

(4) 錾削时,工件下面与台虎钳之间应用铁块或木块垫实,防止工件在錾削时松动。

(5) 粗錾时,每次的錾削深度最好为 0.5～1mm,注意錾削姿势正确和锤击落点准确。操作时要注意安全,錾削到尽头 10mm 处应调头錾削,防止工件端部产生崩裂现象。

(6) 精錾时,錾削深度应不大于 0.5mm,錾子要刃磨锋利,錾子要握正、握稳,锤击力量要均匀适当,使平面錾削平整。

任务 2 锯削 2 侧面

1. 任务分析

锯削长方体 2 侧面如图 1-1-4 所示。在任务 1 时已经錾削完 2 侧面,现需要锯去錾削的 2 侧面,保证锯削面的尺寸、平面度、平行度等要求。

2. 操作步骤

(1) 在锯削位置附近涂上蓝油或粉笔灰,按图 1-1-5 所示,在长方体锯削位置处用高度游标尺划出锯削位置线,打上样冲眼。

(2) 将工件夹持在台虎钳左边,使大平面上的锯削线与钳口垂直。

(3) 沿所划线条锯削第一个侧面,保证图样要求。

(4) 锯完后,锯削第二个侧面,保证图样要求。

3. 注意事项

(1) 应选用中齿锯条,锯条装夹要正确,松紧程度要合适,锯削姿势、站立位置应正确。

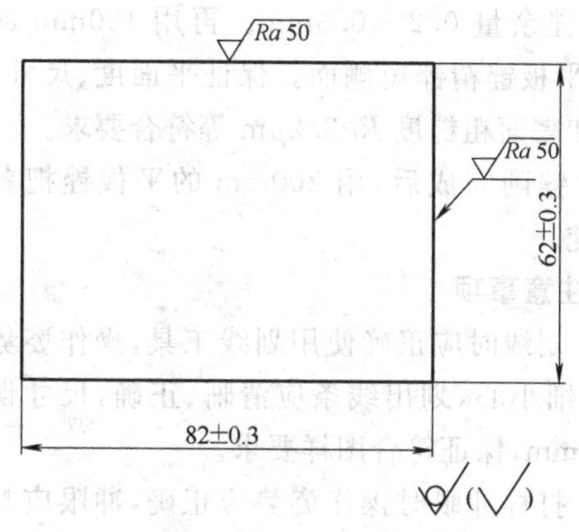

图 1-1-4 锯削 2 侧面

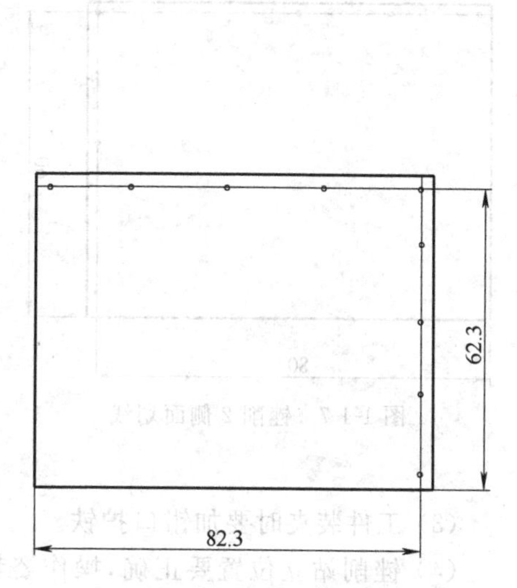

图 1-1-5 锯削 2 侧面划线

(2) 安装工件时应夹紧,锯缝应尽量靠近钳口。

(3) 起锯时,锯条应对准锯削位置线,起锯角不宜太大,最好用远起锯。

(4) 锯削时,锯削速度以 20～40 次/分为宜,双手压力要合适,回程时不应施加压力。锯削时,应注意锯缝的平直,如有歪斜,及时纠正。

任务 3 锉削 2 侧面

1. 任务分析

锉削 2 侧面如图 1-1-6 所示。工件经任务 2 锯削加工,尺寸为 82mm×62mm,需锉削两个锯削面,达到图样要求。锉削时,先锉好一侧面,然后再锉削另一个侧面。

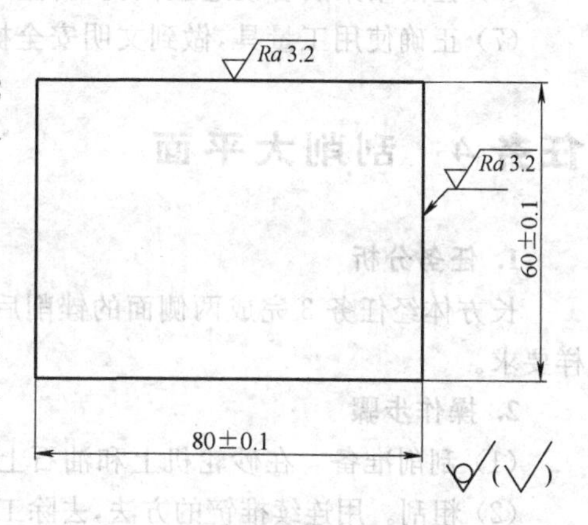

图 1-1-6 锉削 2 侧面

2. 操作步骤

(1) 划线。在划线的部位涂上蓝油或粉笔灰,将工件放在平板上,后面紧贴方箱,调整好高度游标卡尺尺寸后拧紧固定螺母,分别在工件周边划出 80mm 和 60mm 的锉削位置线,并在划出的线条上均匀地打上样冲眼,如图 1-1-7 所示。

(2) 锉削长平面。把工件夹持在台虎钳上,先用 250mm 或 300mm 平板锉粗锉长侧面,留精锉余量 0.2 ～ 0.3mm。再用 150mm 或

200mm 平板锉，精锉长侧面。保证平面度、尺寸、平行度和表面粗糙度 $Ra3.2$ 要求。

(3) 锉削短侧面。把工件夹持在台虎钳上，先用 250mm 或 300mm 平板锉粗锉短侧面，留精锉余量 0.2～0.3mm。再用 150mm 或 200mm 平板锉精锉短侧面。保证平面度、尺寸、平行度和表面粗糙度 $Ra3.2\mu m$ 等符合要求。

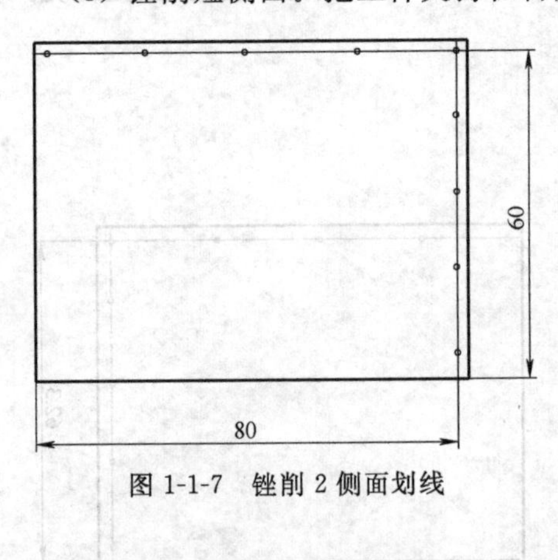

图 1-1-7 锉削 2 侧面划线

(4) 锉削完成后，用 200mm 的平板锉把各锐边倒钝。

3. 注意事项

(1) 划线时应正确使用划线工具，操作姿势正确，仔细小心，划出线条应清晰、正确，尺寸误差≤0.2mm，保证符合图样要求。

(2) 打样冲眼时操作姿势应正确，冲眼应打在线条上，不能偏离线条。

(3) 工件装夹时要加钳口护铁。

(4) 锉削站立位置要正确，操作姿势要规范、动作要标准，两手用力方向、大小要合适；锉刀柄应装紧，不使用无柄或木柄裂开的锉刀，防止刺伤手腕和手心；不能用手或嘴清除铁屑，以防意外；不能用手去摸工件锉过的表面，防止再锉时打滑或工件表面生锈。

(5) 锉削过程中经常检测，做到心中有数；用刀口直角尺通过光隙法检测工件平面度时，在纵向、横向和对角方向多次检查，保证平面度≤0.1mm；用刀口直角尺测量垂直度时方法要正确；侧面与相对面的平行度可用游标卡尺测量，平行度误差≤0.2mm。

(6) 锉削结束后各锐边应倒钝，防止划伤手。

(7) 正确使用工量具，做到文明安全操作。

任务 4 刮削大平面

1. 任务分析

长方体经任务 3 完成两侧面的锉削后，需刮削一个大平面，达到如图 1-1-8 所示的图样要求。

2. 操作步骤

(1) 刮削准备。在砂轮机上和油石上刃磨锋利平面刮刀，用机油调和好红丹粉。

(2) 粗刮。用连续推铲的方法，去除工件表面机械加工痕迹，当平面均匀达到 25mm×25mm 内 2～3 个研点时，粗刮即结束。

(3) 细刮。根据平面上研点分布情况及明暗程度，掌握好刮削位置及用力轻重，反复细刮多次，当平面均匀达到 25mm×25mm 内 10～14 个研点时，细刮即结束。

(4) 精刮。在细刮的基础上，对工件表面进一步修整，使研点更多更小，达到图样要求。

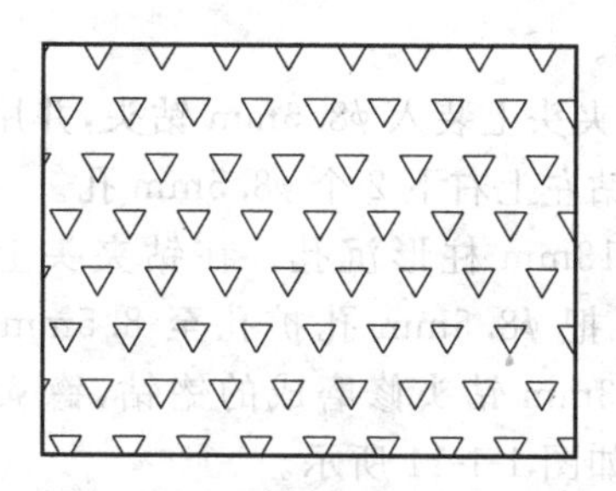

图 1-1-8　刮削大平面

3. 注意事项

(1) 刮削前各锐边应倒钝。

(2) 平面刮削的研点常用直向研点法，工件平面用红丹粉显示剂均匀涂布后在平板上应纵向、横向推拉工件、压力均匀，反复多次后显示研点。

(3) 粗刮时显示剂调和得稍薄些，可涂在标准平板上；细刮和精刮时显示剂调和得稍厚些，涂在工件上，能使研点清晰准确。

(4) 粗刮时刀痕可宽些，细刮时刀痕应变窄、变短，精刮时刀痕比细刮时更窄、更短，且落刀时要轻，起刀时要迅速。

(5) 刮削时应注意用力适当，避免在刮削表面留有明显沟痕。

任务5　钻孔、扩孔、锪孔、铰孔、攻螺纹

1. 任务分析

钻孔、扩孔、锪孔、铰孔、攻螺纹图样如图 1-1-9 所示。任务 4 完成刮削后的长方体，左上右下需钻 2 个 ϕ8.5mm 孔，上面扩、锪柱形沉孔 ϕ13mm，深 9mm；左下右上需钻 2 个 M8 底孔 ϕ6.7mm，攻 M8 螺纹；水平方向需钻 ϕ8mm 铰孔的底孔 ϕ7.8mm，铰 ϕ8H7 孔；中间需钻 2 个 ϕ6.5mm 孔，上面锪 90°锥形沉孔 ϕ13mm。在台钻上钻孔，采用手动进给，转速取 n=750～1000r/min，扩孔的转速取 n=300～400r/min。

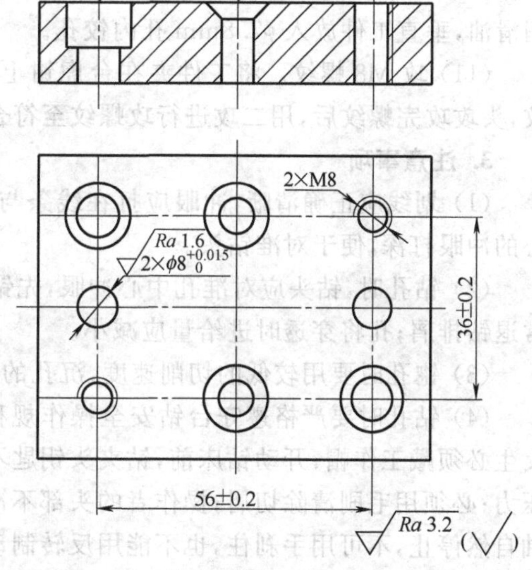

图 1-1-9　钻孔、扩孔、锪孔、铰孔、攻螺纹

2. 操作步骤

(1) 在长方体的大面上涂好蓝油，放在划线平板上，后面紧贴划线方箱，按如图 1-1-9 所示的尺寸，用高度游标卡尺在工件表面上划出孔的位置线，并在划出的线条交点上打上样冲眼，如图 1-1-10 所示。

(2) 将工件下面垫上等高垫铁，在平口钳上夹紧。

(3) 在钻夹头上装入 ϕ6.5mm 钻头，并用钻夹头钥匙扳紧，钻 2 个 ϕ6.5mm 孔。

(4) 更换 ϕ6.7mm 钻头，钻 2 个 M8 螺纹底孔 ϕ6.7mm。

(5) 在钻夹头上装入 ϕ7.8mm 钻头，并用钻夹头钥匙扳紧，钻 2 个 $\phi 8^{+0.015}_{0}$mm 孔

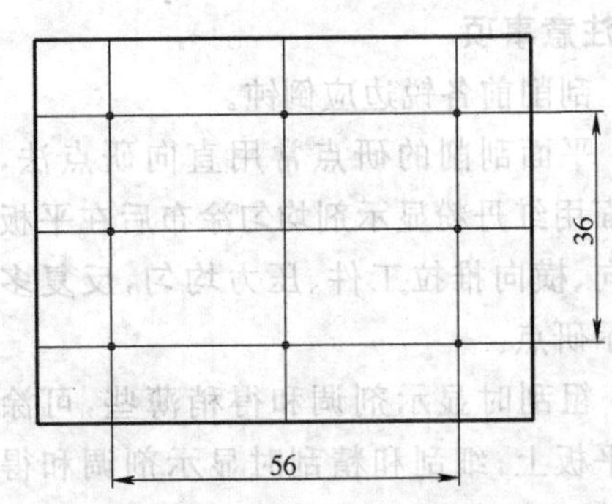

图 1-1-10 钻孔、扩孔、锪孔划线

底孔 ϕ7.8mm。

(6) 在钻夹头上装入 ϕ8.5mm 钻头，并用钻夹头钥匙扳紧，钻左上右下 2 个 ϕ8.5mm 孔。

(7) 锪 ϕ13mm 柱形沉孔。在钻夹头上装入 ϕ13mm 钻头，把 ϕ8.5mm 孔扩孔至 8.5mm 左右深，换上用 ϕ13mm 钻头修磨成的锪钻，锪 ϕ13mm 沉孔至要求，如图 1-1-11 所示。

(8) 锪 ϕ13mm 锥形沉孔。在钻夹头上装入用 ϕ13mm 钻头修磨成的锪钻，把 ϕ6.5mm 孔锪孔至 3.3mm 深，使孔口直径为 ϕ13mm，如图 1-1-12 所示。

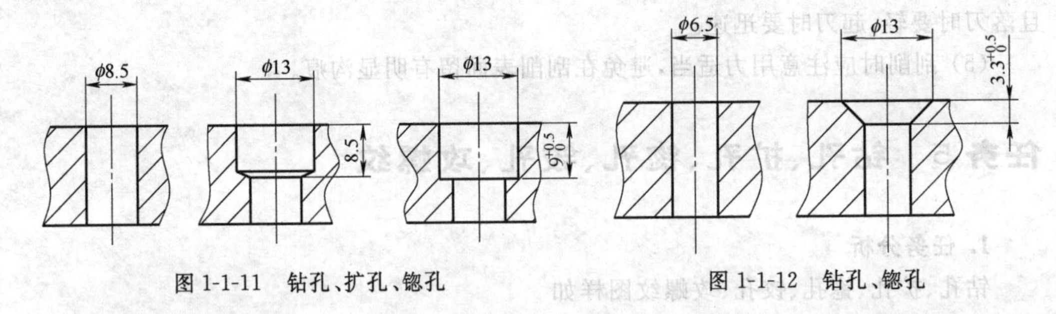

图 1-1-11 钻孔、扩孔、锪孔

图 1-1-12 钻孔、锪孔

(9) 用 ϕ13mm 钻头孔口倒角 1×45°。

(10) 铰孔。将工件卸下，夹在台虎钳上，把 ϕ8H7 铰刀装入铰杠夹紧，铰刀上加少许润滑油，垂直工件放入 ϕ7.8mm 孔内铰孔。

(11) 攻 M8 螺纹。将工件夹在台虎钳上，把 M8 头攻装入铰杠中夹紧，用头攻攻螺纹，头攻攻完螺纹后，用二攻进行攻螺纹至符合要求。

3. 注意事项

(1) 划线应正确清晰，冲眼应打在线条与线条交点上、不可偏移。钻孔前，应把孔中心的冲眼打深，便于对准钻头。

(2) 钻孔时，钻头应对准孔中心冲眼，先钻一浅坑，检查校正孔位置后才能钻孔；要经常退钻排屑；孔将穿透时进给量应减小。

(3) 锪孔时要用较低的切削速度，沉孔的深度应符合要求。

(4) 钻孔时要严格遵守台钻安全操作规程：操作钻床时不可戴手套，袖口必须扎紧，女生必须戴工作帽；开动钻床前，钻夹头钥匙不能插在钻夹头上；孔将钻穿时，要减小进给压力；必须用毛刷清除切屑；操作者的头部不准与旋转着的主轴靠得太近；停车时应让主轴自然停止，不可用手刹住，也不能用反转制动；严禁在开车状态下装拆工件；检测和变换主轴转速，必须在停车状态下进行。

(5) 铰孔时，铰刀应垂直于工件，孔内应加少许润滑油，两手用力平稳而均匀，铰刀应作顺时针旋转，不能逆时针转动，应经常取出清除铁屑，避免铰刀被卡住。

(6) 攻螺纹时，丝攻上应加少许润滑油。起攻时，两手在铰杠二端均匀加压、平稳旋转，使丝攻顺时针方向旋进，丝攻中心线与孔中心线重合。在丝攻攻入 1～2 圈后，用 90°

角尺从前后、左右两个方向多次进行检查，不断校正垂直度。当丝攻的切削部分全部进入工件后，不再施加压力，靠丝攻自然旋进切削。此时，两手旋转用力要均匀，要经常倒转1/3～1/2圈，使切屑碎断，容易排出。感到两手转动铰杠用力大时，不可强行转动，应及时倒转丝攻或退出丝攻，排出铁屑后再继续加工。

任务6　锉削圆角

1. 任务分析

工件完成孔加工后，最后需要锉削如图1-1-13所示的4个圆角，达到图1-1-1所示的要求。

2. 操作步骤

(1) 在4个角处涂上蓝油，用样板划出 R10mm圆弧。

(2) 用錾子或钢锯去除线外废料。

(3) 用250mm或300mm平板锉，粗锉4个圆角，每处留0.2～0.3mm余量。

(4) 用200mm或150mm平板锉精锉4个圆角，保证垂直度、尺寸等要求。

(5) 锐边倒钝。

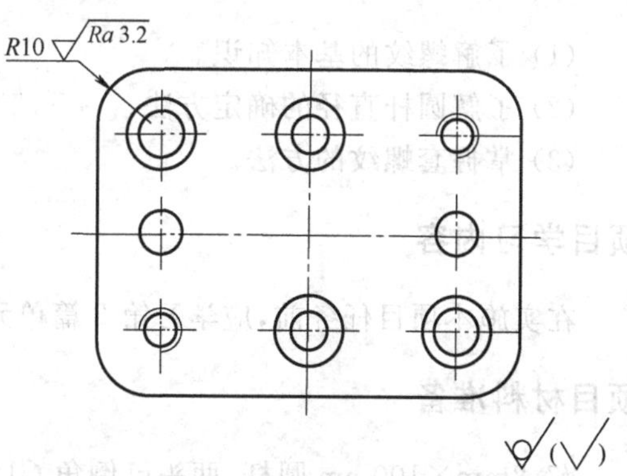

图1-1-13　锉削圆角

3. 注意事项

(1) 用锯削、錾削方法去掉长方体4角多余的废料时，应留1mm左右的锉削余量。

(2) 粗锉圆角时，可用横锉法锉削圆角曲面，留0.2～0.5mm精锉余量。锉削时应经常用刀口直角尺检查曲面的直线度和曲面与大平面的垂直度。

(3) 精锉圆角时，可用滚锉法，精锉至图样要求。锉削时，除保证 R10mm尺寸符合要求外，还要保证与平面连接光滑、大小对称等要求。

(4) 用滚锉法削曲面时，锉刀摆动幅度要恰当，保证曲面的连接光滑。

(5) R10mm尺寸可用圆弧样板检查。

项目2

双头螺栓制作

项目目标

(1) 了解螺纹的基本知识。
(2) 了解圆杆直径的确定方法。
(3) 掌握套螺纹的方法。

项目学习内容

在实施本项目任务前,应学习第 2 篇单元 9 中的相关内容。

项目材料准备

ϕ7.8mm×100mm 圆杆,两头已倒角 $C1$,材料为 Q235。

项目完成时间

双头螺栓制作时间约为 1 学时。

项目考核标准

双头螺栓制作评分标准见表 1-2-1。

表 1-2-1　双头螺栓制作评分表

序号	考核要求		配分	评分标准		自检	检测得分
1	螺纹无乱扣		25×2	超差酌情扣分			
2	螺纹无歪斜		10×2				
3	正确使用板牙、铰杠		15	使用不当酌情扣分			
4	按时完成		15	延时完成酌情扣分			
班级		姓名		学号		总分	

项目实施

1. 任务分析

双头螺栓图样如图 1-2-1 所示。材料为 Q235 圆杆,尺寸和技术要求如图 1-2-1 所示。

要求两头套好螺纹，成 M8 双头螺栓。

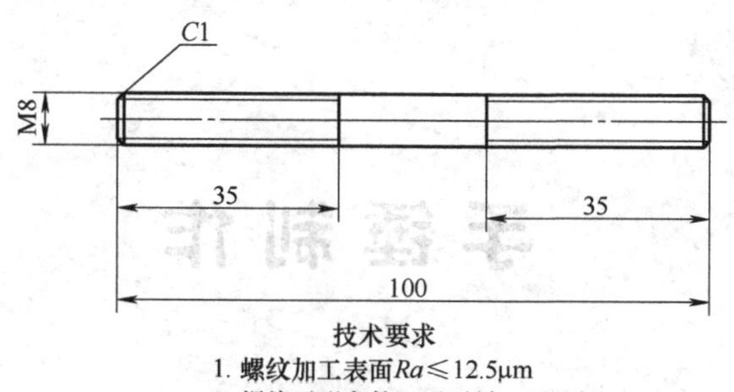

图 1-2-1　双头螺栓

2. 操作步骤

(1) 用硬木做的 V 形块衬垫将圆杆装夹在台虎钳上，伸出高度约 40mm，圆杆轴线应与钳口垂直。

(2) 将板牙装在板牙架内，拧紧固定螺钉，套在圆杆上，使板牙端面与圆杆轴线垂直。从上向下看，顺时针转动板牙，同时加轴向压力。当切出 2～3 圈后，检查是否套正。套正后，只需均匀转动板牙，不需加压，但要经常反转断屑，并加油润滑。

(3) 一端加工完螺纹后再加工另一端螺纹。

3. 注意事项

(1) 起套时要从两个方向检查板牙端面与圆杆轴线的垂直度，套丝过程中也应经常注意检查，保证板牙端面与圆杆轴线垂直。

(2) 套螺纹时两手用力要均匀，应经常倒转断屑。

(3) 在套螺纹时要加少许润滑油，改善螺纹的表面粗糙度，延长板牙的使用寿命。

项目3

手锤制作

项目目标

(1) 掌握简单的立体划线和平面划线方法。

(2) 掌握锯削方法。

(3) 掌握平面锉削方法和简单内、外圆弧面锉削方法。

(4) 掌握钻通孔及加工腰形孔方法。

(5) 掌握游标卡尺、刀口直角尺等量具的使用方法。

项目学习内容

在实施本项目前,应分别学习第2篇单元2、单元3、单元5、单元6、单元8中的相关内容。

项目材料准备

圆柱棒料,尺寸为ϕ30mm×102mm,45钢。

项目完成时间

手锤制作时间约为30学时。

项目考核标准

手锤制作的评分表见表1-3-1。

表1-3-1 手锤制作评分表

序号	考核要求	配分	评分标准	自检	检测得分
1	$20_{-0.2}^{\ 0}$mm	10×2	每一处超差扣10分		
2	$100_{-0.5}^{\ 0}$mm	3	超差全扣		
3	$35_{-0.5}^{\ 0}$mm	3			
4	$55_{-0.5}^{\ 0}$mm	3			
5	$5_{-0.3}^{\ 0}$mm	3			
6	≡≤0.2mm (孔)	4×2	每一处超差扣4分		
7	⊥≤0.1mm(四大平面及斜面)	3×5	每一处超差扣3分		

续表

序号	考核要求	配分	评分标准	自检	检测得分
8	//≤0.2mm(四大平面对应二处)	4×2	每一处超差扣4分		
9	⏥≤0.1mm(四大面及斜面)	3×5	每一处超差扣3分		
10	$Ra3.2\mu m$(五面)	2×5	每面降1级扣1分		
11	操作姿势规范、正确	4	姿势不良酌情扣分		
12	按时完成	4	延时完成酌情扣分		
13	正确使用工具、量具	4	使用不当酌情扣分		
14	安全、文明操作		违者酌情扣分		
15	手锤外表美观、无夹伤等缺陷	酌情扣分,最多扣20分			
班级		姓名		学号		总分	

项目实施

1. 任务分析

手锤制作图样如图1-3-1所示。在规定的操作时间内,通过划线、锯削、锉削、钻孔等钳工加工,把ϕ30mm×102mm棒料制作成手锤,达到图纸规定的要求,并且要求外表美观、锉纹方向一致、无明显夹伤等缺陷。

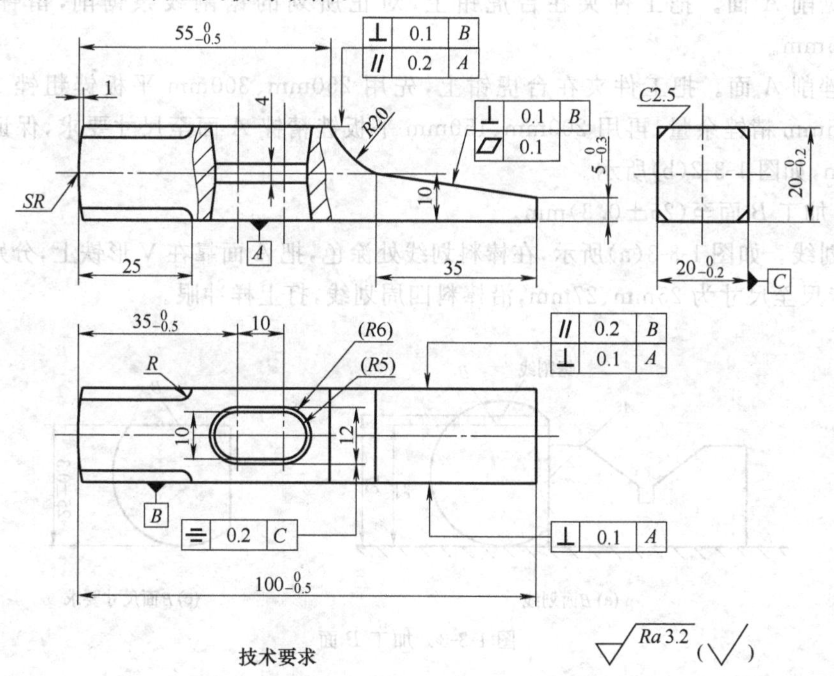

图1-3-1 手锤

制作手锤时，$R20$ 的内圆弧面与斜平面连接，锉削时，圆弧面与平面应交替锉削。中间腰形孔制作时，应注意内圆弧面与平面连接光滑。倒 $C2.5$ 角时一般应先锉圆弧面，再锉小平面，过渡处连接要光滑。

2. 操作步骤

(1) 加工 A 面至(25±0.3)mm。

① 划线。如图 1-3-2(a)所示，把圆柱棒料划线处涂色，放在 V 形铁上，一起放在划线平板上，用高度游标卡尺测量总高度 L，分别调整高度游标卡尺至尺寸($L-3$)mm、($L-5$)mm，沿棒料四周划线，打上样冲眼。

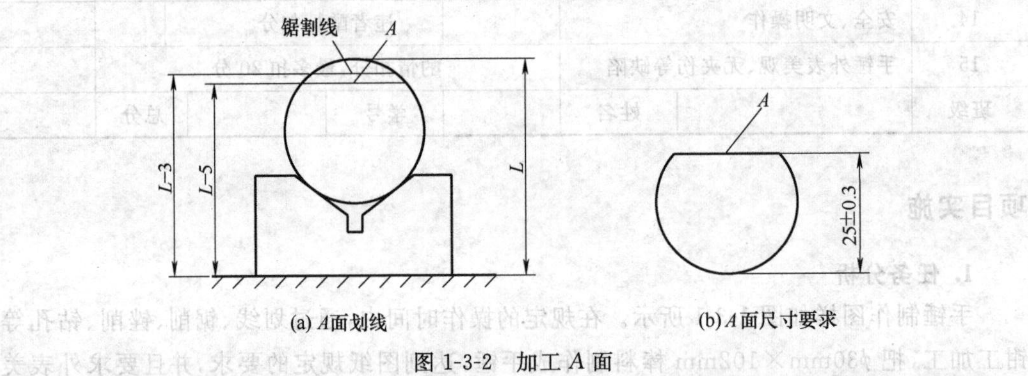

图 1-3-2 加工 A 面

② 锯削 A 面。把工件夹在台虎钳上，对正所划的锯割线条锯削，留锉削余量 0.5～1.5mm。

③ 锉削 A 面。把工件夹在台虎钳上，先用 250mm、300mm 平板锉粗锉 A 面，留 0.3～0.5mm 精锉余量，再用 200mm、150mm 平板锉精锉 A 面至尺寸要求，保证平面度≤0.1mm，如图 1-3-2(b)所示。

(2) 加工 B 面至(25±0.3)mm。

① 划线。如图 1-3-3(a)所示，在棒料划线处涂色，把 A 面靠在 V 形铁上，分别调整高度游标卡尺至尺寸为 25mm、27mm，沿棒料四周划线，打上样冲眼。

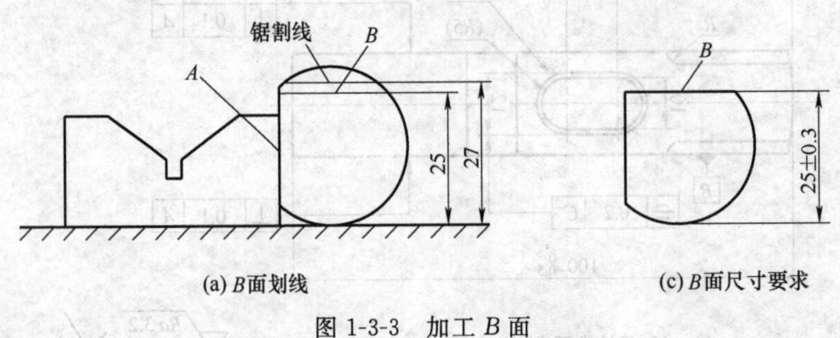

图 1-3-3 加工 B 面

② 锯削 B 面。把工件夹在台虎钳上，对正所划的锯割线条锯削，留锉削余量 0.5～1.5mm。

③ 锉削 B 面。把工件夹在台虎钳上，先用 250mm、300mm 平板锉粗锉 B 面，留

0.3～0.5mm 精锉余量，再用 200mm、150mm 平板锉精锉 B 面至要求，保证(25±0.3)mm 及平面度≤0.1mm、与 A 面垂直度≤0.1mm，如图 1-3-3(b)所示。

(3) 加工 C 面至 $20_{-0.2}^{\ 0}$ mm。

① 划线。如图 1-3-4(a)所示，在棒料划线处涂色，把棒料 A 面放在划线平板上，分别调整高度游标卡尺至尺寸 20mm、22mm，沿棒料四周划线，打上样冲眼。

② 加工 C 面。对正所划的锯割线条锯削，留锉削余量 0.5～1.5mm，粗、精锉 C 面，保证尺寸 $20_{-0.2}^{\ 0}$ mm，平面度≤0.1mm 及垂直度≤0.1mm，如图 1-3-4(b)所示。

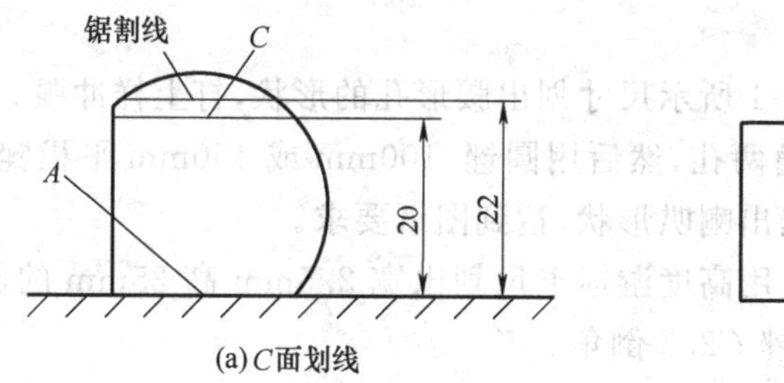

(a) C 面划线

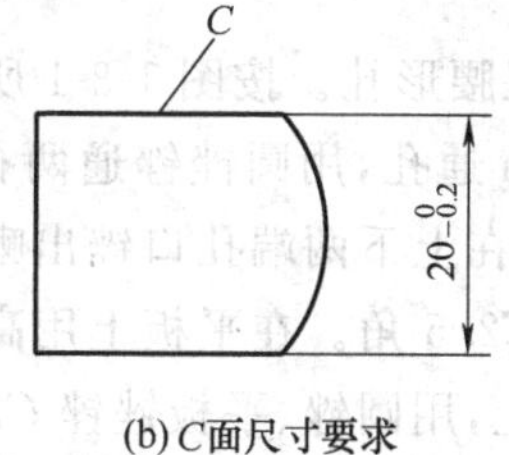

(b) C 面尺寸要求

图 1-3-4　加工 C 面

(4) 加工 D 面至 $20_{-0.2}^{\ 0}$ mm。

① 划线。如图 1-3-5(a)所示，在棒料划线处涂色，把棒料 B 面放在划线平板上，分别调整高度游标卡尺至尺寸 20mm、22mm，沿棒料四周划线，打上样冲眼。

② 加工 D 面。对正所划的锯割线条锯削，留锉削余量 0.5～1.5mm，粗、精锉削 D 面，保证尺寸 $20_{-0.2}^{\ 0}$ mm，平面度≤0.1mm 及垂直度≤0.1mm，如图 1-3-5(b)所示。

(5) 锉削两端面至要求。分别锉削两个端面，保证长度尺寸 100mm，垂直度≤0.1mm。

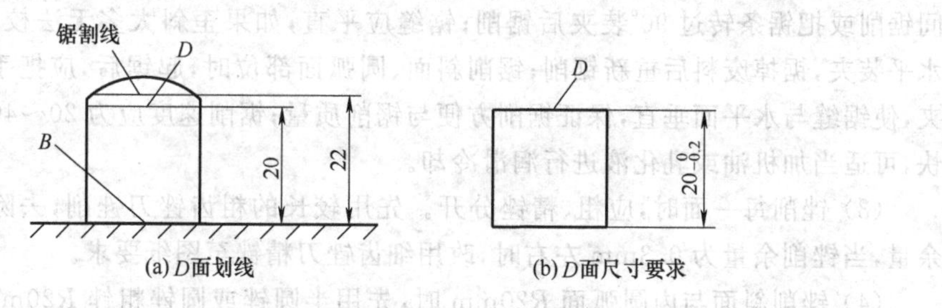

(a) D 面划线　　(b) D 面尺寸要求

图 1-3-5　加工 D 面

(6) 加工斜面、圆弧面组合面。

① 划线。如图 1-3-6 所示，在工件划线处涂色，放在平板上，分别划出尺寸 10mm、55mm、35mm、5mm 等线条。然后，把工件夹在台虎钳上，用圆规、钢直尺、划针等划出圆弧及斜线，打上样冲眼。离开加工位置线 2mm 左右划出锯削位置线。

② 加工斜面、圆弧面组合面。沿锯削位置线锯割，留锉削余量 0.5～1.5mm，分别粗、精锉削圆弧面及斜平面，保证尺寸 55mm、10mm、5mm 符合要求及平面度、垂直度符

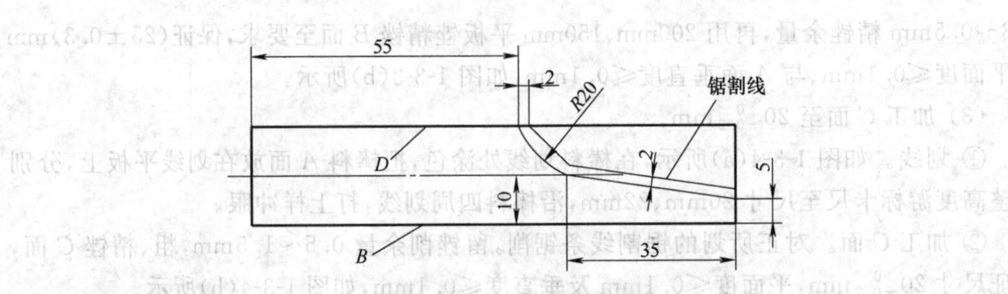

图 1-3-6 斜面、圆弧面划线

合要求。

(7) 加工腰形孔。按图 1-3-1 所示尺寸划出腰形孔的形状，打上样冲眼。在钻床上钻两个 ϕ9.8mm 通孔，用圆锉锉通两孔，然后用圆锉、100mm 或 150mm 平板锉（或方锉）锉削腰形孔，并在上下两端孔口锉出喇叭形状，达到图纸要求。

(8) 倒 $C2.5$ 角。在平板上用高度游标卡尺划出宽 2.5mm 高 25mm 的倒角线，把工件夹在虎钳上，用圆锉、平板锉锉 $C2.5$ 倒角。

(9) 锉削球面 R。把工件夹在虎钳上，端面向上，用平板锉锉削球面，使中间比四周凸起 0.5～1mm，要求球面光滑，四周锉去部分均匀。

(10) 检查各加工面，如有差错，作适当修整。

(11) 打上工位号码，交件评分。

(12) 热处理 40～45HRC。

(13) 用砂皮纸打光各加工表面、上油。

3. 注意事项

(1) 划线时，应用左手压紧手锤棒料，不能使其位置走动；划线应细心，保证所划尺寸准确。

(2) 锯削时，当钢锯的锯弓与手锤棒料相碰撞时，应将棒料调头装夹，从另一端向中间锯削或把锯条转过 90°装夹后锯削；锯缝应平直，如果歪斜太多无法校正时，可把棒料水平装夹，锯掉废料后重新锯削；锯削斜面、圆弧面部位时，起锯后，应把手锤棒料倾斜装夹，使锯缝与水平面垂直，保证锯削方便与锯削质量；锯削速度应为 20～40 次/分，不要太快，可适当加机油或乳化液进行润滑冷却。

(3) 锉削每一面时，应粗、精锉分开。先用较长的粗齿锉刀锉削，去除大部分的锉削余量，当锉削余量为 0.3mm 左右时，改用细齿锉刀精锉至图纸要求。

(4) 锉削斜面与内圆弧面 R20mm 时，先用半圆锉或圆锉粗锉 R20mm 内圆弧面，后用平板锉粗锉斜面。再用半圆锉精锉 R20mm 内圆弧面，用细齿平板锉精锉斜面。最后用细齿平板锉及半圆锉推锉修整，达到两面尺寸合格、连接光滑、表面光洁、锉纹一致等要求。

(5) 在台钻床上钻 2 个 ϕ9.8mm 孔时，要求钻孔位置正确，避免出现明显的两孔相交、相离或在 20mm 尺寸方向上偏离中心较多等现象，以免造成锉削困难或锉削余量不足，影响腰形孔的加工质量。

(6) 锉削腰形孔时，应使用小方锉和圆锉，按先锉削两侧平面，后锉削两端内圆弧面，再锉削两侧平面及内圆弧面的顺序进行。锉削两侧平面时，要注意控制锉刀的横向位置，防止锉坏两端的内圆弧面。锉削腰形孔时，如其位置不对或左右不对称，应作适当修整，保证符合图纸对称度要求。

(7) 锉削 2.5mm×45°倒角时，应把手锤倾斜装夹，使锉削面与水平面平行。先用圆锉粗锉右端内圆弧，接着用平板锉倒角，再用圆锉精锉内圆弧，平板锉精锉倒角面，经过2～3次锉削，把其锉至要求，最后用推锉进行修整。4个倒角宽度、角度、高度要一致。

(8) 在手锤的制作过程中，应经常使用量具进行测量，保证手锤的尺寸、形状、位置精度要求。

项目4

斜角长方体制作

项目目标

(1) 掌握简单的立体划线和平面划线方法。
(2) 掌握板料锯削方法。
(3) 掌握平面锉削方法和斜角锉削方法。
(4) 掌握通孔加工、沉孔加工、销钉孔加工、螺纹孔加工方法。
(5) 掌握游标卡尺、刀口直角尺、万能角尺、ϕ6H7 塞规等量具的使用方法。

项目学习内容

在实施本项目前,应分别学习第 2 篇单元 2、单元 3、单元 5、单元 6、单元 8、单元 9 中的相关内容。

项目材料准备

钢板,尺寸为 64mm×44mm×8mm,材料为 Q235。

项目完成时间

斜角长方体制作时间为 10～12 学时。

项目考核标准

斜角长方体制作评分标准见表 1-4-1。

项目实施

1. 任务分析

斜角长方体制作如图 1-4-1 所示。要求在规定的操作时间内,通过划线、锯削、锉削、钻孔、铰孔、攻螺纹等钳工加工,制作成长方体,达到图纸规定的尺寸、形状及位置精度要求。

2. 操作步骤

(1) 外形加工。按图 1-4-2 所示 A、B、C、D 的加工顺序,分别粗、精锉 4 个侧面,加工成外形尺寸为 60mm×40mm 的长方体,达到图样上尺寸、平面度、垂直度要求。

表 1-4-1　斜角长方体制作评分表

序号	考核要求	配分	评分标准	自检	检测得分
1	(60±0.1)mm	8	超差全扣		
2	(40±0.05)mm	8			
3	(40±0.1)mm	8			
4	(20±0.1)mm	8			
5	ϕ6H7(2处)	3×2	每一处超差扣3分		
6	M6(2处)	3×2	每一处超差扣3分		
7	$5^{+0.5}_{0}$mm(2处)	4×2	每一处超差扣4分		
8	C5(4处)	4×4	每一处超差扣4分		
9	⊥≤0.05mm(4处)	4×4	每一处超差扣4分		
10	▱≤0.2mm(4处)	4×4	每一处超差扣4分		
11	表面粗糙度		酌情扣1～5分		
班级	姓名		学号	总分	

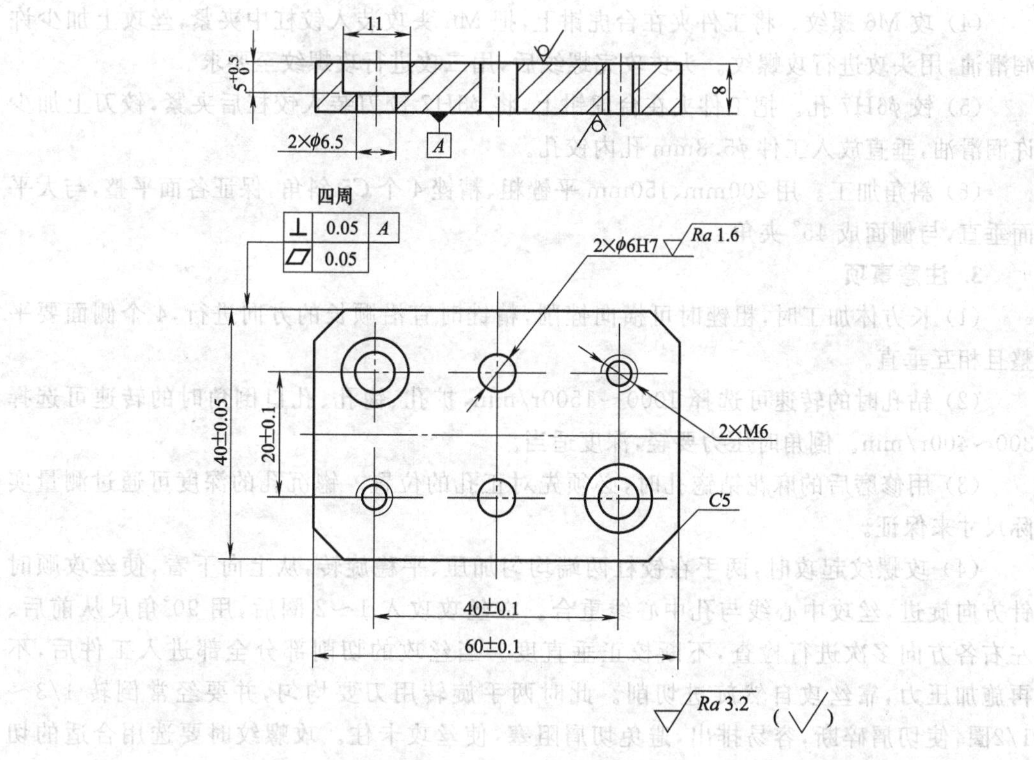

图 1-4-1　斜角长方体

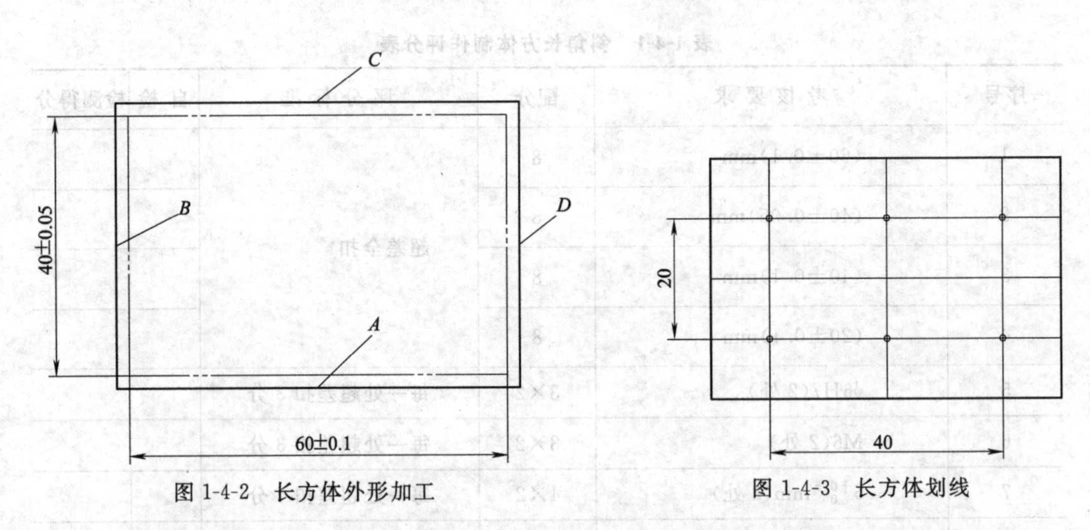

图 1-4-2 长方体外形加工　　图 1-4-3 长方体划线

(2) 划线。按图 1-4-3 所示，划出各孔的加工位置线，打上样冲眼。

(3) 钻、锪孔加工。

① 按图 1-4-1 所示，钻左下右上 2 个 ϕ5mm 螺纹底孔、钻左上右下 2 个 ϕ6.5mm 孔、钻中间 2 个 ϕ5.8mm 铰孔底孔。

② 锪 ϕ11mm 沉孔。把左上角、右下角 ϕ6.5mm 孔，用 ϕ11mm 标准麻花钻扩钻至 4.5mm 深，最后用修磨后的 ϕ11mm 麻花钻，锪孔至深度 $5^{+0.5}_{0}$ mm。

③ 孔口倒角。

(4) 攻 M6 螺纹。将工件夹在台虎钳上，把 M6 头攻装入铰杠中夹紧，丝攻上加少许润滑油，用头攻进行攻螺纹。头攻攻完螺纹后，用二攻进行攻螺纹至要求。

(5) 铰 ϕ6H7 孔。把工件夹在台虎钳上，将 ϕ6H7 铰刀装入铰杠后夹紧，铰刀上加少许润滑油，垂直放入工件 ϕ5.8mm 孔内铰孔。

(6) 斜角加工。用 200mm、150mm 平锉粗、精锉 4 个 C5 斜角，保证各面平整，与大平面垂直，与侧面成 45° 夹角。

3. 注意事项

(1) 长方体加工时，粗锉时可横向锉削，精锉时宜沿顺长的方向进行，4 个侧面要平整且相互垂直。

(2) 钻孔时的转速可选择 1000～1500r/min，扩孔、锪孔、孔口倒角时的转速可选择 300～400r/min。倒角时压力要轻，深度适当。

(3) 用修磨后的麻花钻锪孔时，必须先对正孔的位置。锪沉孔的深度可通过测量实际尺寸来保证。

(4) 攻螺纹起攻时，两手在铰杠两端均匀加压、平稳旋转，从上向下看，使丝攻顺时针方向旋进，丝攻中心线与孔中心线重合。在丝攻攻入 1～2 圈后，用 90°角尺从前后、左右各方向多次进行检查，不断校正垂直度。当丝攻的切削部分全部进入工件后，不再施加压力，靠丝攻自然旋进切削。此时两手旋转用刀要均匀，并要经常倒转 1/3～1/2圈，使切屑碎断，容易排出，避免切屑阻塞，使丝攻卡住。攻螺纹时要选用合适的切削液。

(5) 铰孔时，两手用力平稳、均匀，从上向下看，铰刀只能作顺时针旋转，千万不能逆时针转动，否则容易损坏铰刀。

(6) 4个斜角加工前划线要正确，加工时要经常用万能角尺进行角度检测，用刀口角尺进行平面度垂直度测量，要保证4个斜角上下左右对称。

(7) 外形备料尺寸如过大时，加工完 A、B 两面后，C、D 两面可采用锯、锉方法加工。

(8) 工件加工完后各锐边应倒钝。

项目5

对称凹凸件制作

项目目标

(1) 掌握简单的立体划线和平面划线方法。

(2) 掌握锯削方法。

(3) 掌握平面锉削方法和简单锉配方法。

(4) 掌握通孔加工、销钉孔加工、螺纹孔加工方法。

(5) 掌握游标卡尺、千分尺、刀口直角尺、百分表、塞尺、ϕ8H7 塞规等量具的使用方法。

项目学习内容

在实施本项目前,应分别学习第 2 篇单元 2、单元 3、单元 5、单元 6、单元 8、单元 9 中的相关内容。

项目材料准备

钢板,尺寸为 86mm×63mm×8mm,材料为 Q235。

项目完成时间

对称凹凸件制作时间为 12～18 学时。

项目考核标准

对称凹凸件制作评分标准见表 1-5-1。

项目实施

1. 任务分析

对称凹凸件制作如图 1-5-1 所示。通过划线、锯割、锉削、钻孔、铰孔、攻螺纹等钳工加工,把坯料加工成如图 1-5-2 和图 1-5-3 所示的凸件和凹件,达到规定的尺寸和形位公差要求,装配后达到如图 1-5-1 所示的图样要求。在加工凸件的过程中,应先加工凸件的一侧直角,通过测量保证直角各边的尺寸符合要求后,再加工另一侧直角。凸件加工好以后,把它作为基准件锉配凹件,保证配合间隙≤0.05mm,错位量≤0.06mm。

表 1-5-1　对称凹凸件制作评分表

内容	序号	考核要求	配分	评分标准	自检	检测得分
凸件	1	$20_{-0.033}^{\ \ 0}$mm	4	超差全扣		
	2	$20_{-0.033}^{\ \ 0}$mm(2处)	4×2	每一处超差扣4分		
	3	(40±0.023)mm	4	超差全扣		
	4	(60±0.023)mm	5			
	5	⌯ 0.05 A	4			
	6	$Ra3.2\mu m$(8处)	0.5×8	每一处超差扣0.5分		
	7	(10±0.15)mm(2处)	2×2	每一处超差扣2分		
	8	(40±0.2)mm	4	超差全扣		
	9	2×M8	3×2	每一处超差扣3分		
凹件	10	(60±0.023)mm	4	超差全扣		
	11	2×ϕ8H7	3×2	每一处超差扣3分		
	12	(12±0.15)mm(2处)	2×2	每一处超差扣2分		
	13	(36±0.2)mm	4	超差全扣		
	14	$Ra1.6\mu m$(2处)	1×2	每一处超差扣1分		
	15	$Ra3.2\mu m$(8处)	0.5×8	每一处超差扣0.5分		
配合	16	间隙≤0.05mm(10处)	2×10	每一处超差扣2分		
	17	错位量≤0.06mm(4处)	2×4	每一处超差扣2分		
	18	(60±0.15)mm	5	超差全扣		
		安全文明操作		酌情扣分		
班级		姓名	学号		总分	

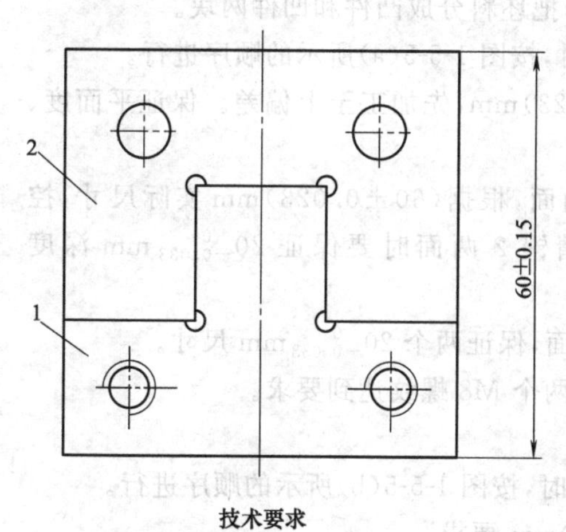

技术要求

1. 以凸件为基准，凹件配作。

2. 互换配合间隙≤0.05mm, 错位量≤ 0.06mm。

图 1-5-1　对称凹凸件

1—凸件；2—凹件

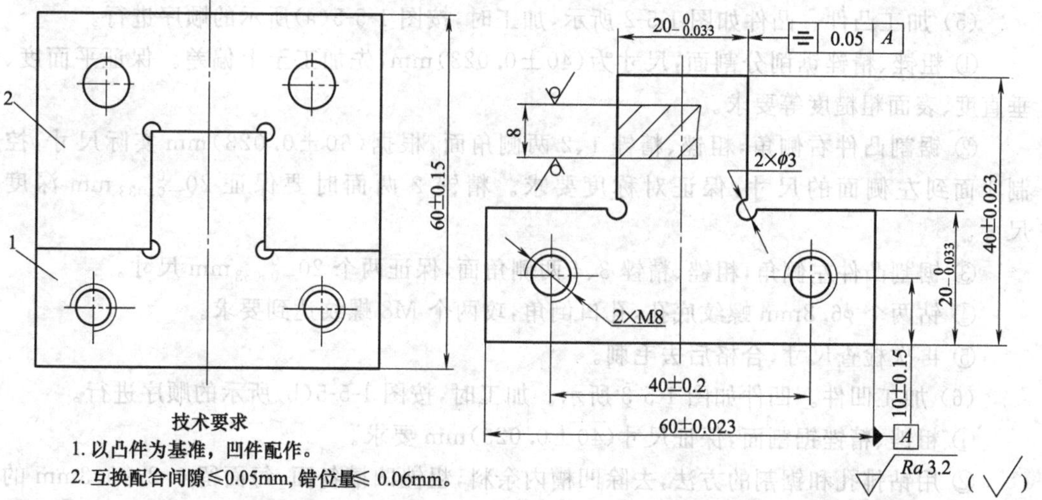

图 1-5-2　凸件

2. 操作步骤

(1) 加工工件外形。按锉削下、左、右、上各侧面的锉削顺序，粗锉、精锉 4 侧面，保证宽度(60±0.023)mm，长度不小于 84mm，4 个侧面的平面度和垂直度符合要求，各边倒钝去毛刺，如图 1-5-4 所示。

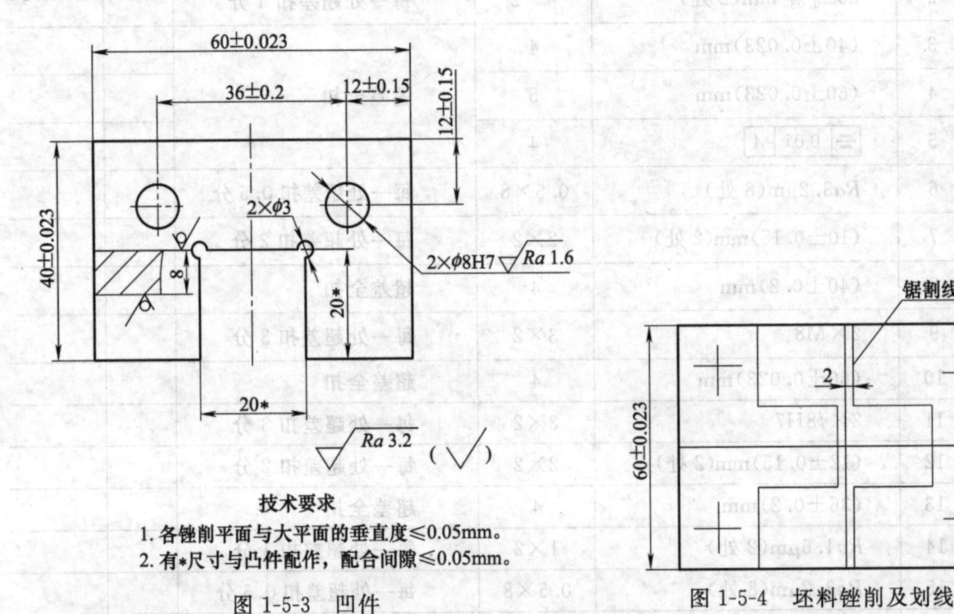

图 1-5-3　凹件　　　图 1-5-4　坯料锉削及划线

(2) 划线。在长方坯料的两端，按图 1-5-4 所示划出凸件和凹件的形状，ϕ8H7 孔及 M8 孔的位置线，并在线条上和孔中心打好冲眼。在离开凹件 2mm 处划出锯割位置线。

(3) 在台钻床上钻 4 个 ϕ3mm 工艺孔。

(4) 分割坯料。沿锯割位置线，用钢锯锯割，把坯料分成凸件和凹件两块。

(5) 加工凸件。凸件如图 1-5-2 所示，加工时，按图 1-5-5(a)所示的顺序进行。

① 粗锉、精锉锯削分割面，尺寸为(40±0.023)mm，先加工至上偏差。保证平面度、垂直度、表面粗糙度等要求。

② 锯割凸件右侧角，粗锉、精锉 1、2 两侧角面，根据(60±0.023)mm 实际尺寸，控制 1 面到左侧面的尺寸，保证对称度要求。精锉 2 两面时要保证 $20_{-0.033}^{\ 0}$ mm 深度尺寸。

③ 锯割凸件左侧角，粗锉、精锉 3、4 两侧角面，保证两个 $20_{-0.033}^{\ 0}$ mm 尺寸。

④ 钻两个 ϕ6.8mm 螺纹底孔，孔口倒角，攻两个 M8 螺纹达到要求。

⑤ 再次检查尺寸，合格后去毛刺。

(6) 加工凹件。凹件如图 1-5-3 所示。加工时，按图 1-5-5(b)所示的顺序进行。

① 粗锉、精锉锯割面，保证尺寸(40±0.023)mm 要求。

② 用钻排孔和锯割的方法，去除凹槽内余料，粗锉凹槽各面，每面留 0.2～0.3mm 的锉配余量。

③ 精锉 5、6 两面，保证两面与中心对称，并用凸件头部进行试配凹槽，达到配合要

求，错位量≤0.06mm。

④ 精锉7面，保证间隙≤0.05mm，配合长度(60±0.15)mm等要求。

⑤ 把凸件装入凹件，整体检查，如不符合要求，可作适当修配，去毛刺。

⑥ 在2×ϕ8H7孔的加工位置，钻两个ϕ7.8mm底孔，倒角，铰两孔至要求。

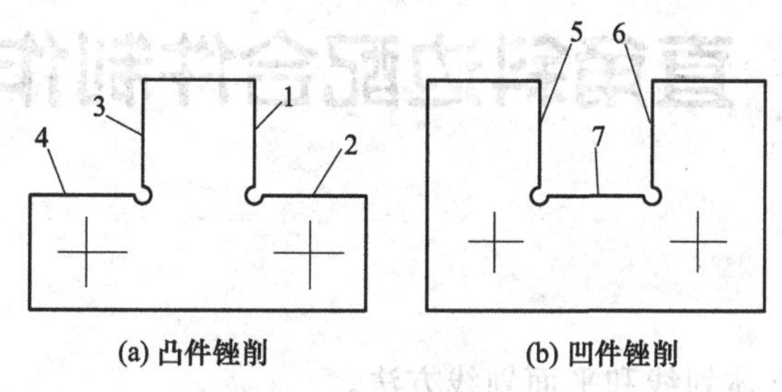

图1-5-5　凸件、凹件锉削顺序

3. 注意事项

(1) 凸件$20_{-0.033}^{\ 0}$mm处有对称度的要求，加工时，只能先加工一侧直角，待一侧直角加工合格后再加工另一侧直角，要掌握间接测量方法和计算方法。

(2) 凸台的两个侧面与顶面的垂直度要求应严格控制，在加工过程中凸件尺寸可先做上偏差，为以后的配作留有锉配的余量。

(3) 凹件虽然没有尺寸要求，但是因为间隙要求和错位要求，内侧面一定要控制好尺寸，符合对称的要求。

(4) 在锉配过程中，可以先锉配凹件与凸台配合的两侧面，使凸件和凹件的两个侧面达到间隙要求后，再锉配与凸台配合的底面。

(5) 钻2×ϕ8H7的底孔ϕ7.8mm、2×M8的底孔ϕ6.8mm时，钻孔位置要对正，否则不能保证孔的尺寸要求。

项目6

直角斜边配合件制作

项目目标

(1) 掌握简单的立体划线和平面划线方法。

(2) 掌握锯削方法。

(3) 掌握平面锉削方法和斜边锉削方法。

(4) 掌握简单形状的平面锉配方法。

(5) 掌握通孔加工、销钉孔加工方法。

(6) 掌握游标卡尺、千分尺、刀口直角尺、万能角尺、塞尺、ϕ8H7 塞规等量具的使用方法。

项目学习内容

在实施本项目前,应分别学习第 2 篇单元 2、单元 3、单元 5、单元 6、单元 8 中的相关内容。

项目材料准备

钢板,尺寸为 100mm×63mm×8mm,材料为 Q235。

项目完成时间

直角斜边配合件制作时间为 12～18 学时。

项目考核标准

直角斜边配合件制作评分标准见表 1-6-1。

项目实施

1. 任务分析

直角斜边配合件如图 1-6-1 所示。通过划线、锯削、锉削、钻孔、铰孔等钳工加工,把坯件加工成如图 1-6-2 和图 1-6-3 所示的凸件和凹件,装配后达到如图 1-6-1 所示的图样要求。为保证配合精度,加工凸件时,尺寸、形状应精确,尺寸(42±0.02)mm 及尺寸(12±0.035)mm 可先加工成正值,以便配合时作适当修锉。

表 1-6-1　直角斜边配合件制作评分表

内容	序号	考核要求	配分	评分标准	自检	检测得分
凸件	1	(42±0.02)mm	6	超差全扣		
	2	$23_{-0.039}^{0}$ mm	6			
	3	(58±0.023)mm	6			
	4	(12±0.035)mm	6			
	5	(18±0.14)mm	3			
	6	135°±6′	5			
	7	*Ra*3.2μm (7 处)	1×7	每一处超差扣 1 分		
	8	2×ϕ8H7	2×2	每一处超差扣 2 分		
	9	(25±0.2)mm	3	超差全扣		
	10	(15±0.25)mm(2 处)	2×2	每一处超差扣 2 分		
	11	*Ra*1.6μm(2 处)	1×2	每一处超差扣 1 分		
凹件	12	(60±0.05)mm	5	超差全扣		
	13	$50_{-0.039}^{0}$ mm	6			
	14	*Ra*3.2μm(9 处)	1×9	每一处超差扣 1 分		
配合	15	间隙≤0.05mm(5 面)	4×5	每一处超差扣 4 分		
	16	错位量≤0.08mm	4	超差全扣		
	17	90°±6′	4			
其他	18	安全文明生产		违者视情节轻重扣 1～10 分		
班级		姓名		学号	总分	

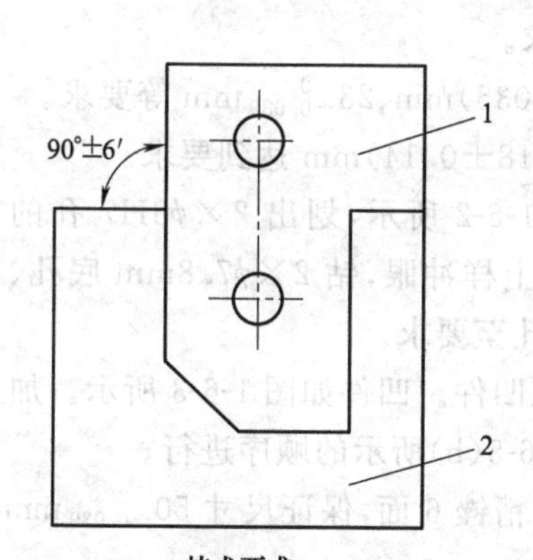

图 1-6-1　直角斜边配合件

1—凸件；2—凹件

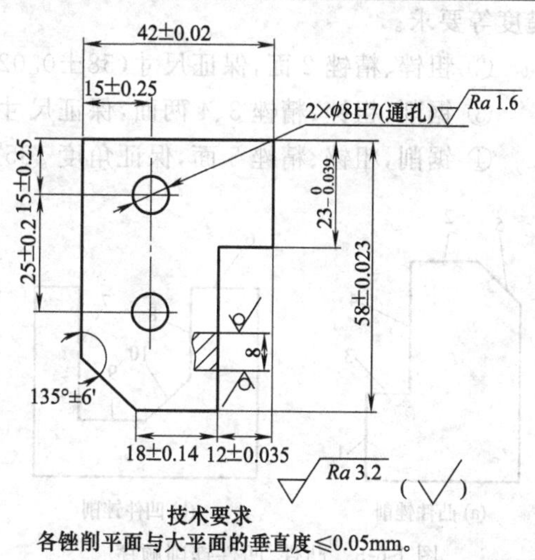

图 1-6-2　凸件

2. 操作步骤

(1) 加工工件外形。按锉削下、左、右、上各侧面的锉削顺序，粗锉、精锉4个侧面，保证宽度(60±0.05)mm，长度 $L \geqslant 96$mm，四侧面的平面度和垂直度符合要求，如图1-6-4所示。各边倒钝去毛刺。

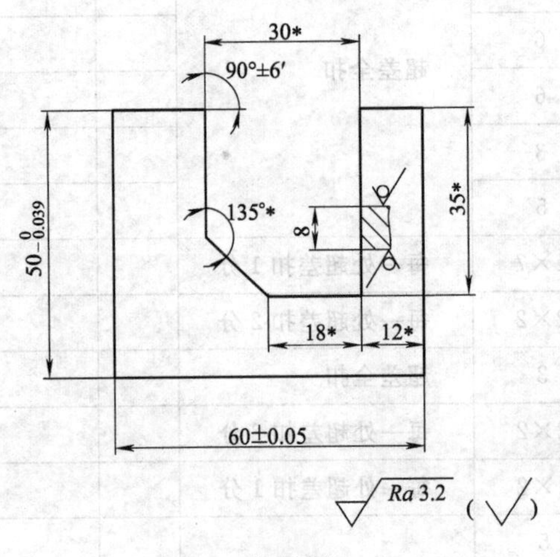

图1-6-3　凹件

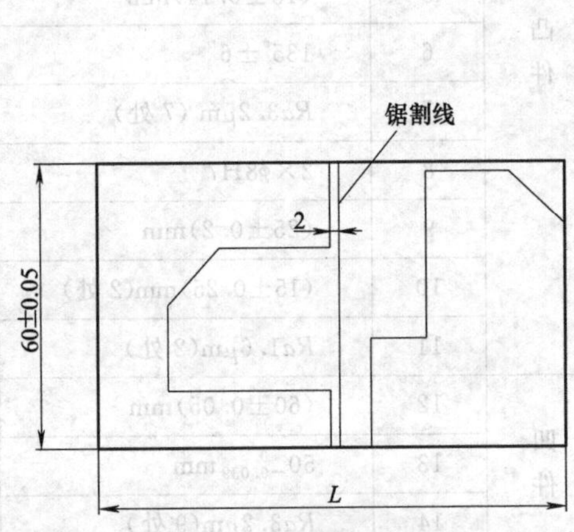

图1-6-4　坯料锉削及划线

(2) 划线。在长方坯料的两端，按图1-6-4所示划出凸件和凹件的形状，并在线条上打好冲眼。在离开凹件2mm处划出锯割位置线。

(3) 分割坯料。沿锯割位置线，用钢锯锯割，把坯料分成凸件和凹件两块。

(4) 加工凸件。凸件如图1-6-2所示，加工时，按图1-6-5(a)所示的顺序进行。

① 锯削、粗锉、精锉1面，保证尺寸(42±0.02)mm、平面度、平行度、垂直度、表面粗糙度等要求。

② 粗锉、精锉2面，保证尺寸(58±0.023)mm等要求。

③ 锯削，粗锉、精锉3、4两面，保证尺寸尺寸(12±0.035)mm、$23_{-0.039}^{0}$mm等要求。

④ 锯削，粗锉、精锉5面，保证角度135°±6′及尺寸(18±0.14)mm达到要求。

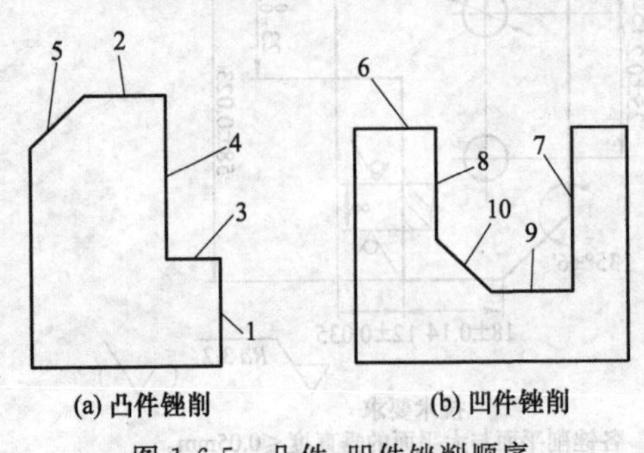

图1-6-5　凸件、凹件锉削顺序

⑤ 按图1-6-2所示，划出2×ϕ8H7孔的加工位置，打上样冲眼，钻2×ϕ7.8mm底孔、铰2×ϕ8H7孔至要求。

(5) 加工凹件。凹件如图1-6-3所示。加工时，按图1-6-5(b)所示的顺序进行。

① 粗锉、精锉6面，保证尺寸$50_{-0.039}^{0}$mm等要求。

② 用钻排孔和锯割的方法，去除凹槽内余料，粗锉凹槽各面，每面留0.2～0.3mm的锉配余量。

③ 精锉7、8两面，保证90°±6′、尺寸12mm与凸件(12±0.035)mm一致，保证错位要求。用凸件头部试插凹槽，能较紧插入。

④ 精锉9、10两面，锉配135°处及槽底，并用什锦锉修清角，用光隙法或塞尺检查，达到配合间隙等要求。

⑤ 把凸件装入凹件，整体检查，如不符合要求，可作适当修配。去毛刺。

3. 注意事项

(1) 凸件加工一定要精确，加工时，凸件上(12±0.035)mm尺寸可用千分尺量出(42±0.02)mm的实际尺寸，减去30mm的实际尺寸间接得到。

(2) (18±0.14)mm最好利用圆柱销和游标卡尺进行间接测量。

(3) 凹件上的12mm的尺寸，可用千分尺测量，保证此尺寸与凸件上(12±0.035)mm尺寸一致，否则不能保证错位要求。

(4) 钻2×ϕ8H7的底孔ϕ7.8mm时，钻孔位置要对正，否则不能保证孔的尺寸要求。

(5) 各转角处均无退刀槽或工艺孔，不利于锉配，必须加工成清角，可用磨削成锐角的锉刀加工。

项目7

单燕尾凸形件制作

项目目标

(1) 掌握单燕尾凸形件的平面划线方法。

(2) 掌握锯削技能。

(3) 掌握平面锉削和单燕尾锉削方法。

(4) 掌握单燕尾配作件的锉配方法和技能。

(5) 掌握排孔加工、通孔加工、铰孔等孔加工方法。

(6) 掌握游标卡尺、千分尺、刀口直角尺、万能角尺、塞尺、ϕ8H7 塞规等量具的使用方法。

项目学习内容

在实施本项目前,应分别学习第 2 篇单元 2、单元 3、单元 5、单元 6、单元 8 中的相关内容。

项目材料准备

钢板,尺寸为 81mm×71mm×8mm,材料为 Q235。

项目完成时间

单燕尾凸形件制作时间为 12～18 学时。

项目考核标准

单燕尾凸形件制作评分标准见表 1-7-1。

项目实施

1. 任务分析

单燕尾凸形件制作如图 1-7-1 所示。通过划线、锯削、锉削、钻孔、铰孔等钳工加工,把坯件加工成如图 1-7-2 和图 1-7-3 所示的凸件和凹件,装配后达到如图 1-7-1 所示的图样要求。在加工过程中,应一组尺寸符合各项要求后才能再加工下一组尺寸。加工凸件时先加工一侧直角,再加工燕尾。凹件应该待凸件加工完毕后,根据凸件的实际尺寸配作。单燕尾的测量要使用芯棒间接测量,尺寸换算要正确。

表 1-7-1　单燕尾凸形件制作评分表

内容	序号	考核要求	配分	评分标准	自检	检测得分
凸件	1	(70±0.023)mm	4	超差全扣		
	2	(36±0.023)mm	4			
	3	$15^{+0.027}_{0}$ mm	4			
	4	$16^{+0.027}_{0}$ mm(2 处)	2×2	每一处超差扣 2 分		
	5	(30±0.05)mm	4	超差全扣		
	6	60°±4′	4			
	7	ϕ8H7	2			
	8	Ra1.6μm	1			
	9	Ra3.2μm(8 处)	1×8	每一处超差扣 1 分		
凹件	10	(10±0.15)mm(2 处)	3×2	每一处超差扣 3 分		
	11	(50±0.15)mm	4	超差全扣		
	12	(70±0.023)mm	4			
	13	2×ϕ8H7	2×2	每一处超差扣 2 分		
	14	Ra1.6μm(2 处)	1×2	每一处超差扣 1 分		
	15	Ra3.2μm(8 处)	1×8	每一处超差扣 1 分		
配合	16	间隙≤0.05mm(5 处)	4×5	每一处超差扣 4 分		
	17	错位量≤0.08mm(2 处)	4×2	每一处超差扣 4 分		
	18	44.65±0.3mm(2 处)	3×2	每一处超差扣 3 分		
	19	(57±0.15)mm	3	超差全扣		
其他	20	安全文明实训		违者视情节轻重扣 1～10 分		
班级		姓名		学号	得分	

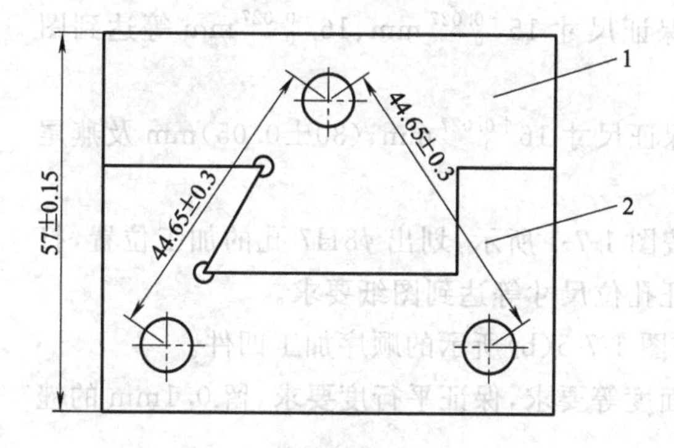

技术要求

1. 以凸件配作凹件，配合间隙≤0.05mm。
2. 两侧错位量≤0.08mm。

图 1-7-1　单燕尾凸形配合件
1—凸件；2—凹件

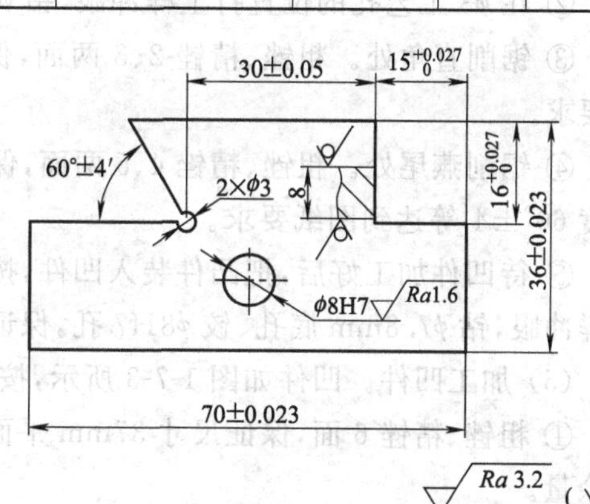

$\sqrt{Ra\ 3.2}$ ($\sqrt{}$)

技术要求

各锉削平面与大平面的垂直度≤0.05mm。

图 1-7-2　凸件

2. 操作步骤

(1) 加工工件外形。按锉削下、左、右、上各侧面的锉削顺序，粗锉、精锉4个侧面，保证宽度(70±0.023)mm，长度$L\geqslant 80$mm，4个侧面的平面度和垂直度符合要求，如图1-7-4所示。各边倒钝去毛刺。

(2) 划线。在长方坯料的两端，按图1-7-4所示划出凸件和凹件的形状，并在线条上打好冲眼。在离开凸、凹件1mm处划出锯割位置线。

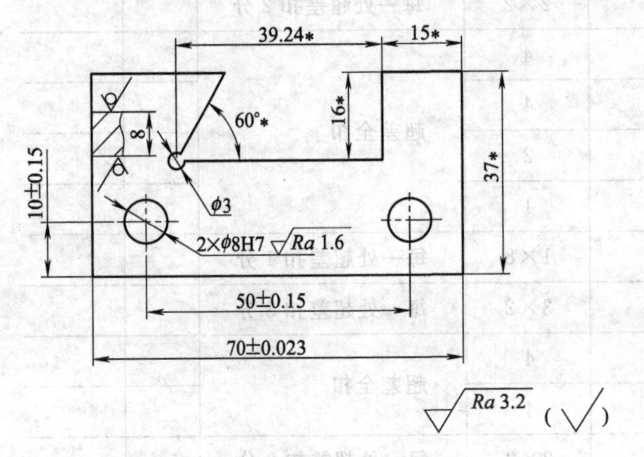

图 1-7-3 凹件

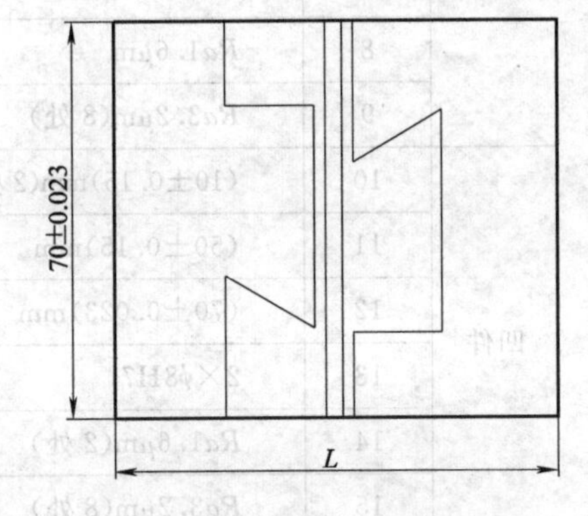

图 1-7-4 坯料锉削及划线

(3) 分割坯料。沿锯割位置线，用钢锯锯割，把坯料分成凸件和凹件两块。

(4) 加工凸件。凸件如图1-7-2所示，按图1-7-5(a)所示的顺序加工凸件。

① 粗锉、精锉1面，保证尺寸(36±0.023)mm、平面度、平行度、垂直度、表面粗糙度等达到图纸要求。

② 在$\phi 3$工艺孔的位置打上样冲眼，钻$\phi 3$工艺孔。

③ 锯削直角处。粗锉、精锉2、3两面，保证尺寸$15^{+0.027}_{0}$mm、$16^{+0.027}_{0}$mm等达到图纸要求。

④ 锯削燕尾处。粗锉、精锉4、5两面，保证尺寸$16^{+0.027}_{0}$mm、(30±0.05)mm及燕尾角度60°±4′等达到图纸要求。

⑤ 待凹件加工好后，把凸件装入凹件，按图1-7-1所示，划出$\phi 8$H7孔的加工位置，打上样冲眼，钻$\phi 7.8$mm底孔、铰$\phi 8$H7孔，保证孔位尺寸等达到图纸要求。

(5) 加工凹件。凹件如图1-7-3所示，按图1-7-5(b)所示的顺序加工凹件。

① 粗锉、精锉6面，保证尺寸37mm平面度等要求，保证平行度要求，留0.1mm的锉配余量。

② 在$\phi 3$工艺孔的位置打上样冲眼，钻$\phi 3$工艺孔。

③ 用钻排孔或锯割的方法，去除燕尾槽内废料，粗锉凹槽各面，每面留0.2～0.3mm的锉配余量。

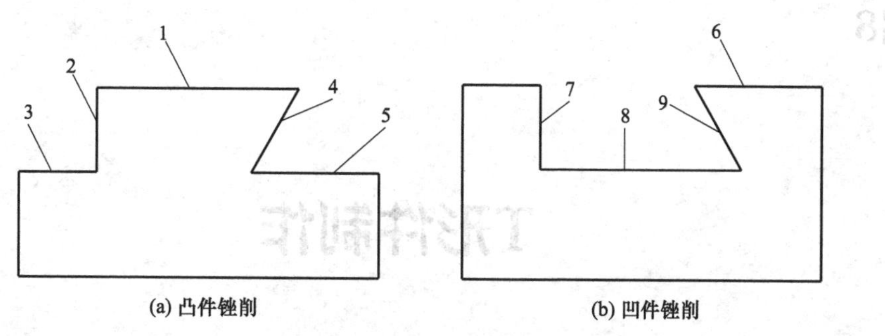

图 1-7-5 凸件、凹件锉削顺序

④ 精锉 7、8、9 三面，保证角度 60°±4′、尺寸 15mm、16mm 等与凸件 60°±4′、$15^{+0.027}_{0}$mm、$16^{+0.027}_{0}$mm 对应尺寸一致，保证错位要求，并用凸件试插凹槽，能较紧插入，并以什锦锉修清角，用光隙法检查，达到配合间隙等要求。

⑤ 如图 1-7-3 所示，划出 2×ϕ8H7 孔的加工位置，打上样冲眼，钻 2×ϕ7.8mm 底孔、铰 2×ϕ8H7 孔，保证孔位尺寸(50±0.15)mm、(10±0.15)mm 等达到图纸要求。

⑥ 把凸件装入凹件，整体检查是否符合要求，如不符合，可作适当修配。

3. 注意事项

(1) 燕尾测量可采用芯棒间接测量，如图 1-7-6 所示，芯棒为 ϕ10mm，测量时需熟练掌握三角函数的计算公式，通过测量尺寸(43.66±0.05)mm、(29.42±0.05)mm，控制燕尾(30±0.05)mm、(25±0.05)mm 的尺寸。

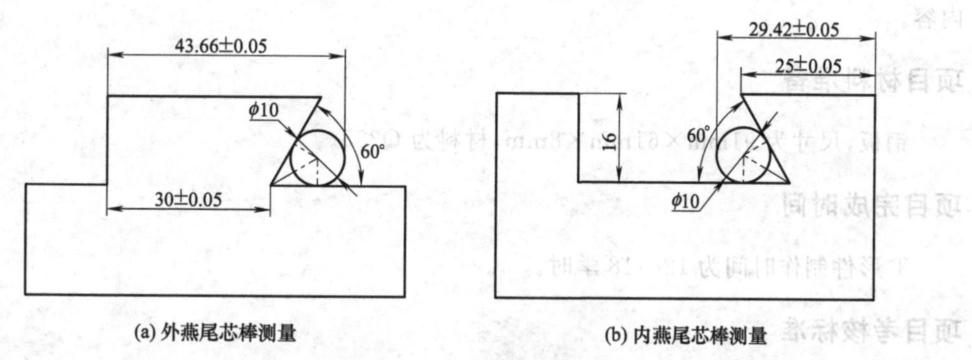

图 1-7-6 燕尾芯棒测量

(2) 凸件加工时可采用间接测量法，凸件上 $15^{+0.027}_{0}$mm 尺寸可用千分尺量出(70±0.023)mm 的实际尺寸，减去 $55^{0}_{-0.027}$mm 的实际尺寸间接得到。

(3) 锉配凹件时，凹件各尺寸要测量正确。右侧 15mm 尺寸与凸件尺寸一致，否则不能保证错位要求。

(4) 无工艺孔的清角处，可用修磨锉刀边成锐角的锉刀加工。

项目8

T形件制作

项目目标

(1) 掌握T形件平面划线方法。

(2) 掌握锯削技能。

(3) 掌握T形件的锉配方法,巩固和提高锉削技能。

(4) 掌握排孔加工、通孔加工、铰孔等孔加工方法。

(5) 掌握游标卡尺、千分尺、刀口直角尺、万能角尺、塞尺、ϕ8H7塞规等量具的使用方法。

项目学习内容

在实施本项目前,应分别学习第2篇单元2、单元3、单元5、单元6、单元8中的相关内容。

项目材料准备

钢板,尺寸为91mm×61mm×8mm,材料为Q235。

项目完成时间

T形件制作时间为12~18学时。

项目考核标准

T形件制作评分标准见表1-8-1。

项目实施

1. 任务分析

T形件如图1-8-1所示。通过划线、锯削、锉削、钻孔、铰孔等钳工加工,把坯件加工成如图1-8-2和图1-8-3所示的凸件和凹件,装配后达到如图1-8-1所示的图样要求。该配合件有斜面锉配,有一定的难度,安排加工工艺时应先加工凸件,再加工凹件。

2. 操作步骤

(1) 加工工件外形。按锉削下、左、右、上各侧面的顺序,粗锉、精锉4侧面,保证宽度(60±0.023)mm,长度$L\geqslant$90mm,4个侧面的平面度和垂直度符合要求,如图1-8-4所示。

各边倒钝去毛刺。

表 1-8-1 T 形件制作评分表

内容	序号	考核要求	配分	评分标准	自检	检测得分
凸件	1	(60±0.023)mm	3	超差全扣		
	2	$30_{-0.033}^{\ 0}$ mm	3			
	3	$45_{-0.039}^{\ 0}$ mm	3			
	4	$20_{-0.033}^{\ 0}$ mm(2 处)	3×2	每一处超差扣 3 分		
	5	60°±4′(2 处)	3×2	每一处超差扣 3 分		
	6	⌯ 0.05 A	4	超差全扣		
	7	*Ra*3.2μm(8 处)	1×8	每一处超差扣 1 分		
	8	2×ϕ8H7	2×2	每一处超差扣 2 分		
	9	(10±0.15)mm(2 处)	2×2	每一处超差扣 2 分		
	10	(36±0.15)mm	2	超差全扣		
	11	⌯ 0.15 A	4			
	12	*Ra*1.6μm(2 处)	1×2	每一处超差扣 1 分		
	13	*Ra*3.2μm(8 处)	1×8	每一处超差扣 1 分		
凹件	14	(60±0.023)mm	3	超差全扣		
	15	*Ra*3.2μm (8 处)	1×8	每一处超差扣 1 分		
配合	16	间隙≤0.05mm(正反 10 处)	2×10	每一处超差扣 2 分		
	17	错位量≤0.08mm(正反 4 处)	2×4	每一处超差扣 2 分		
	18	(60±0.15)mm(正反 2 处)	2×2	每一处超差扣 2 分		
其他	19	安全文明实训	违者视情节轻重扣 1～10 分			
班级		姓名	学号		得分	

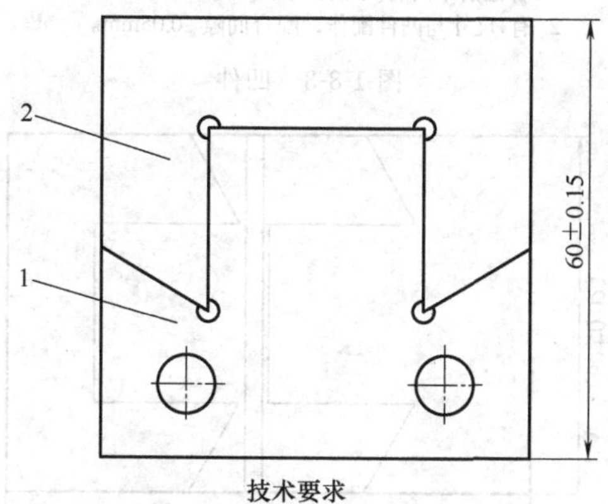

图 1-8-1 T 形件配合

1—凸件；2—凹件

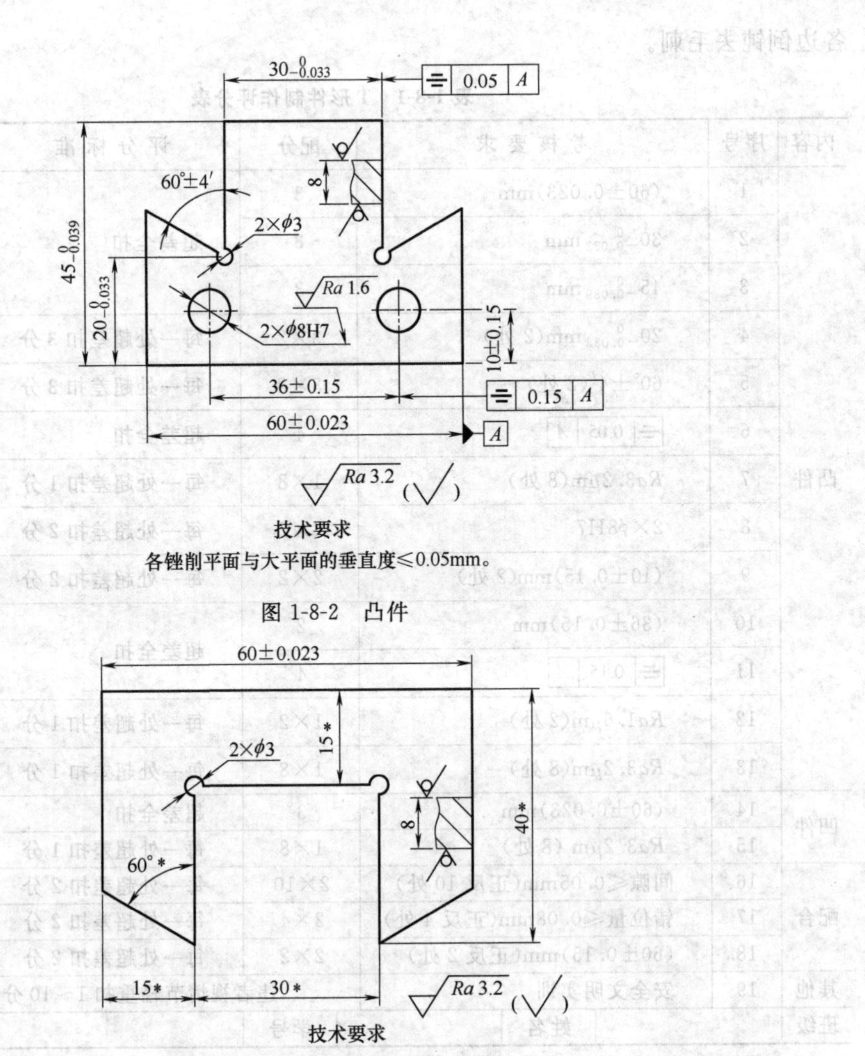

技术要求

各锉削平面与大平面的垂直度≤0.05mm。

图 1-8-2　凸件

技术要求

1. 各锉削平面与大平面的垂直度≤0.05mm。
2. 有*尺寸与凸件配作，配合间隙≤0.05mm。

图 1-8-3　凹件

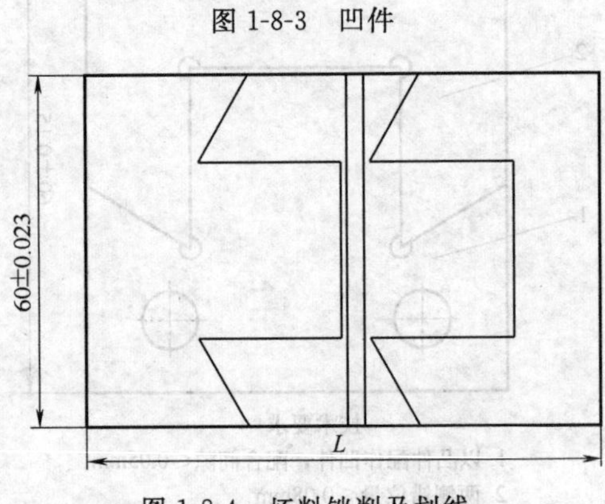

图 1-8-4　坯料锉削及划线

(2) 划线。在长方形坯料的两端，按图 1-8-4 所示划出凸件和凹件的形状，并在线条上打好冲眼。在离开凸、凹件 1mm 处划出锯割位置线。

(3) 分割坯料。沿锯割位置线，用钢锯锯割，把坯料分成凸件和凹件两块。

(4) 加工凸件。凸件如图 1-8-2 所示，加工时，按图 1-8-5(a)所示的顺序进行。

① 粗锉、精锉 1 面，保证尺寸 $45_{-0.039}^{0}$ mm、平面度、平行度、垂直度、表面粗糙度等达到图纸要求。

② 在 2×ϕ3mm 工艺孔的位置上，打上样冲眼，钻 2×ϕ3mm 工艺孔。

③ 锯削斜角 2、3 处，粗锉、精锉 2、3 两面，保证角度 60°±4′及尺寸 $20_{-0.033}^{0}$ mm 等达到图纸要求。

④ 锯削另一侧斜角 4、5 处，粗锉、精锉 4、5 两面，保证角度 60°±4′、尺寸 $20_{-0.033}^{0}$ mm、$30_{-0.033}^{0}$ mm 及对称度 0.05mm 等达到图纸要求。

⑤ 按图 1-8-2 所示，划出 2×ϕ8H7 孔的加工位置，打上样冲眼，钻 2×ϕ7.8mm 底孔、铰 2×ϕ8H7 孔，保证孔位尺寸(36±0.15)mm、(10±0.15)mm 等符合图纸要求。

(5) 加工凹件。凹件如图 1-8-3 所示。加工时，如图 1-8-5(b)所示的顺序进行。

① 在 2×ϕ3mm 工艺孔的位置上，打上样冲眼，钻 2×ϕ3mm 工艺孔。

② 用钻排孔和锯割的方法，去除凹槽内废料，粗锉凹槽各面，每面留 0.2～0.3mm 的锉配余量。

③ 精锉 7、8 两面，保证尺寸 30mm、15mm 等与凸件 $30_{-0.033}^{0}$ mm 等对应尺寸一致，保证错位要求，用凸件头部试插凹槽，能较紧插入。

④ 精锉 6、9、10 三面，保证角度 60°±4′及尺寸 40mm，锉配 60°斜面处及槽底，并以什锦锉修清角，用光隙法检查，达到配合间隙等要求。

⑤ 把凸件装入凹件，整体检查是否符合要求，如不符合，可作适当修配。

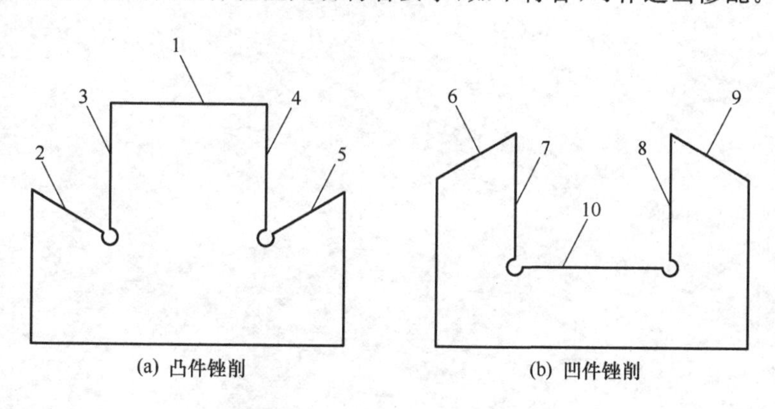

图 1-8-5　凸件、凹件锉削顺序

3. 注意事项

(1) 斜面测量可采用芯棒间接测量方法，如图 1-8-6 所示。芯棒为 ϕ10mm，测量尺寸 $33.66_{-0.033}^{0}$ mm 控制斜面 $20_{-0.033}^{0}$ mm 的尺寸。

(2) 凸件 $30_{-0.033}^{0}$ mm 处既标有对称度的要求又有锉配后的错位量要求，所以 $30_{-0.033}^{0}$ mm 的两侧面必须严格控制对称度，先加工一侧角，用间接测量方法测量，正确后再加工另一侧角。

（3）配作时要以凸件为基准，先配作零件的两个直面，当两直面能较紧地插入凹件后，再配作斜面和凹槽底面，在加工凸件时，应把各个尺寸先加工为上偏差，使之留有修锉余量。

（4）凸件斜面角度为60°，为使锉削方便，可把锉刀侧面磨削成小于60°的锐角。

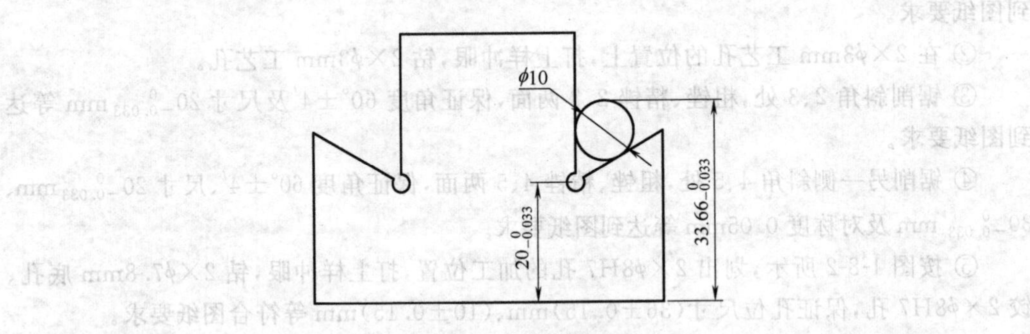

图 1-8-6　芯棒测量斜面

项目9

45°对角板制作

项目目标

(1) 掌握45°对角板平面划线方法。

(2) 掌握锯削技能。

(3) 掌握45°对角板的锉配方法,提高锉削技能。

(4) 掌握排孔加工、通孔加工、铰孔等孔加工方法。

(5) 掌握游标卡尺、千分尺、刀口直角尺、万能角尺、塞尺、ϕ8H7塞规等量具的使用方法。

项目学习内容

在实施本项目前,应分别学习第2篇单元2、单元3、单元5、单元6、单元8中的相关内容。

项目材料准备

钢板,尺寸为91mm×61mm×8mm,材料为Q235。

项目完成时间

45°对角板制作时间为12～18学时。

项目考核标准

45°对角板制作评分标准见表1-9-1。

项目实施

1. 任务分析

45°对角板如图1-9-1所示。通过划线、锯削、锉削、钻孔、铰孔等钳工加工,把坯件加工成如图1-9-2和图1-9-3所示的凸件和凹件,装配后达到如图1-9-1所示的图样要求。由坯料的尺寸可知,凹凸件要用借料的方法来分割材料。该配合件分形面设置在45°对角线上,增加了配作的难度,可使用辅助V形铁测量来保证精度要求。

表 1-9-1　45°对角板制作评分表

项目	序号	考核要求	配分	评分标准	自检	检测得分
凸件	1	$20_{-0.033}^{\ 0}$ mm	4	超差全扣		
	2	(60±0.023)mm(2处)	4×2	每一处超差扣4分		
	3	$15_{\ 0}^{+0.027}$ mm(2处)	4×2	每一处超差扣4分		
	4	45°±4′(2处)	4×2	每一处超差扣4分		
	5	ϕ8H7	2	超差全扣		
	6	(15±0.1)mm(2处)	4×2	每一处超差扣4分		
	7	*Ra*1.6μm	1	超差全扣		
	8	*Ra*3.2μm(7处)	1×7	每一处超差扣1分		
凹件	9	ϕ8H7	2	超差全扣		
	10	*Ra*1.6μm	1			
	11	*Ra*3.2μm(7处)	1×7	每一处超差扣1分		
配合	12	间隙≤0.05mm(正反10处)	2×10	每一处超差扣2分		
	13	(60±0.15)mm(正反4处)	3×4	每一处超差扣3分		
	14	(48±0.15)mm(正反2处)	2×2	每一处超差扣2分		
	15	90°±4′(正反4处)	2×4	每一处超差扣2分		
其他	16	安全文明实训	违者视情节轻重扣1～10分			
班级		姓名		学号		得分

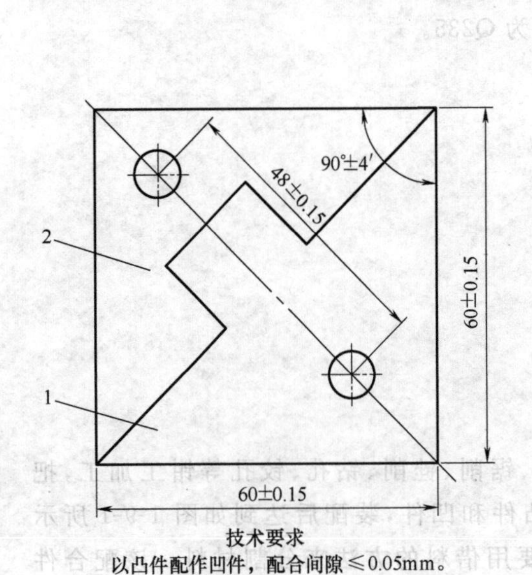

技术要求

以凸件配作凹件，配合间隙≤0.05mm。

图 1-9-1　45°对角板配合件

1—凸件；2—凹件

技术要求

各锉削平面与大平面的垂直度≤0.05mm。

图 1-9-2　凸件

2. 操作步骤

(1) 加工工件外形。按下、左、右、上各侧面的锉削顺序，粗锉、精锉4个侧面，保证宽度(60±0.023)mm，长度$L\geqslant 90$mm，四侧面的平面度和垂直度符合要求，如图1-9-4所示。各边倒钝去毛刺。

(2) 划线。在长方坯料的两端，按图1-9-4所示划出凸件和凹件的形状，并在线条上打好冲眼。在离开凸、凹件1mm处划出锯割位置线。

(3) 分割坯料。沿锯割位置线，用钢锯锯割，把坯料分成凸件和凹件两块。

(4) 加工凸件。凸件如图1-9-2所示。加工时，按图1-9-5(a)所示的顺序进行。

① 按图1-9-2所示，划出ϕ8H7孔的加工位置，打上样冲眼，钻ϕ7.8mm底孔、铰ϕ8H7孔，保证孔位尺寸(15±0.1)mm等符合图纸要求。

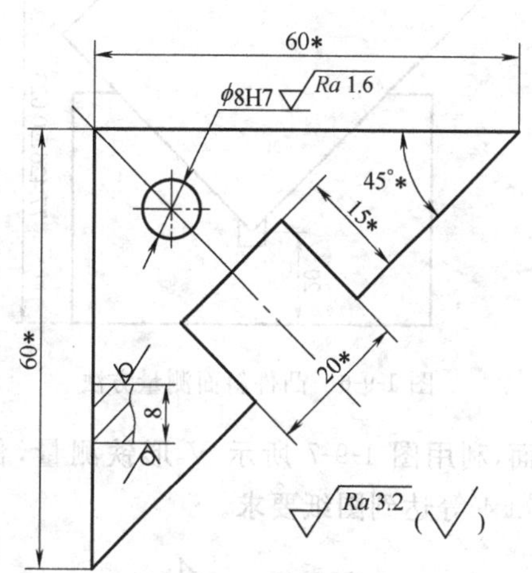

技术要求

1. 各锉削平面与大平面的垂直度≤0.05mm。
2. 有*尺寸与凸件配作，配合间隙≤0.05mm。

图1-9-3　凹件

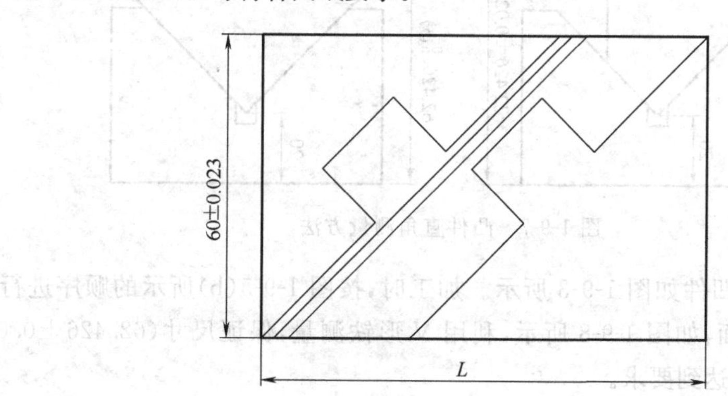

图1-9-4　坯料锉削及划线

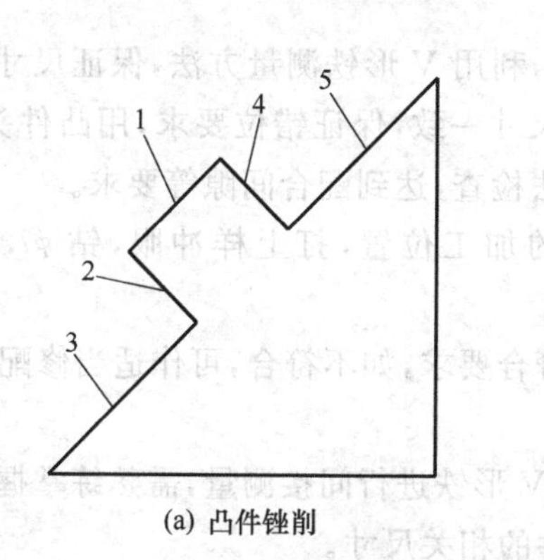

(a) 凸件锉削

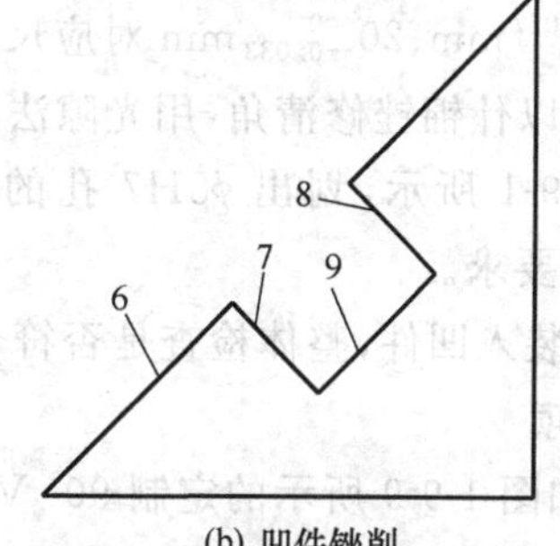

(b) 凹件锉削

图1-9-5　凸件、凹件锉削顺序

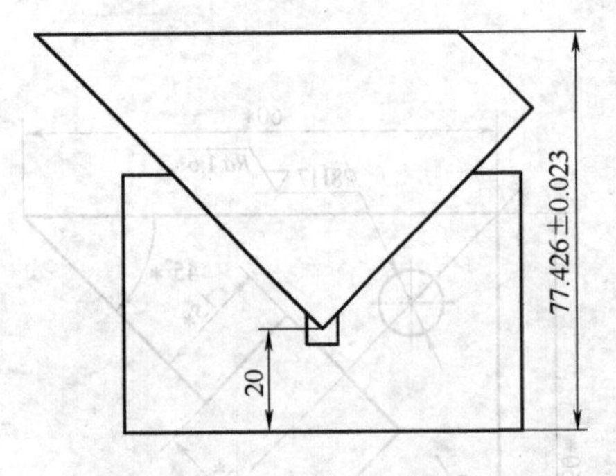

图 1-9-6 凸件斜面测量方法

② 粗锉、精锉 1 面，如图 1-9-6 所示，利用 V 形铁测量方法，通过保证尺寸(77.426±0.023)mm 来控制尺寸(60±0.023)mm，保证平面度、垂直度、表面粗糙度等达到图纸要求。

③ 锯削一侧直角处，粗锉、精锉 2、3 两面，如图 1-9-7 所示，利用 V 形铁测量，保证尺寸(72.426±0.023)mm、$62.426_{-0.027}^{\ 0}$ mm 及斜面角度 45°±4′等达到图纸要求。

④ 锯削另一侧直角处，粗锉、精锉 4、5 两面，利用图 1-9-7 所示 V 形铁测量，保证尺寸 $15_{\ 0}^{+0.027}$ mm、$20_{-0.033}^{\ 0}$ mm 及斜面角度 45°±4′等达到图纸要求。

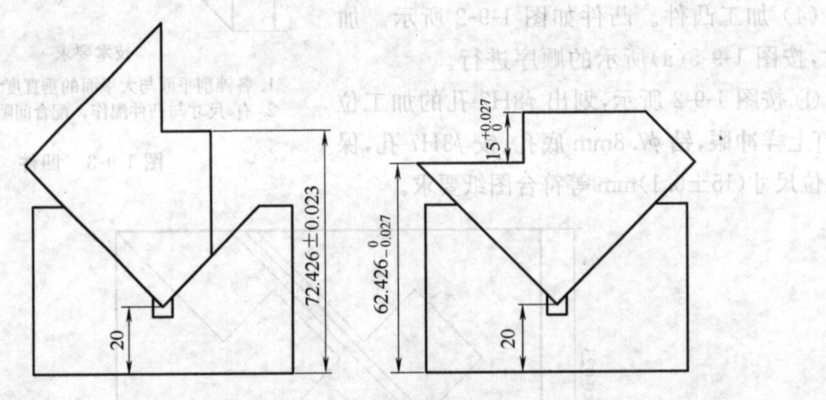

图 1-9-7 凸件直角测量方法

(5) 加工凹件。凹件如图 1-9-3 所示。加工时，按图 1-9-5(b)所示的顺序进行。

① 粗锉、精锉 6 面，如图 1-9-8 所示，利用 V 形铁测量，保证尺寸(62.426±0.023)mm 及保证角度 45°±4′等达到要求。

② 用钻排孔和锯割的方法，去除凹槽内废料，粗锉凹槽各面，每面留 0.2～0.3mm 的锉配余量。

③ 精锉 7、8、9 三面，如图 1-9-8 所示，利用 V 形铁测量方法，保证尺寸 20mm、15mm 等与凸件 $15_{\ 0}^{+0.027}$ mm、$20_{-0.033}^{\ 0}$ mm 对应尺寸一致，保证错位要求，用凸件头部试插凹槽，能较紧插入，并以什锦锉修清角，用光隙法检查，达到配合间隙等要求。

④ 如图 1-9-1 所示，划出 ϕ8H7 孔的加工位置，打上样冲眼，钻 ϕ7.8mm 底孔、铰 ϕ8H7 孔至图纸要求。

⑤ 把凸件装入凹件，整体检查是否符合要求，如不符合，可作适当修配。

3. 注意事项

(1) 可用如图 1-9-9 所示的定制 90° V 形铁进行间接测量，需熟练掌握三角函数的计算，才能利用 V 形铁间接测量来控制工件的相关尺寸。

(2) 间接测量尺寸要换算正确，测量方法要正确。

（3）锉配凹件时，凹件各尺寸可借助 V 形铁间接测量，用千分尺测量，保证凹件尺寸与凸件尺寸一致，否则不能保证配合后配合尺寸要求。

（4）各直角处均无工艺孔，不利于锉配，可用修磨成锐角的锉刀加工清角。

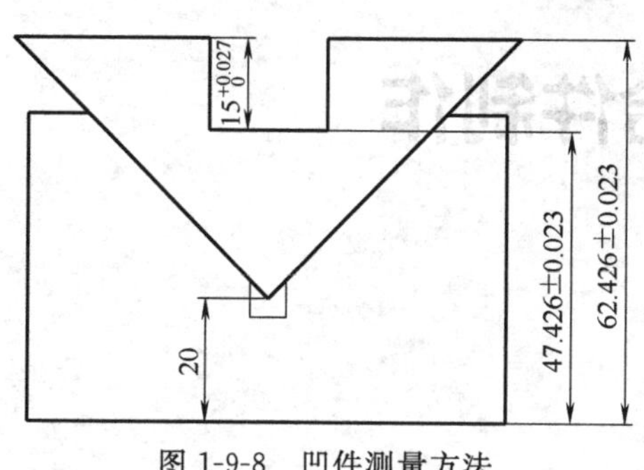

图 1-9-8　凹件测量方法

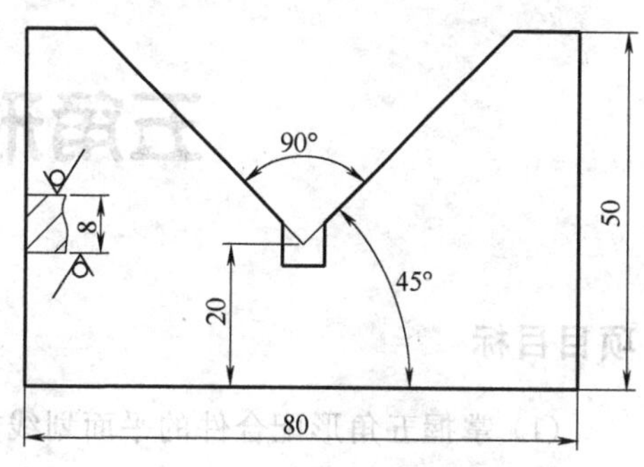

图 1-9-9　定制 V 形块

项目10

五角形配合件制作

项目目标

(1) 掌握五角形配合件的平面划线方法。

(2) 掌握锯削技能。

(3) 掌握五角形配合件的锉配技能，巩固和提高锉削技能。

(4) 掌握排孔加工、通孔加工、铰孔等孔加工方法。

(5) 掌握游标卡尺、千分尺、刀口直角尺、万能角尺、塞尺、ϕ8H7 塞规等量具的使用方法。

项目学习内容

在实施本项目前，应分别学习第 2 篇单元 2、单元 3、单元 5、单元 6、单元 8 中的相关内容。

项目材料准备

钢板，尺寸为 96mm×81mm×8mm，材料为 Q235。

项目完成时间

五角形配合件制作时间为 12～18 学时。

项目考核标准

五角形配合件制作评分标准见表 1-10-1。

表 1-10-1 五角形配合件制作评分表

内容	序号	考核要求	配分	评分标准	自检	检测评分
凸件	1	$\phi 50_{-0.039}^{0}$ mm(5 处)	3×5	每一处超差扣 3 分		
	2	108°±4′(5 处)	2×5	每一处超差扣 2 分		
	3	ϕ8H7	1	超差全扣		
	4	$Ra1.6\mu m$	1			
	5	$Ra3.2\mu m$(5 处)	1×5	每一处超差扣 1 分		

续表

内容	序号	考核要求	配分	评分标准	自检	检测评分
凹件	6	(80±0.023)mm	4	超差全扣		
	7	(45±0.023)mm(2处)	4×2	每一处超差扣4分		
	8	2×ϕ8H7	1×2	每一处超差扣1分		
	9	(12±0.15)mm(2处)	2×2	每一处超差扣2分		
	10	(56±0.15)mm	4	超差全扣		
	11	Ra1.6μm(2处)	1×2	每一处超差扣1分		
	12	Ra3.2μm(9处)	1×9	每一处超差扣1分		
配合	13	间隙≤0.05mm(转动20处)	1×20	每一处超差扣1分		
	14	(41.61±0.25)mm(转动10处)	1×10	每一处超差扣1分		
	15	(63±0.15)mm(转动5处)	1×5	每一处超差扣1分		
其他	16	安全文明实训	违者视情节轻重扣1～10分			
班级		姓名	学号		总分	

项目实施

1. 任务分析

五角形配合件如图1-10-1所示。通过划线、锯削、锉削、钻孔、铰孔等钳工加工，把坯件加工成如图1-10-2和图1-10-3所示的凸件和凹件，装配后达到如图1-10-1所示的图样要求。该配合件是一个半封闭配作件，对五角形角度和各边的长度要求非常高，在测量凸件五角形时，可以利用中间的孔为测量基准。加工时应先加工凸件再加工凹件。

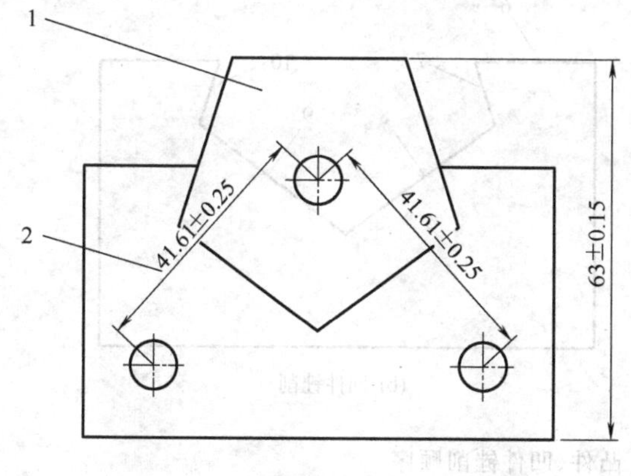

图1-10-1　五角形配合件

1—凸件；2—凹件

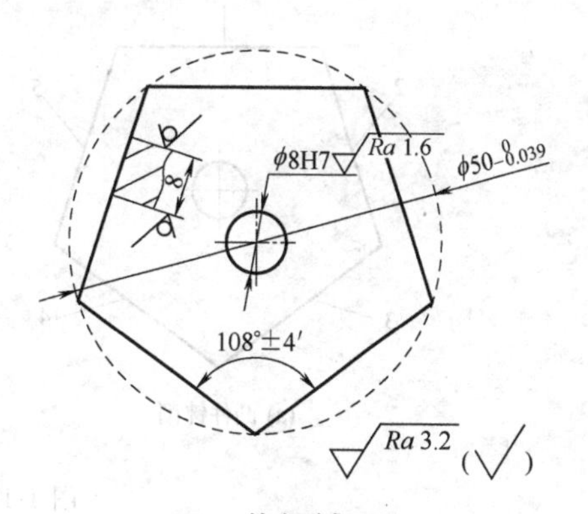

图1-10-2　凸件

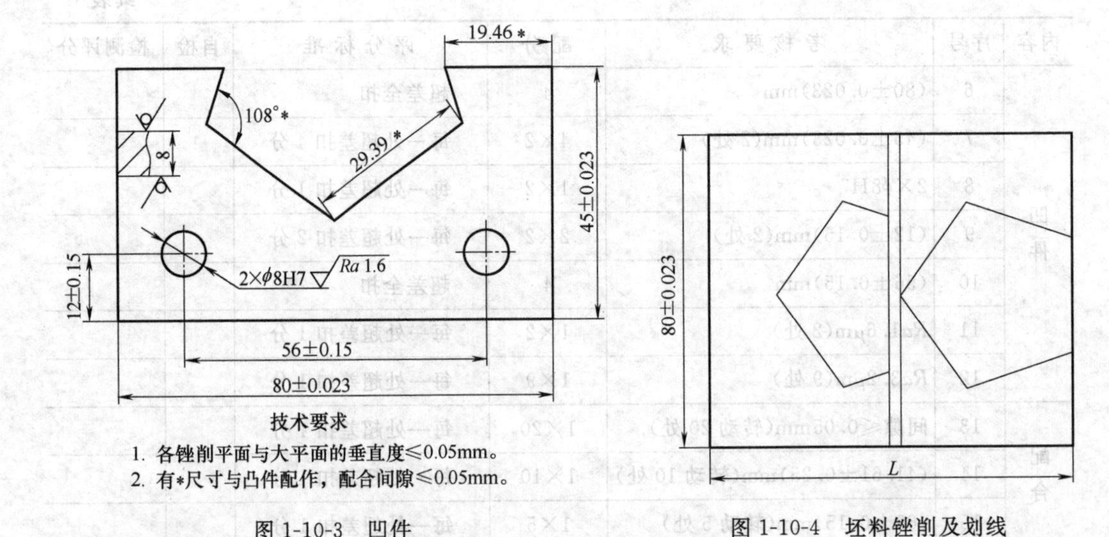

图 1-10-3　凹件　　　　图 1-10-4　坯料锉削及划线

2. 操作步骤

(1) 加工工件外形。按锉削下、左、右、上各侧面的顺序，粗锉、精锉 4 个侧面，保证宽度(80±0.023)mm，长度 $L \geqslant 95$mm，4 个侧面的平面度和垂直度符合要求，如图 1-10-4 所示。各边倒钝去毛刺。

(2) 划线。在长方形坯料的两端，按图 1-10-4 所示划出凸件和凹件的形状，并在线条上打好冲眼。在离开凸、凹件 1mm 处划出锯割位置线。

(3) 分割坯料。沿锯割位置线，用钢锯锯割，把坯料分成凸件和凹件两块。

(4) 加工凸件。凸件如图 1-10-2 所示，加工时，按图 1-10-5(a)所示的顺序进行。

① 如图 1-10-2 所示，划出 ϕ8H7 孔的加工位置，打上样冲眼，钻 ϕ7.8mm 底孔，铰 ϕ8H7 孔至要求。

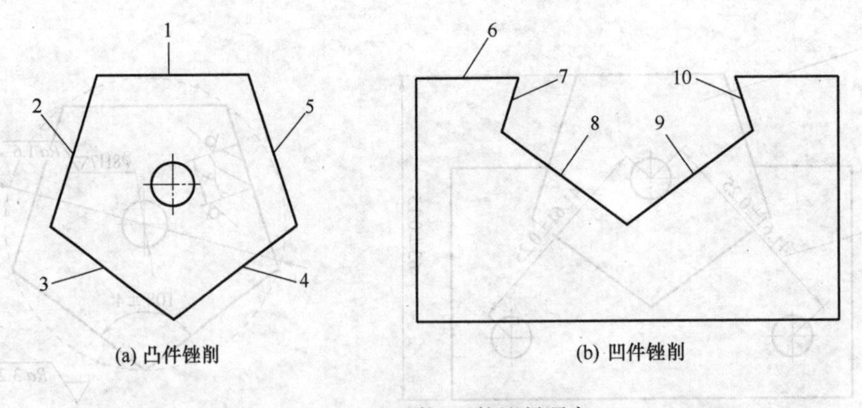

图 1-10-5　凸件、凹件锉削顺序

② 粗锉、精锉 1 面，保证 ϕ8H7 孔与五角形边的距离尺寸 $16.225_{-0.039}^{\ 0}$mm 来间接保证尺寸 $\phi 50_{-0.039}^{\ 0}$mm，保证平面度、垂直度、表面粗糙度等达到图纸要求。

③ 锯削，粗锉、精锉 2 面，保证 ϕ8H7 孔与五角形边的距离尺寸 $16.225_{-0.039}^{\ 0}$mm 来间

接保证尺寸 $\phi 50_{-0.039}^{0}$ mm、保证角度 108°±4′，保证平面度、垂直度、表面粗糙度等达到图纸要求。

④ 锯削，粗锉、精锉 3 面，保证 ϕ8H7 孔与五角形边的距离尺寸 $16.225_{-0.039}^{0}$ mm 来间接保证尺寸 $\phi 50_{-0.039}^{0}$ mm、保证角度 108°±4′，保证平面度、垂直度、表面粗糙度等达到图纸要求。

⑤ 锯削，粗锉、精锉 4 面，保证 ϕ8H7 孔与五角形边的距离尺寸 $16.225_{-0.039}^{0}$ mm 来间接保证尺寸 $\phi 50_{-0.039}^{0}$ mm、保证角度 108°±4′，保证平面度、垂直度、表面粗糙度等达到图纸要求。

⑥ 锯削，粗锉、精锉 5 面，保证 ϕ8H7 孔与五角形边的距离尺寸 $16.225_{-0.039}^{0}$ mm 来间接保证尺寸 $\phi 50_{-0.039}^{0}$ mm、保证角度 108°±4′，保证平面度、垂直度、表面粗糙度等达到图纸要求。

(5) 加工凹件。凹件如图 1-10-3 所示。加工时，按图 1-10-5(b)所示的顺序进行。

① 粗锉、精锉 6 面，保证尺寸(45±0.023)mm，平面度、平行度、垂直度、表面粗糙度等达到图纸要求。

② 用钻排孔和锯割的方法，去除凹槽内余料，粗锉凹槽各面，每面留 0.2～0.3mm 的锉配余量。

③ 分别精锉 7、8、9、10 四面，保证角度 108°、尺寸 29.39mm、19.46mm 与凸件上相应尺寸一致，用凸件试插凹槽，能较紧插入。

④ 把凸件装入凹件，整体检查是否符合要求，如不符合，可作适当修配。

⑤ 如图 1-10-3 所示，划出 2×ϕ8H7 孔的加工位置，打上样冲眼，钻 2×ϕ7.8mm 底孔，铰 2×ϕ8H7 孔至要求。

3. 注意事项

(1) 凸件加工一定要精确，加工五角形时可以利用中间孔作为测量基准，控制每条边与孔的距离，角度测量一定要准确，凸件的五角形只标注了五角形外接圆的直径值，通过计算，可算出五角形各边与中心孔之间的距离。

(2) 凹件上尺寸 19.46mm、29.39mm 可用芯棒通过间接测量来保证。

(3) 钻 3×ϕ8H7 的底孔 ϕ7.8mm 时，钻孔位置要对正，否则不能保证孔的尺寸要求。

(4) 为了达到互换后的配合要求，凹件和凸件所有的加工平面对于大平面的垂直度误差一定要控制在最小范围内，防止喇叭口的产生。

(5) 各转角处均无工艺孔，不利于锉配，可用修磨成锐角的锉刀加工。

项目11

W形配合件制作

项目目标

（1）掌握 W 形配合件的平面划线方法。

（2）掌握锯削技能。

（3）掌握 W 形配合件的锉配技能，巩固和提高锉削技能。

（4）掌握排孔加工、通孔加工、铰孔等孔加工方法。

（5）掌握游标卡尺、千分尺、刀口直角尺、万能角尺、塞尺、ϕ8H7 塞规等量具的使用方法。

项目学习内容

在实施本项目前，应分别学习第 2 篇单元 2、单元 3、单元 5、单元 6、单元 8 中的相关内容。

项目材料准备

钢板，尺寸为 101mm×61mm×8mm，材料为 Q235。

项目完成时间

W 形配合件制作时间为 12～18 学时。

项目考核标准

W 形配合件制作评分标准见表 1-11-1。

表 1-11-1　W 形配合件制作评分表

内容	序号	考 核 要 求	配 分	评 分 标 准	自检	检测评分
凸件	1	$30_{-0.039}^{0}$ mm(2 处)	2×2	每一处超差扣 2 分		
	2	(100±0.023)mm	3	超差全扣		
	3	$14_{0}^{+0.027}$ mm(3 处)	2×3	每一处超差扣 2 分		
	4	$18_{0}^{+0.027}$ mm	3	超差全扣		
	5	(54±0.05)mm	3			
	6	120°±4′(2 处)	2×2	每一处超差扣 2 分		

续表

内容	序号	考核要求	配分	评分标准	自检	检测评分
凸件	7	2×ϕ8H7	1×2	每一处超差扣1分		
	8	(12±0.15)mm(2处)	1×2	每一处超差扣1分		
	9	(46±0.2)mm	2	超差全扣		
	10	⌯ 0.15 A	3			
	11	Ra1.6μm(2处)	1×2	每一处超差扣1分		
	12	Ra3.2μm(12处)	1×12	每一处超差扣1分		
凹件	13	(100±0.023)mm	3	超差全扣		
	14	(26±0.023)mm(3处)	3×3	每一处超差扣3分		
	15	Ra3.2μm(12处)	1×12	每一处超差扣1分		
配合	16	间隙≤0.05mm(正反18处)	1×18	每一处超差扣1分		
	17	错位量≤0.06mm(正反8处)	1×8	每一处超差扣2分		
	18	(42±0.1)mm(正反2处)	2×2	每一处超差扣2分		
其他	19	安全文明实训	违者视情节轻重扣1～10分			
班级		姓名	学号		总分	

项目实施

1. 任务分析

W形配合件如图1-11-1所示。通过划线、锯削、锉削、钻孔、铰孔等钳工加工,把坯件加工成如图1-11-2和图1-11-3所示的凸件和凹件,装配后达到如图1-11-1所示的图样要求。锉配时应先加工凸件,再加工凹件。加工凸件时不能把外形全部锯出后同时加工,这样会使零件失去测量的基准,应先加工中间的凹处,再加工两侧。凸件加工好以后,以凸件为基准再锉配凹件。所有斜面的测量可以用V形铁辅助测量。

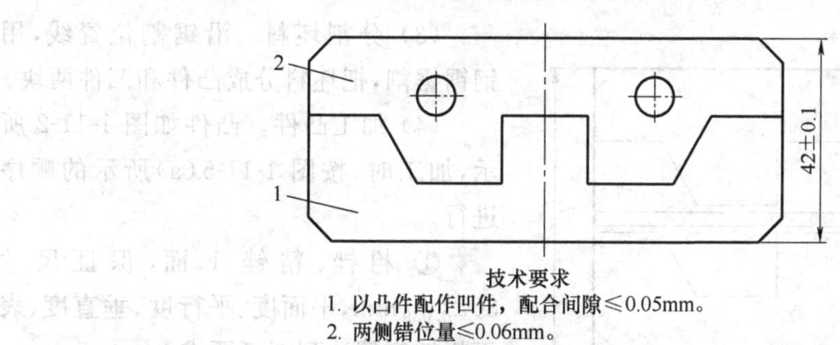

图1-11-1 W形配合件

1—凹件;2—凸件

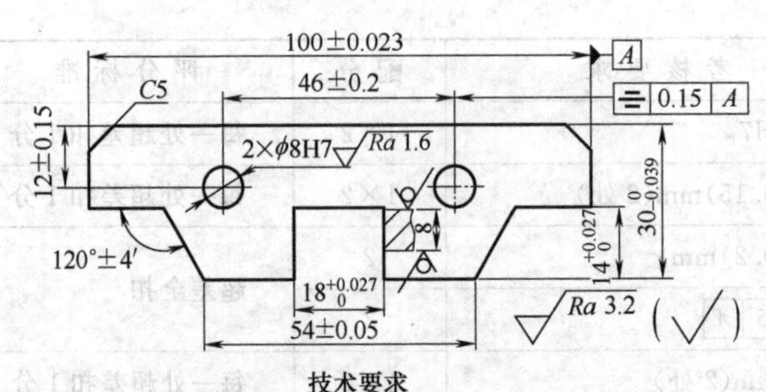

技术要求

各锉削平面与大平面的垂直度≤0.05mm。

图 1-11-2 凸件

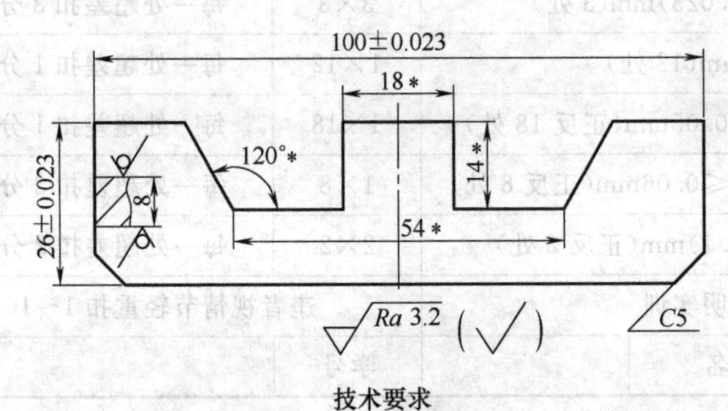

技术要求

1. 各锉削平面与大平面的垂直度≤0.05mm。
2. 有*尺寸与凸件配作，配合间隙≤0.05mm。

图 1-11-3 凹件

2. 操作步骤

(1) 加工工件外形。按锉削下、左、右、上各侧面的顺序，粗锉、精锉 4 个侧面，保证宽度(100±0.023)mm，长度 $L\geqslant60$mm，4 个侧面的平面度和垂直度符合要求，如图 1-11-4 所示。各边倒钝去毛刺。

(2) 划线。在长方形坯料的两端，按图 1-11-4 所示划出凸件和凹件的形状，并在线条上打好冲眼。在离开凸、凹件 1mm 处划出锯割位置线。

(3) 分割坯料。沿锯割位置线，用钢锯锯割，把坯料分成凸件和凹件两块。

(4) 加工凸件。凸件如图 1-11-2 所示，加工时，按图 1-11-5(a)所示的顺序进行。

① 粗锉、精锉 1 面，保证尺寸 $30_{-0.039}^{\ 0}$ mm，平面度、平行度、垂直度、表面粗糙度等达到图纸要求。

② 用钻排孔和锯割的方法，去除凹槽内废料，粗锉、精锉 2、3、4 三面，保证

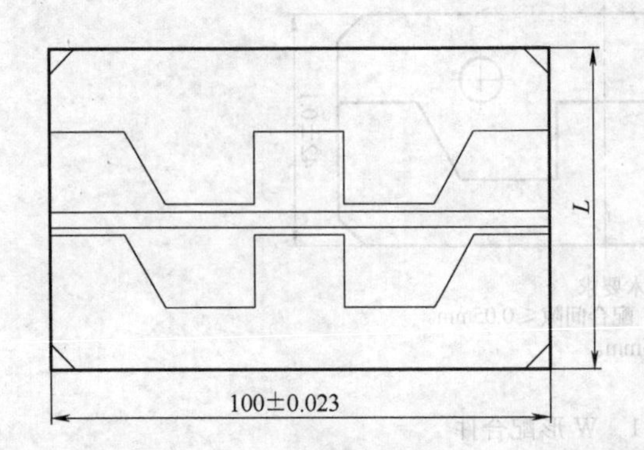

图 1-11-4 坯料锉削及划线

尺寸 $18^{+0.027}_{0}$mm、$14^{+0.027}_{0}$mm 及凹槽侧面的对称度等达到图纸要求。

③ 锯削两侧斜面处，粗锉、精锉 5、6、7、8 四面，斜面可利用 V 形铁辅助测量，如图1-11-6所示，保证尺寸 $14^{+0.027}_{0}$mm 、(54±0.05)mm 及斜面角度 120°±4′等达到图纸要求。

④ 按图 1-11-2 所示，划出 2×ϕ8H7 孔的加工位置，打上样冲眼，钻 2×ϕ7.8mm 底孔、铰 2×ϕ8H7 孔，保证孔位尺寸(15±0.1)mm 等至图纸要求。

⑤ 锯削，粗锉、精锉 16、17 两个倒角面。

(5) 加工凹件。凹件如图 1-11-3 所示。加工时，如图 1-11-5(b)所示的顺序进行。

① 粗锉、精锉 9 面，保证尺寸(26±0.023)mm 达到要求，保证平行度等要求。

② 用钻排孔和锯割的方法，去除斜面凹槽内废料，粗锉凹槽各面，每面留 0.2～0.3mm 的锉配余量。

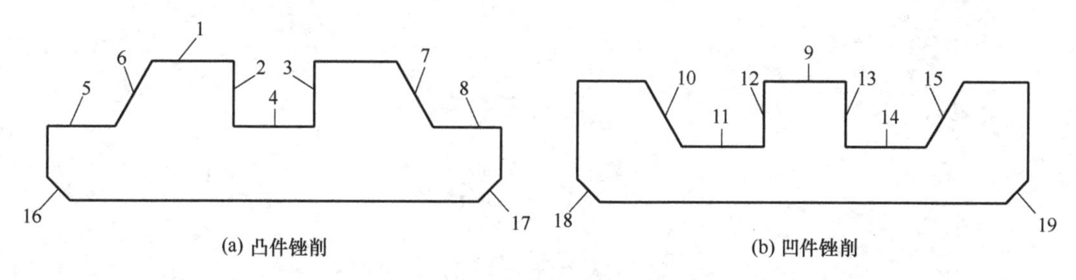

图 1-11-5 凸件、凹件锉削顺序

③ 精锉 10、11、12、13、14、15 六面，尺寸 18mm、14mm、54mm 等与凸件 $18^{+0.027}_{0}$mm、$14^{+0.027}_{0}$mm、(54±0.05)mm 对应尺寸一致，保证错位要求，用凸件头部试插凹槽，并以什锦锉修清角，用光隙法检查，达到配合间隙等要求。

④ 把凸件装入凹件，整体检查是否符合要求，如不符合，可作适当修配。

⑤ 锯削，粗锉、精锉 18、19 两个倒角面。

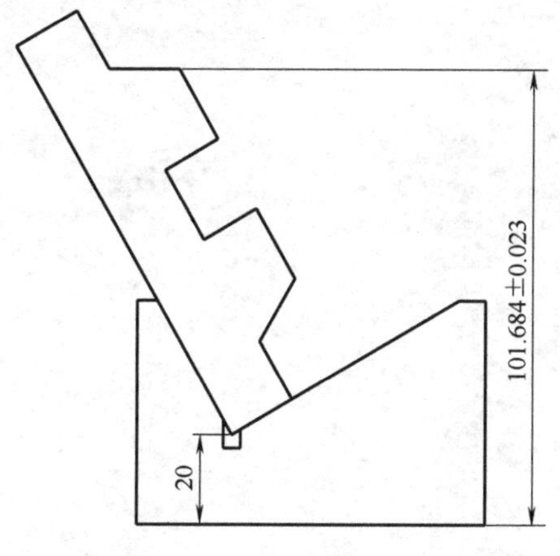

图 1-11-6 凸件斜面测量方法

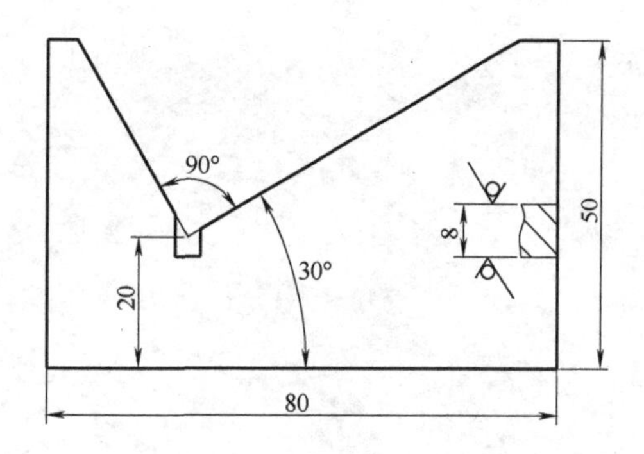

图 1-11-7 定制 V 形块

3. 注意事项

(1) 斜面可用定制 V 形铁辅助测量，定制 V 形铁如图 1-11-7 所示，需应用三角函数的计算，掌握利用定制 V 形铁控制工件斜面尺寸要求。

(2) 凸件的直角和斜面虽然没有标有对称度的要求，但是因为有错位量的要求，所以直角的两侧面和斜面必须控制好对称度，斜面的位置尺寸，可以使用定制V形铁辅助测量。

(3) 凹件各尺寸可借助定制V形铁辅助测量，用千分尺测量，保证此尺寸与凸件尺寸一致，否则不能保证错位要求。

(4) 为了达到互换后的配合要求，凹件和凸件所有的加工平面对于大平面的垂直度误差一定要控制在最小范围内。

(5) 钻 2×ϕ8H7 的底孔 ϕ7.8mm 时，钻孔位置要对正，否则不能保证孔的位置尺寸要求。

项目12

直角V形件制作

项目目标

(1) 掌握直角 V 形件平面划线方法。

(2) 掌握锯削技能。

(3) 掌握直角 V 形件的锉配技能,巩固和提高锉削技能。

(4) 掌握排孔加工、通孔加工、铰孔等孔加工方法。

(5) 掌握游标卡尺、千分尺、刀口直角尺、万能角尺、塞尺、ϕ8H7 塞规等量具的使用方法。

项目学习内容

在实施本项目前,应分别学习第 2 篇单元 2、单元 3、单元 5、单元 6、单元 8 中的相关内容。

项目材料准备

钢板,尺寸为 81mm×61mm×8mm,材料为 Q235。

项目完成时间

直角 V 形件制作时间为 12～18 学时。

项目考核标准

直角 V 形件制作评分标准见表 1-12-1。

表 1-12-1　直角 V 形件制作评分表

内容	序号	考核要求	配分	评分标准	自检	检测评分
凸件	1	$40_{-0.039}^{0}$ mm(2 处)	3×2	每一处超差扣 3 分		
	2	$15_{-0.033}^{0}$ mm(4 处)	3×4	每一处超差扣 3 分		
	3	135°±4′(2 处)	3×2	每一处超差扣 3 分		
	4	ϕ8H7	2	超差全扣		
	5	(12±0.1)mm(2 处)	3×2	每一处超差扣 3 分		
	6	$Ra1.6\mu m$	1	超差全扣		
	7	$Ra3.2\mu m$(7 处)	1×7	每一处超差扣 1 分		

续表

内容	序号	考核要求	配分	评分标准	自检	检测评分
凹件	8	(60±0.023)mm(2处)	3×2	每一处超差扣3分		
	9	ϕ8H7	2	超差全扣		
	10	$Ra1.6\mu m$	1			
	11	$Ra3.2\mu m$(9处)	1×9	每一处超差扣1分		
配合	12	间隙≤0.04mm(正反10处)	2×10	每一处超差扣2分		
	13	错位量≤0.06mm(正反4处)	2×4	每一处超差扣2分		
	14	(60±0.15)mm(正反4处)	2×4	每一处超差扣2分		
	15	(50±0.2)mm(正反2处)	3×2	每一处超差扣3分		
其他	16	安全文明实训	违者视情节轻重扣1～10分			
班级		姓名		学号		总分

项目实施

1. 任务分析

直角V形件如图1-12-1所示。通过划线、锯削、锉削、钻孔、铰孔等钳工加工，把坯件加工成如图1-12-2和图1-12-3所示的凸件和凹件，装配后达到如图1-12-1所示的图样要求。根据坯料的尺寸，该配合件要用借料的方法来分割材料。锉配时应该先加工凸件，凸件的角度、尺寸要加工正确。凸件加工好以后，以凸件为基准锉配凹件，所有斜面的测量可以用V形铁辅助测量。

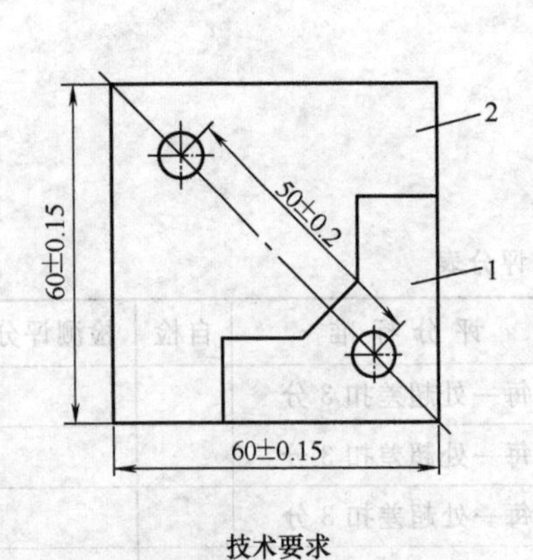

技术要求

1. 以凸件配作凹件，配合间隙≤0.04mm。
2. 两侧错位量≤0.06mm。

图1-12-1 直角V形件

1—凸件；2—凹件

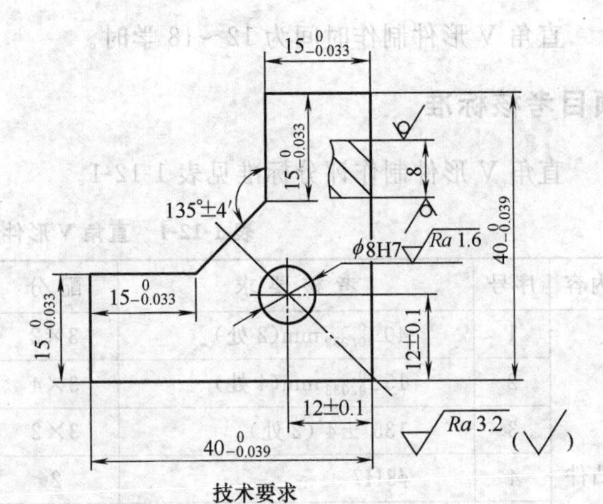

技术要求

各锉削平面与大平面的垂直度≤0.05mm。

图1-12-2 凸件

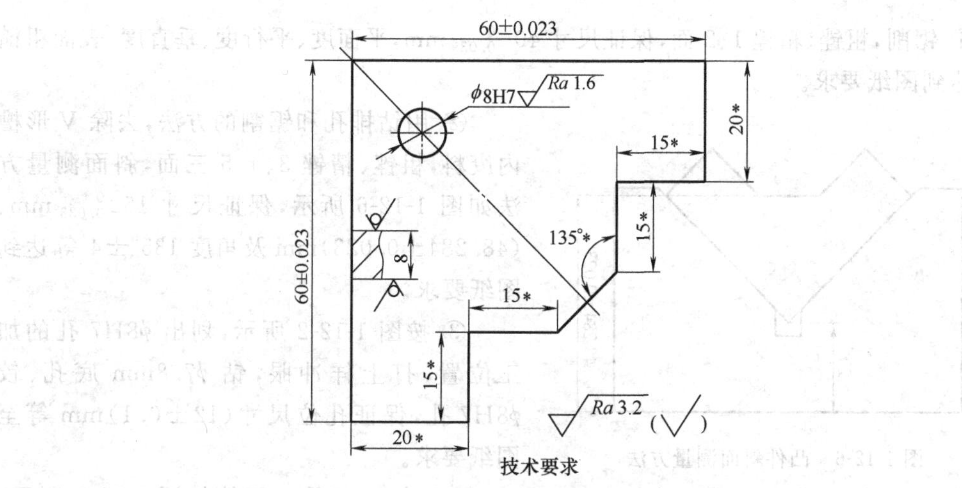

图 1-12-3　凹件

2. 操作步骤

(1) 加工工件外形。按锉削下、左、右、上各侧面的顺序，粗锉、精锉 4 个侧面，保证宽度 (60±0.023)mm，长度 $L\geqslant 80$mm，4 个侧面的平面度和垂直度符合要求，如图 1-12-4 所示。各边倒钝去毛刺。

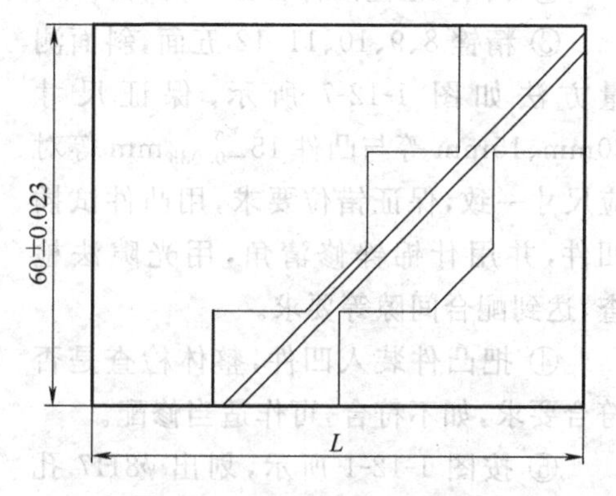

图 1-12-4　坯料锉削及划线

(2) 划线。在长方形坯料的两端，如图 1-12-4所示划出凸件和凹件的形状，并在线条上打好冲眼。在离开凸、凹件 1mm 处划出锯割位置线。

(3) 分割坯料。沿锯割位置线，用钢锯锯割，把坯料分成凸件和凹件两块。

(4) 加工凸件。凸件如图 1-12-2 所示，加工时，按图 1-12-5(a)所示的顺序进行。

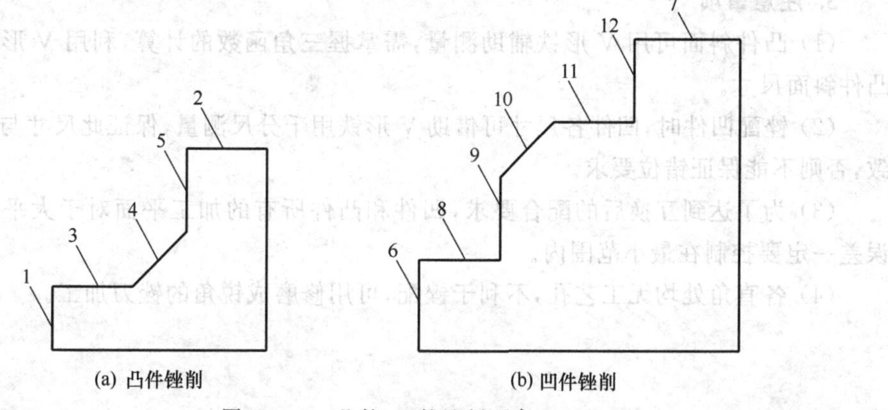

(a) 凸件锉削　　(b) 凹件锉削

图 1-12-5　凸件、凹件锉削顺序

① 锯削，粗锉、精锉 1、2 面，保证尺寸 $40_{-0.039}^{\ 0}$mm，平面度、平行度、垂直度、表面粗糙度等达到图纸要求。

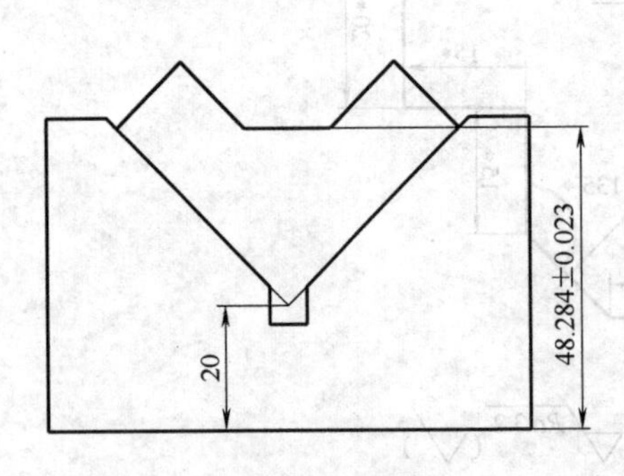

图 1-12-6　凸件斜面测量方法

② 用钻排孔和锯割的方法，去除 V 形槽内废料，粗锉、精锉 3、4、5 三面，斜面测量方法如图 1-12-6 所示，保证尺寸 $15_{-0.033}^{\ 0}$mm、(48.284±0.023)mm 及角度 135°±4′等达到图纸要求。

③ 按图 1-12-2 所示，划出 ϕ8H7 孔的加工位置，打上样冲眼，钻 ϕ7.8mm 底孔、铰 ϕ8H7 孔，保证孔位尺寸(12±0.1)mm 等至图纸要求。

(5) 加工凹件。凹件如图 1-12-3 所示。加工时，按图 1-12-5(b)所示的顺序进行。

① 锯削，粗锉、精锉 6、7 面，保证尺寸(60±0.023)mm、平行度等达到要求。

② 锯削，粗锉凹件各面，每面留 0.2～0.3mm 的锉配余量。

③ 精锉 8、9、10、11、12 五面，斜面测量方法如图 1-12-7 所示，保证尺寸 20mm、15mm 等与凸件 $15_{-0.033}^{\ 0}$mm 等对应尺寸一致，保证错位要求，用凸件试插凹件，并用什锦锉修清角，用光隙法检查，达到配合间隙等要求。

④ 把凸件装入凹件，整体检查是否符合要求，如不符合，可作适当修配。

⑤ 按图 1-12-1 所示，划出 ϕ8H7 孔的加工位置，打上样冲眼，钻 ϕ7.8mm 底孔、铰 ϕ8H7 孔，保证孔位尺寸等至图纸要求。

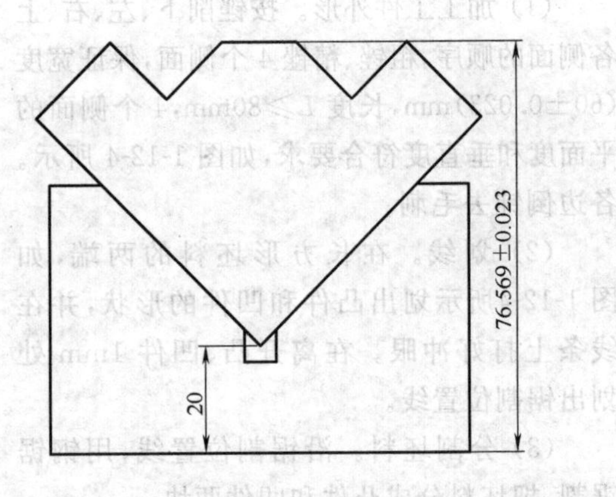

图 1-12-7　凹件斜面测量方法

3. 注意事项

(1) 凸件斜面可用 V 形铁辅助测量，需掌握三角函数的计算，利用 V 形铁测量控制凸件斜面尺寸。

(2) 锉配凹件时，凹件各尺寸可借助 V 形铁用千分尺测量，保证此尺寸与凸件尺寸一致，否则不能保证错位要求。

(3) 为了达到互换后的配合要求，凹件和凸件所有的加工平面对于大平面的垂直度误差一定要控制在最小范围内。

(4) 各直角处均无工艺孔，不利于锉配，可用修磨成锐角的锉刀加工。

双V形件制作

项目目标

(1) 掌握双V形件的平面划线方法。
(2) 掌握锯削技能。
(3) 掌握双V形件的锉配技能,巩固和提高锉削技能。
(4) 掌握排孔加工、通孔加工、铰孔等孔加工方法。
(5) 掌握游标卡尺、千分尺、刀口直角尺、万能角尺、塞尺、ϕ8H7塞规等量具的使用方法。

项目学习内容

在实施本项目前,应分别学习第2篇单元2、单元3、单元5、单元6、单元8中的相关内容。

项目材料准备

钢板,尺寸为71mm×61mm×8mm,材料为Q235。

项目完成时间

双V形件制作时间为12~18学时。

项目考核标准

双V形件制作评分标准见表1-13-1。

表1-13-1 双V形件制作评分表

内容	序号	考核要求	配分	评分标准	自检	检测评分
凸件	1	$14_{-0.033}^{0}$ mm(2处)	3×2	每一处超差扣3分		
	2	$48_{-0.052}^{0}$ mm	3	超差全扣		
	3	(60±0.023)mm	3			
	4	90°±4′(2处)	3×2	每一处超差扣3分		
	5	ϕ8H7	2	超差全扣		
	6	$Ra1.6\mu m$	1			
	7	$Ra3.2\mu m$(10处)	1×10	每一处超差扣1分		

续表

内容	序号	考核要求	配分	评分标准	自检	检测评分
凹件	8	(60±0.023)mm	3	超差全扣		
	9	(29±0.023)mm(2处)	2×2	每一处超差扣2分		
	10	2×ϕ8H7	2×2	每一处超差扣2分		
	11	(12±0.1)mm(2处)	2×2	每一处超差扣2分		
	12	(36±0.1)mm	2	超差全扣		
	13	⌯ 0.15 A	3			
	14	Ra1.6μm(2处)	1×2	每一处超差扣1分		
	15	Ra3.2μm(7处)	1×7	每一处超差扣1分		
配合	16	间隙≤0.04mm(正反转动16处)	1×16	每一处超差扣1分		
	17	错位量≤0.06mm(正反转动8处)	1×8	每一处超差扣1分		
	18	(43±0.1)mm(正反转动8处)	1×8	每一处超差扣1分		
	19	(30±0.15)mm(正反转动8处)	1×8	每一处超差扣1分		
其他	20	安全文明生产	违者视情节轻重扣1～10分			
班级	姓名		学号		总分	

项目实施

1. 任务分析

双V形件如图1-13-1所示。通过划线、锯削、锉削、钻孔、铰孔等钳工加工，把坯件加工成如图1-13-2和图1-13-3所示的凸件和凹件，装配后达到如图1-13-1所示的图样要

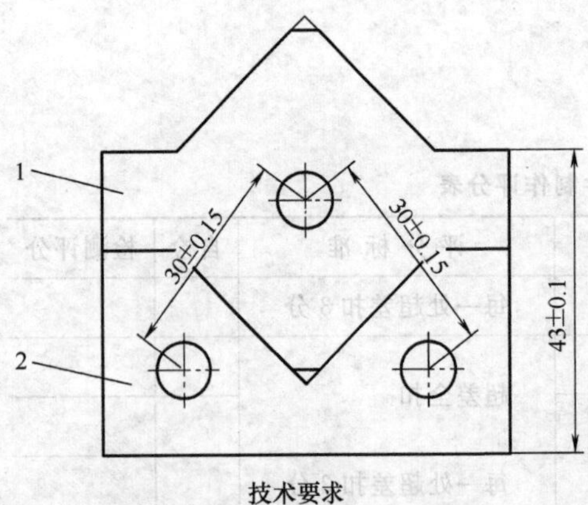

图1-13-1 双V形件
1—凸件；2—凹件

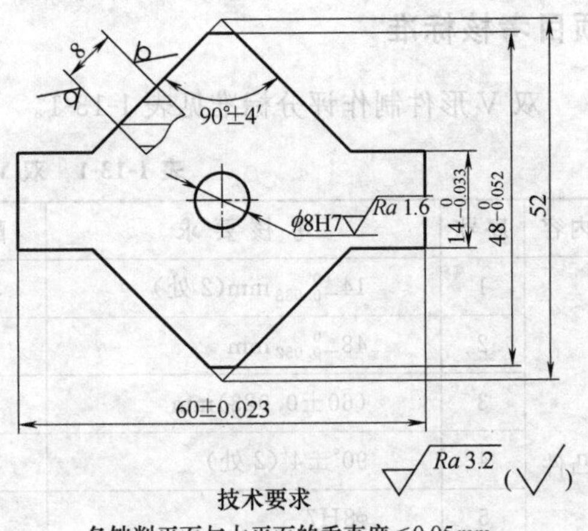

图1-13-2 凸件

求。根据坯料的尺寸，该配合件要用借料的方法来分割材料。该配合件是典型的V形制作件，V形的测量可采用芯棒和90°V形铁辅助测量。加工凸件时，应该先加工一侧，待所有尺寸符合图纸要求后再加工另一侧。在凸件的加工过程中，可以采用先钻、铰孔的加工工艺，以孔为测量基准，加工V形的斜面。

2. 操作步骤

(1) 加工工件外形。按下、左、右、上各侧面的锉削顺序，粗锉、精锉4个侧面，保证宽度(60±0.023)mm，长度$L \geqslant 80$mm，4个侧面的平面度和垂直度符合要求，如图1-13-4所示。各边倒钝去毛刺。

(2) 划线。在长方形坯料的两端，按图1-13-4所示划出凸件和凹件的形状，并在线条上打好冲眼。在离开凸、凹件1mm处划出锯割、排孔位置线。

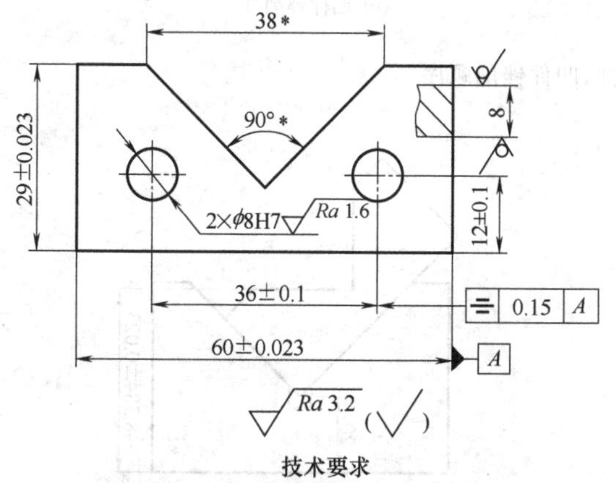

图1-13-3　凹件

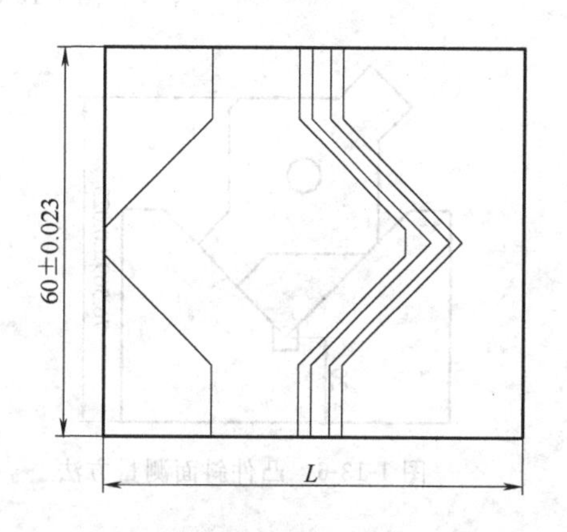

图1-13-4　坯料锉削及划线

(3) 分割坯料。用钻排孔和锯割的方法，沿所划位置线，把坯料分成凸件和凹件两块。

(4) 加工凸件。凸件如图1-13-2所示，加工时，按图1-13-5(a)所示的顺序进行。

① 按图1-13-2所示，划出ϕ8H7孔的位置，打上样冲眼，钻ϕ7.8mm底孔、铰ϕ8H7孔。

② 粗锉、精锉1面，保证尺寸$48_{-0.052}^{\ 0}$mm，保证孔边距一致，使孔在工件的对称中心上，保证孔位尺寸、平面度、平行度、垂直度、表面粗糙度等达到图纸要求。

③ 锯削，去除V形两侧废料，粗锉、精锉2、3、4、5四面，斜面测量可采用V形铁辅助测量，测量方法如图1-13-6所示，保证尺寸(76.569±0.023)mm及角度90°±4′等达到图纸要求。

④ 锯削，去除另一侧V形两侧废料，粗锉、精锉6、7、8、9四面，斜面测量可采用V形铁辅助测量，测量方法如图1-13-6所示，保证尺寸(76.569±0.023)mm、$14_{-0.033}^{\ 0}$mm及角度90°±4′等达到图纸要求。

(5) 加工凹件。凹件如图1-13-3所示。加工时，按图1-13-5(b)所示的顺序进行。

① 粗锉、精锉10面，保证尺寸(29±0.023)mm、平行度要求。

② 锯削，去除V形废料，粗锉11、12两面，每面留0.2～0.3mm的锉配余量。

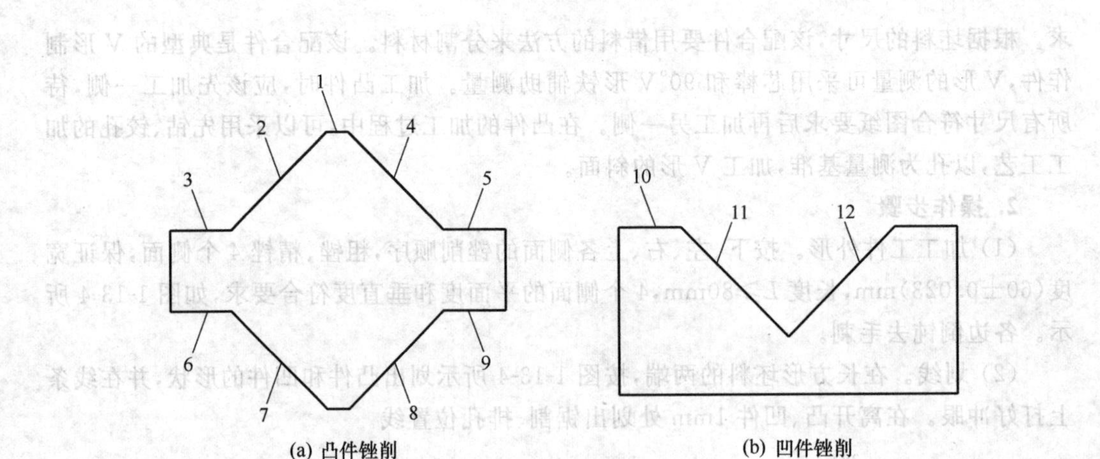

(a) 凸件锉削　　　　(b) 凹件锉削

图 1-13-5　凸件、凹件锉削顺序

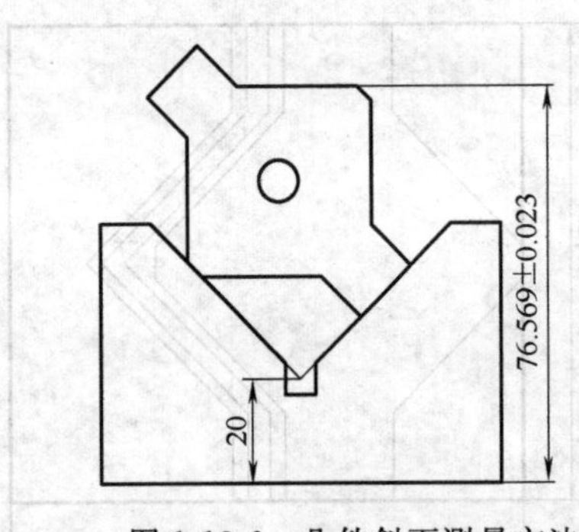

图 1-13-6　凸件斜面测量方法

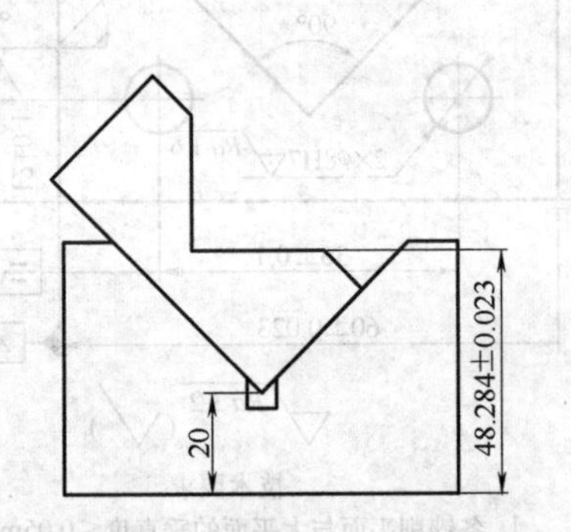

图 1-13-7　凹件斜面测量方法

③ 精锉 11、12 两面，斜面测量可采用 V 形铁辅助测量，测量方法如图 1-13-7 所示，保证尺寸(48.284±0.023)mm 等与凸件对应尺寸一致，保证错位要求，用凸件试插凹件，并以什锦锉修清角，用光隙法检查，达到配合间隙等要求。

④ 把凸件装入凹件，整体检查是否符合要求，如不符合，可作适当修配。

⑤ 按图 1-13-3 所示，划出 2×ϕ8H7 孔的加工位置，打上样冲眼，钻 2×ϕ7.8mm 底孔、铰 2×ϕ8H7 孔，保证孔位尺寸等至图纸要求。

3. 注意事项

(1) 凸件的 V 形虽然没有标有对称度的要求，但是因为有错位量的要求，所以 V 形必须控制好对称度，斜面的位置尺寸，可以使用 90°V 形铁辅助测量。

(2) 凸件加工过程中，一定要按照加工顺序加工，先把一侧的 V 形加工合格后再加工另一侧 V 形，不能两侧同时加工，尺寸 $14_{-0.033}^{\ 0}$ mm 要通过间接测量法保证。

(3) 凸件在加工的过程中，斜面的位置尺寸应该先加工为上偏差，配作过程中，先以凸件一侧为基准，配作凹件，然后再以凹件为基准，配作凸件的另一侧。在加工过程中可以先加工孔，以孔为测量基准，加工外形，保证孔边距。

(4) 钻 3×ϕ8H7 的底孔 ϕ7.8mm 时，钻孔位置要对正，否则不能保证孔的位置尺寸要求。

项目14

双燕尾件制作

项目目标

（1）掌握双燕尾件的平面划线方法。

（2）掌握锯削技能。

（3）掌握双燕尾件的锉配技能，巩固和提高锉削技能。

（4）掌握排孔加工、通孔加工、铰孔等孔加工方法。

（5）掌握游标卡尺、千分尺、刀口直角尺、万能角尺、塞尺、ϕ8H7 塞规等量具的使用方法。

项目学习内容

在实施本项目前，应分别学习第 2 篇单元 2、单元 3、单元 5、单元 6、单元 8 中的相关内容。

项目材料准备

钢板，尺寸为 81mm×71mm×8mm，材料为 Q235。

项目完成时间

双燕尾件制作时间为 12～18 学时。

项目考核标准

双燕尾件制作评分标准见表 1-14-1。

表 1-14-1　双燕尾件制作评分表

内容	序号	考核要求	配分	评分标准	自检	检测评分
凸件	1	$21_{-0.033}^{0}$ mm(2 处)	3×2	每一处超差扣 3 分		
	2	(24±0.05)mm	4	超差全扣		
	3	60°±4′(2 处)	3×2	每一处超差扣 3 分		
	4	⌯ 0.06 A	4	超差全扣		
	5	$38_{-0.039}^{0}$ mm	4			
	6	(70±0.023)mm	4			

续表

内容	序号	考核要求	配分	评分标准	自检	检测评分
凸件	7	ϕ8H7	2	超差全扣		
	8	(10±0.15)mm	2			
	9	*Ra*1.6μm	1			
	10	*Ra*3.2μm(8处)	1×8	每一处超差扣1分		
凹件	11	(36±0.023)mm	3	超差全扣		
	12	(70±0.023)mm	3			
	13	ϕ8H7	2			
	14	*Ra*1.6μm	1			
	15	*Ra*3.2μm(8处)	1×8	每一处超差扣1分		
配合	16	间隙≤0.04mm(正反10处)	2×10	每一处超差扣2分		
	17	错位量≤0.06mm(正反4处)	2×4	每一处超差扣2分		
	18	(37±0.25)mm(正反2处)	3×2	每一处超差扣3分		
	19	(57±0.15)mm(正反2处)	2×4	每一处超差扣2分		
其他	20	安全文明生产	违者视情节轻重扣1～10分			
班级		姓名	学号		总分	

项目实施

1. 任务分析

双燕尾配合件如图 1-14-1 所示。通过划线、锯削、锉削、钻孔、铰孔等钳工加工，把坯

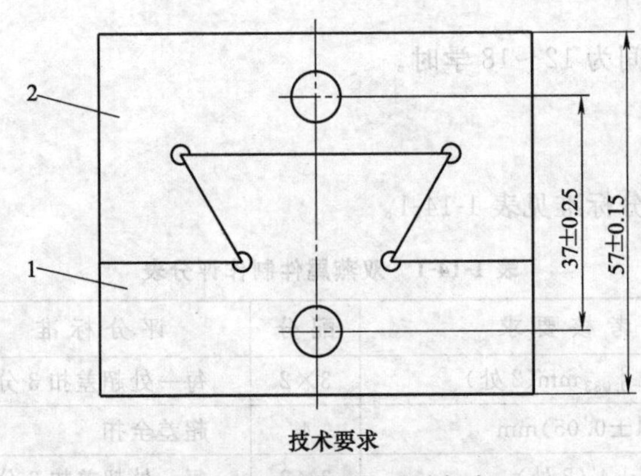

图 1-14-1 双燕尾配合件

1—凸件；2—凹件

件加工成如图 1-14-2 和图 1-14-3 所示的凸件和凹件，装配后达到如图 1-14-1 所示的图样要求。双燕尾配作件为左右对称的结构，锉配时应该先加工凸件，再以凸件为基准件锉配凹件。加工凸件时应先加工燕尾的一侧，使之完全符合尺寸要求后再加工燕尾另一侧，可使用间接测量来保证对称度要求。燕尾的测量可采用芯棒间接测量。凹件上的孔应该在燕尾配作完成以后进行。

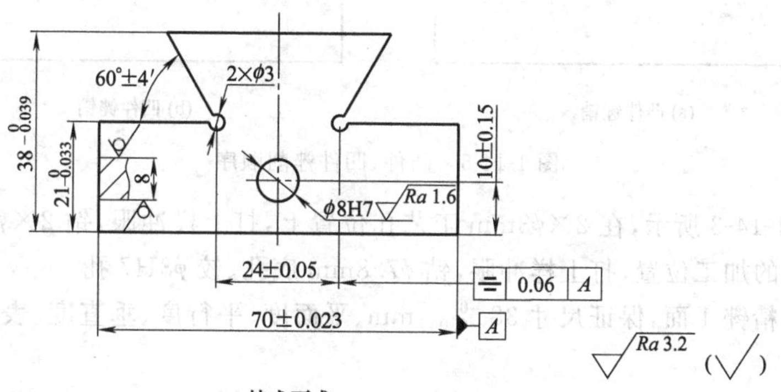

技术要求

各锉削平面与大平面的垂直度≤0.05mm。

图 1-14-2 凸件

2. 操作步骤

(1) 加工工件外形。按下、左、右、上各侧面的锉削顺序，粗锉、精锉 4 个侧面，保证宽度(70±0.023)mm，长度 $L \geqslant 80$mm，4 个侧面的平面度和垂直度符合要求，如图 1-14-4 所示。各边倒钝去毛刺。

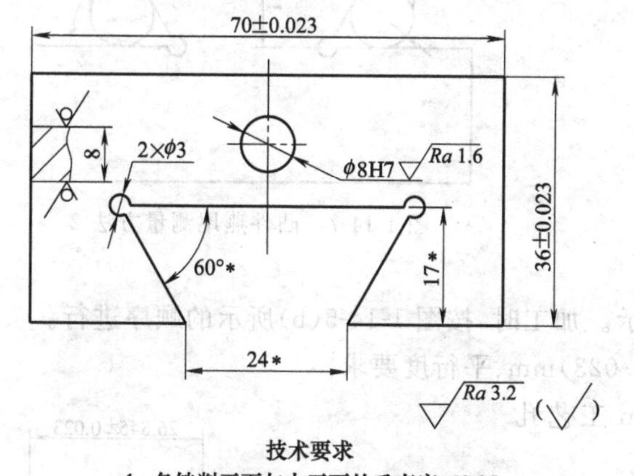

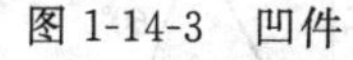

技术要求

1. 各锉削平面与大平面的垂直度≤0.05mm。
2. 有*尺寸与凸件配作，配合间隙≤0.04mm。

图 1-14-3 凹件

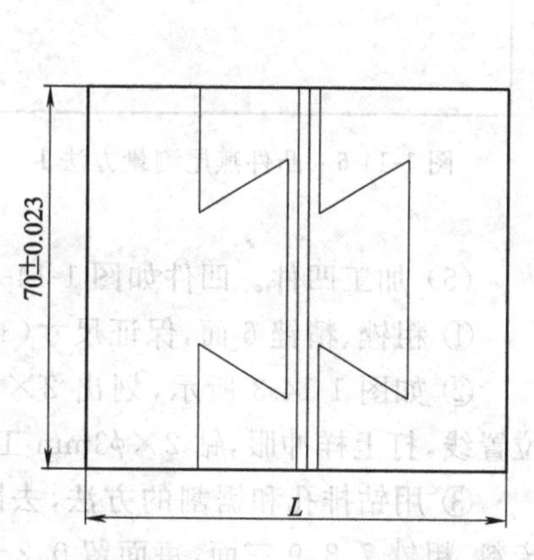

图 1-14-4 坯料锉削及划线

(2) 划线。在长方形坯料的两端，如图 1-14-4 所示，划出凸件和凹件的形状，并在线条上打好冲眼。在离开凸、凹件 1mm 处划出锯割位置线。

(3) 分割坯料。沿锯割位置线，用钢锯锯割，把坯料分成凸件和凹件两块。

(4) 加工凸件。凸件如图 1-14-2 所示，加工时，按图 1-14-5(a)所示的顺序进行。

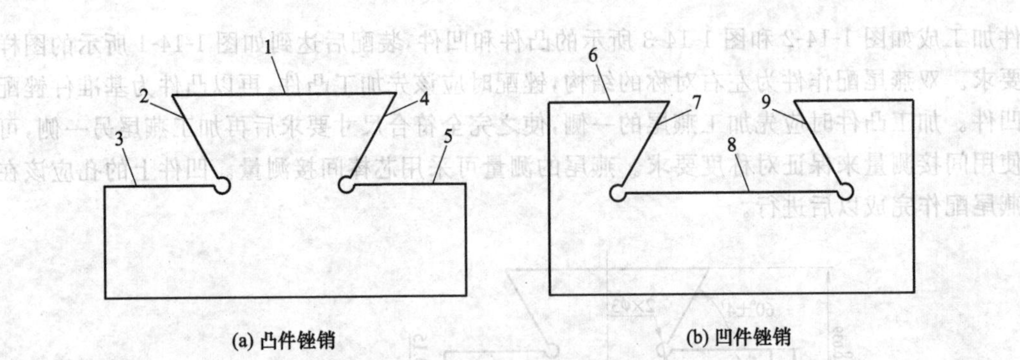

图 1-14-5 凸件、凹件锉削顺序

① 如图 1-14-3 所示，在 2×ϕ3mm 工艺孔位置上，打上样冲眼，钻 2×ϕ3mm 工艺孔。划出 ϕ8H7 孔的加工位置，打上样冲眼，钻 ϕ7.8mm 底孔、铰 ϕ8H7 孔。

② 粗锉、精锉 1 面，保证尺寸 $38_{-0.039}^{\ 0}$ mm、平面度、平行度、垂直度、表面粗糙度等达到图纸要求。

③ 锯削，去除燕尾一侧废料，粗锉、精锉 2、3 两面，燕尾测量方法如图 1-14-6 所示，保证尺寸(66.66±0.023)mm、$21_{-0.033}^{\ 0}$ mm 及角度 60°±4′等达到图纸要求。

④ 锯削，去除另一侧燕尾废料，粗锉、精锉 4、5 两面，燕尾测量方法如图 1-14-7 所示，保证尺寸(51.32±0.05)mm、$21_{-0.033}^{\ 0}$ mm 及角度 60°±4′等达到图纸要求。

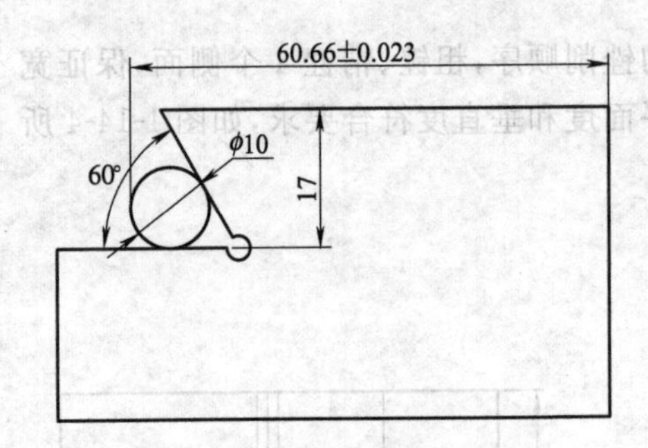

图 1-14-6 凸件燕尾测量方法 1

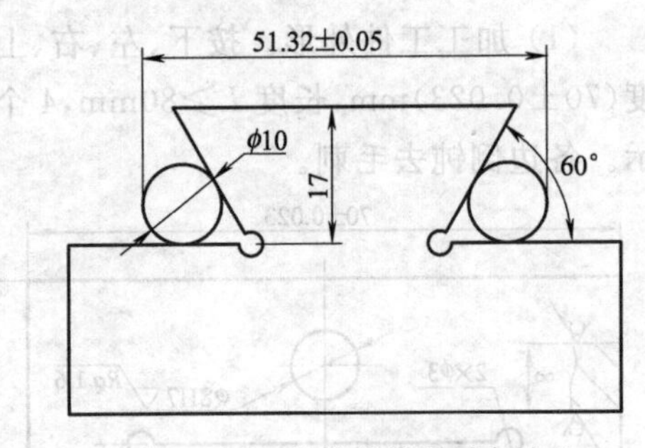

图 1-14-7 凸件燕尾测量方法 2

(5) 加工凹件。凹件如图 1-14-3 所示。加工时，按图 1-14-5(b)所示的顺序进行。

① 粗锉、精锉 6 面，保证尺寸(36±0.023)mm、平行度要求。

② 如图 1-14-3 所示，划出 2×ϕ3mm 工艺孔位置线，打上样冲眼，钻 2×ϕ3mm 工艺孔。

③ 用钻排孔和锯割的方法，去除燕尾凹槽内废料，粗锉 7、8、9 三面，每面留 0.2～0.3mm 的锉配余量。

④ 精锉 7、8、9 三面，燕尾测量方法如图 1-14-8 所示，尺寸(26.845±0.023)mm 等应与凸件对应尺寸一致，保证错位要求，用凸件试插凹件，并以什锦锉修清角，用光隙法检查，达到配合间隙等

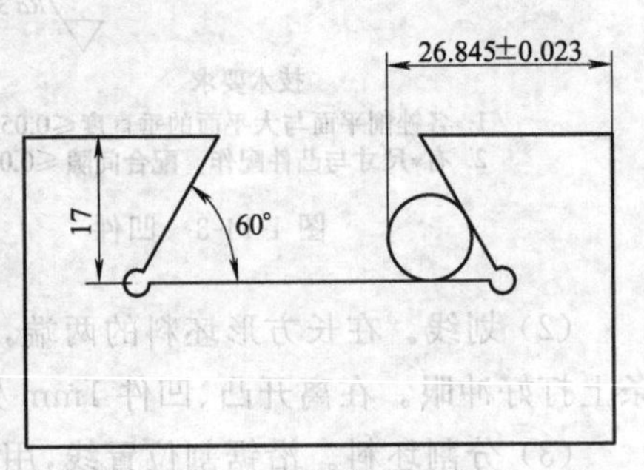

图 1-14-8 凹件燕尾测量方法

要求。

⑤ 把凸件装入凹件，整体检查是否符合要求，如不符合，可作适当修配。

⑥ 按图 1-14-1 所示，划出 ϕ8H7 孔的加工位置，打上样冲眼，钻 ϕ7.8mm 底孔、铰 ϕ8H7 孔，保证孔位尺寸至图纸要求。

3. 注意事项

(1) 燕尾测量分外燕尾测量和内燕尾测量，测量方法如图 1-14-6～图 1-14-8 所示，芯棒为 ϕ10mm，需熟练掌握三角函数的计算，利用芯棒测量控制燕尾尺寸。

(2) 凸件加工过程中，一定要按照加工顺序加工，先把一侧的燕尾加工合格后再加工另一侧燕尾，不能两侧同时加工，尺寸(24±0.05)mm 要通过间接测量法保证。

(3) 为了达到互换后的配合要求，一定要控制好凸件和凹件所有的加工平面对于大平面的垂直度误差。

(4) 为方便锉削燕尾面，锉刀边与锉刀面应修磨成小于 60°锐角。

项目15

双凸台配合件制作

项目目标

(1) 掌握双凸台配合件的平面划线方法。

(2) 掌握锯削技能。

(3) 掌握双凸台配合件的锉配技能，巩固和提高锉削技能。

(4) 掌握排孔加工、通孔加工、铰孔等孔加工方法。

(5) 掌握游标卡尺、千分尺、刀口直角尺、万能角尺、塞尺、ϕ10H7 塞规等量具的使用方法。

项目学习内容

在实施本项目前，应分别学习第 2 篇单元 2、单元 3、单元 5、单元 6、单元 8 中的相关内容。

项目材料准备

钢板，尺寸为 81mm×121mm×8mm，材料为 Q235。

项目完成时间

双凸台配合件制作时间为 12～18 学时。

项目考核标准

双凸台配合件制作评分标准见表 1-15-1。

表 1-15-1　双凸台配合件制作评分表

内容	序号	考核要求	配分	评分标准	自检	检测评分
凸件	1	$14^{+0.027}_{0}$mm(2 处)	3×2	每一处超差扣 3 分		
	2	$15^{0}_{-0.033}$mm(2 处)	2×2	每一处超差扣 2 分		
	3	$16^{0}_{-0.033}$mm(2 处)	2×2	每一处超差扣 2 分		
	4	$45^{0}_{-0.039}$mm(2 处)	2×2	每一处超差扣 2 分		
	5	$135°\pm6'$	2	超差全扣		
	6	$60^{0}_{-0.052}$mm(2 处)	2×2	每一处超差扣 2 分		

续表

内容	序号	考核要求	配分	评分标准	自检	检测评分
凸件	7	ϕ10H7	2	超差全扣		
	8	(20±0.15)mm(2 处)	2×2	每一处超差扣 2 分		
	9	Ra1.6μm	1	超差全扣		
	10	Ra3.2μm(11 处)	1×11	每一处超差扣 1 分		
凹件	11	(80±0.023)mm(2 处)	2×2	每一处超差扣 2 分		
	12	ϕ10H7	2	超差全扣		
	13	Ra1.6μm	1			
	14	Ra3.2μm(13 处)	1×13	每一处超差扣 1 分		
配合	15	间隙≤0.04mm(正反 18 处)	1×18	每一处超差扣 1 分		
	16	错位量≤0.06mm(正反 4 处)	2×4	每一处超差扣 2 分		
	17	(80±0.15)mm(正反 4 处)	2×4	每一处超差扣 2 分		
	18	(50±0.25)mm(正反 2 处)	2×2	每一处超差扣 2 分		
其他	19	安全文明实训	违者视情节轻重扣 1～10 分			
班级		姓名	学号		总分	

项目实施

1. 任务分析

双凸台配合件如图 1-15-1 所示。通过划线、锯削、锉削、钻孔、铰孔等钳工加工，把坯件加工成如图 1-15-2 和图 1-15-3 所示的凸件和凹件，装配后达到如图 1-15-1 所示的图样要求。该配合件是以对角线为中心的对称件，在加工过程中要严格控制工件外形与对角线对称。锉配时，先加工凸件，凸件加工完成后，以凸件作为基准件锉配凹件，斜面的测量可以采用 V 形铁测量。凹件上的孔加工应安排在整个配作完成以后进行。

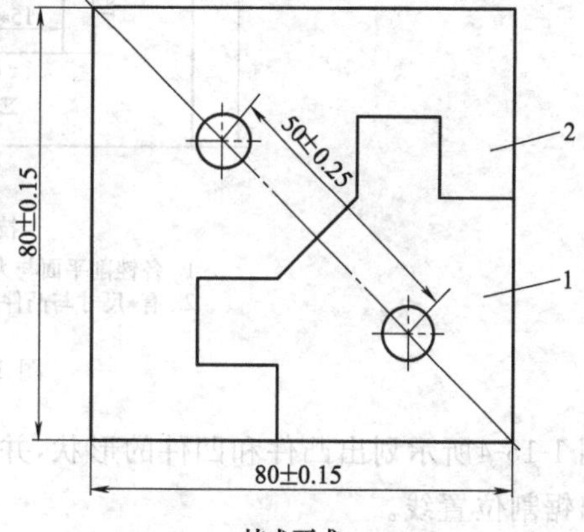

技术要求
1. 以凸件配作凹件，配合间隙≤0.04mm。
2. 两侧错位量≤0.06mm。

图 1-15-1 双凸台配合件

1—凸件；2—凹件

2. 操作步骤

(1) 加工工件外形。按下、左、右、上各侧面的锉削顺序，粗锉、精锉 4 个侧面，保证宽度 (80±0.023)mm，长度 L≥120mm，4 个侧面的平面度和垂直度符合要求，如图 1-15-4 所示。各边倒钝去毛刺。

(2) 划线。在长方形坯料的两端，如

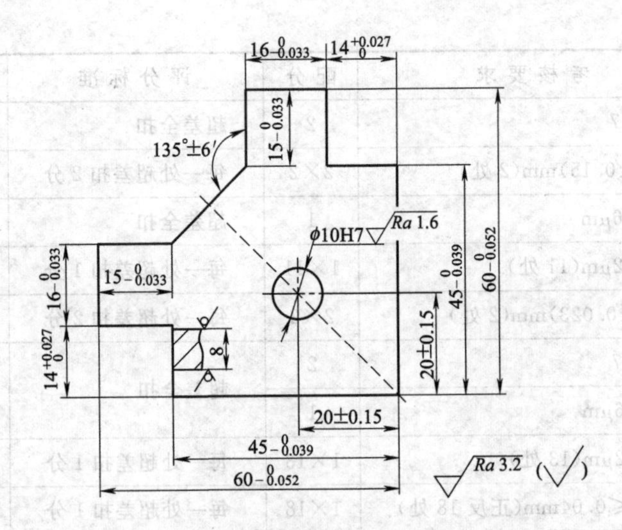

技术要求

各锉削平面与大平面的垂直度≤0.05mm。

图 1-15-2 凸件

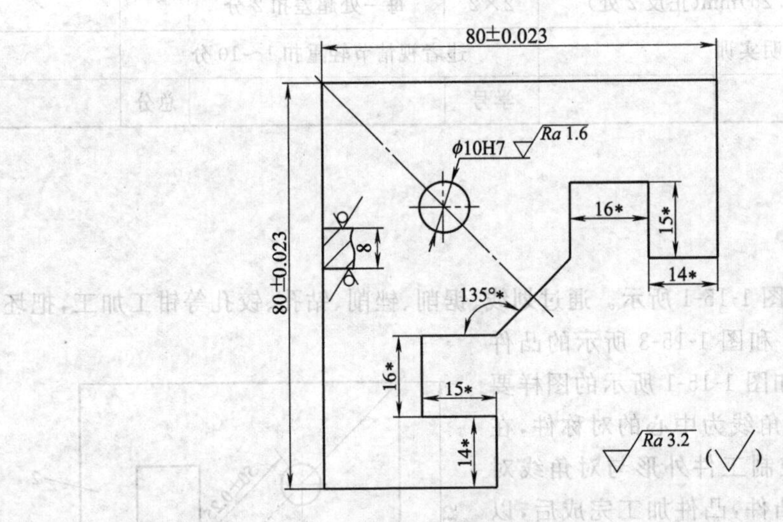

技术要求

1. 各锉削平面与大平面的垂直度≤0.05mm。
2. 有*尺寸与凸件配作，配合间隙≤0.04mm。

图 1-15-3 凹件

图 1-15-4所示划出凸件和凹件的形状，并在线条上打好冲眼。在离开凸、凹件 1mm 处划出锯割位置线。

(3) 分割坯料。用钻排孔和锯割的方法，沿所划位置线，把坯料分成凸件和凹件两块。

(4) 加工凸件。凸件如图 1-15-2 所示，加工时，按图 1-15-5(a)所示的顺序进行。

① 如图 1-15-2 所示，划出 ϕ10H7 孔的加工位置，打上样冲眼，钻 ϕ9.8mm 底孔、铰

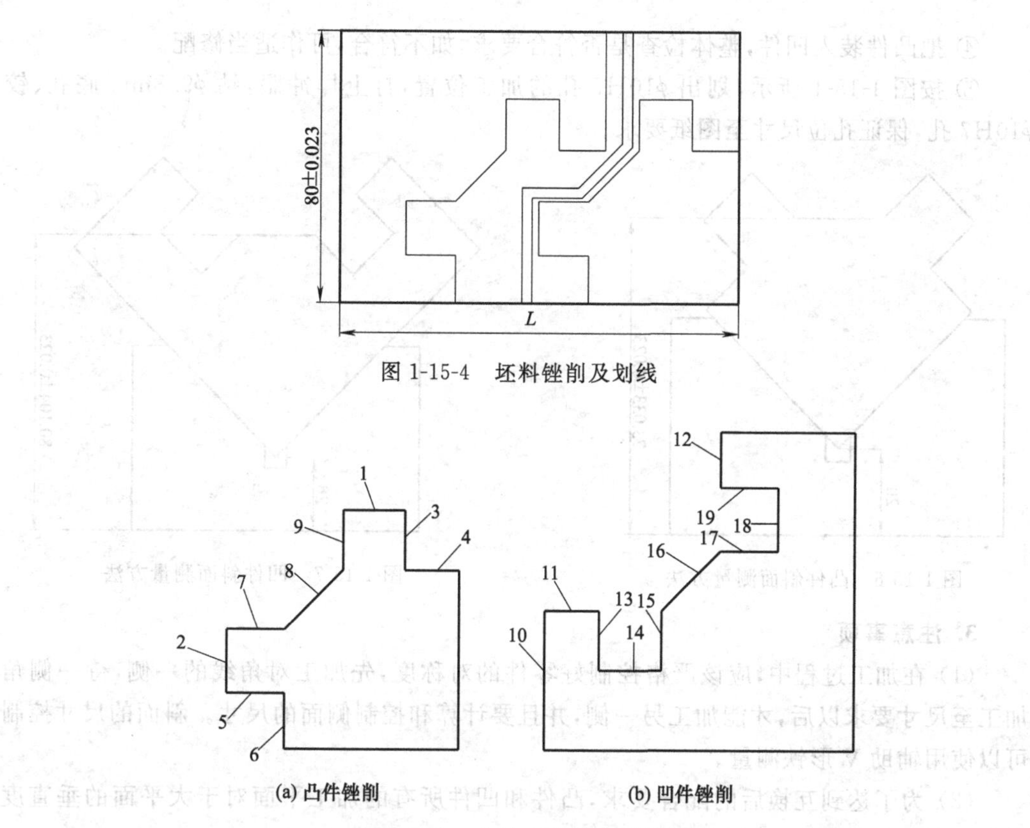

图 1-15-4 坯料锉削及划线

图 1-15-5 凸件、凹件锉削顺序

ϕ10H7 孔,保证孔位尺寸等至图样要求。

② 粗锉、精锉 1、2 两面,保证尺寸 $60_{-0.052}^{\ 0}$mm、平面度、平行度、垂直度、表面粗糙度等达到图样要求。

③ 锯削,去除凸台一侧直角处废料,粗锉、精锉 3、4 两面,使用间接测量方法保证尺寸 $14_{\ 0}^{+0.027}$mm、$45_{-0.039}^{\ 0}$mm、平面度、平行度、垂直度、表面粗糙度等达到图样要求。

④ 锯削,去除凸台另一侧直角处废料,粗锉、精锉 5、6 两面,使用间接测量方法保证尺寸 $14_{\ 0}^{+0.027}$mm、$45_{-0.039}^{\ 0}$mm、平面度、平行度、垂直度、表面粗糙度等达到图样要求。

⑤ 用钻排孔和锯割的方法,去除双凸台凹槽内废料,粗锉、精锉 7、8、9 三面,斜面测量方法如图 1-15-6所示,保证尺寸(73.033±0.023)mm、$16_{-0.033}^{\ 0}$mm 及角度 135°±6′等达到图样要求。

(5) 加工凹件。凹件如图 1-15-3 所示。加工时,按图 1-15-5(b)所示的顺序进行。

① 粗锉、精锉 10 面,保证尺寸(80±0.023)mm、平行度等达到要求。

② 用钻排孔和锯割的方法,去除双凸台凹槽内废料,粗锉 11、12、13、14、15、16、17、18、19 九面,每面留 0.2～0.3mm 的锉配余量。

③ 精锉 11、12、13、14、15、16、17、18、19 九面,斜面测量方法如图 1-15-7 所示,保证尺寸(80.104±0.023)mm 等与凸件对应尺寸一致,保证错位要求,用凸件试插凹件,并以什锦锉修清角,用光隙法检查,达到配合间隙等要求。

④ 把凸件装入凹件，整体检查是否符合要求，如不符合，可作适当修配。

⑤ 按图 1-15-1 所示，划出 ϕ10H7 孔的加工位置，打上样冲眼，钻 ϕ9.8mm 底孔、铰 ϕ10H7 孔，保证孔位尺寸至图纸要求。

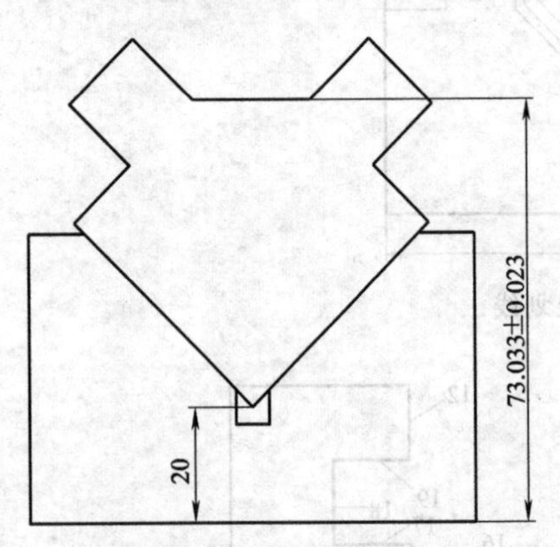

图 1-15-6　凸件斜面测量方法

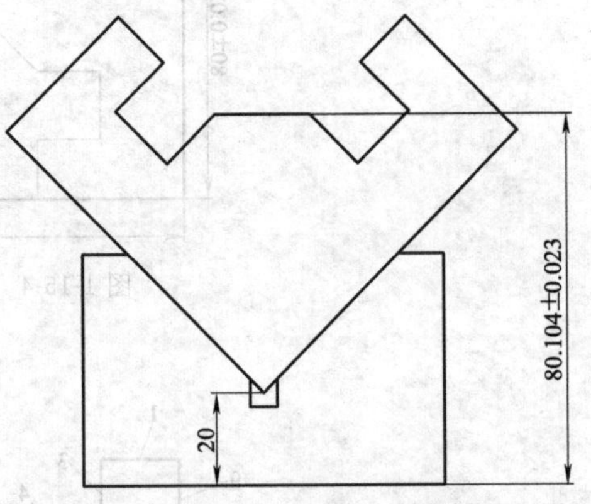

图 1-15-7　凹件斜面测量方法

3. 注意事项

(1) 在加工过程中，应该严格控制好零件的对称度，先加工对角线的一侧，待一侧角加工至尺寸要求以后，才能加工另一侧，并且要计算和控制侧面的尺寸。斜面的尺寸控制可以使用辅助 V 形铁测量。

(2) 为了达到互换后的配合要求，凸件和凹件所有的加工平面对于大平面的垂直度误差一定要控制在最小范围内。

(3) 加工凸件时应把各尺寸加工为上偏差，为以后的配作留有余量。

(4) 钻 2×ϕ10H7 的底孔 ϕ9.8mm 时，钻孔位置要对正，否则不能保证孔的尺寸要求。

(5) 各直角处均无工艺孔，不利于锉配，必须把锉刀边与锉刀面修磨成锐角。

项目16

双V形配合件制作

项目目标

(1) 掌握双V形配合件的平面划线方法。

(2) 掌握锯削技能。

(3) 掌握双V形配合件的锉配技能,巩固和提高锉削技能。

(4) 掌握排孔加工、通孔加工、铰孔等孔加工方法。

(5) 掌握游标卡尺、千分尺、刀口直角尺、万能角尺、塞尺、ϕ8H7塞规等量具的使用方法。

项目学习内容

在实施本项目前,应分别学习第2篇单元2、单元3、单元5、单元6、单元8中的相关内容。

项目材料准备

钢板,尺寸为115mm×71mm×8mm,材料为Q235。

项目完成时间

双V形配合件制作时间为12~18学时。

项目考核标准

双V形配合件制作评分标准见表1-16-1。

表1-16-1 双V形配合件制作评分表

内容	序号	考核要求	配分	评分标准	自检	检测评分
凸件	1	(38±0.023)mm(2处)	3×2	每一处超差扣3分		
	2	(18±0.05)mm	5	超差全扣		
	3	90°±4′(2处)	3×2	每一处超差扣3分		
	4	ϕ8H7	2	超差全扣		
	5	(19±0.1)mm	2			
	6	Ra1.6μm	1			
	7	Ra3.2μm(10处)	1×10	每一处超差扣1分		

续表

内容	序号	考核要求	配分	评分标准	自检	检测评分
凹件	8	(70±0.023)mm(2处)	1.5×2	每一处超差扣1.5分		
	9	ϕ8H7	2	超差全扣		
	10	Ra1.6μm	1	超差全扣		
	11	Ra3.2μm(14处)	1×14	每一处超差扣1分		
配合	12	间隙≤0.04mm(正转、反转40处)	1×40	每一处超差扣1分		
	13	(25±0.1)mm(正转、反转4处)	2×4	每一处超差扣2分		
其他	14	安全文明实训	违者视情节轻重扣1～10分			
班级		姓名		学号	总分	

项目实施

1. 任务分析

双V形配合件如图1-16-1所示。通过划线、锯削、锉削、钻孔、铰孔等钳工加工，把坯件加工成如图1-16-2和图1-16-3所示的凸件和凹件，装配后达到图1-16-1所示的要求。该配合件为全封闭配作，对零件的尺寸要求非常严格，零件采用了左右对称的V形结构。锉配时应该先加工凸件，凸件加工好以后，把它作为基准件锉配凹件。加工凸件时应先加工一侧V形，用芯棒测量，保证各项尺寸后再加工另一侧V形。V形的尺寸可以采用芯棒测量。凹件上ϕ8H7孔的可在整个配作完成后进行。

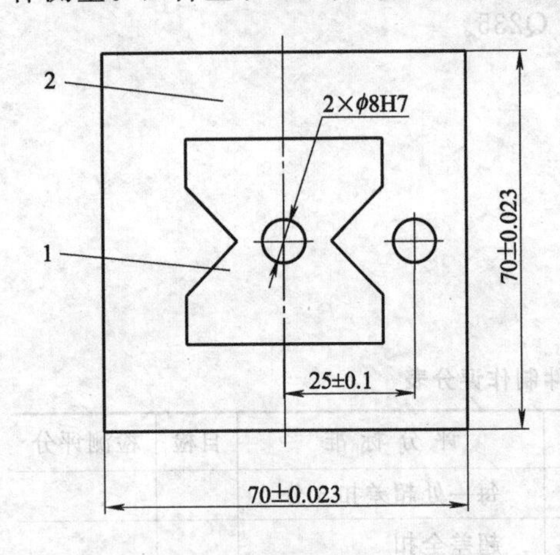

图1-16-1　双V形配合件

1—凸件；2—凹件

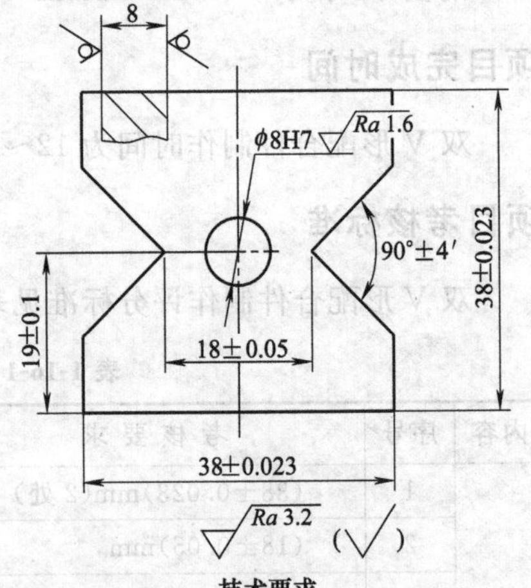

图1-16-2　凸件

2. 操作步骤

(1) 加工工件外形。按下、左、右、上各侧面的锉削顺序，粗锉、精锉4个侧面，保证宽

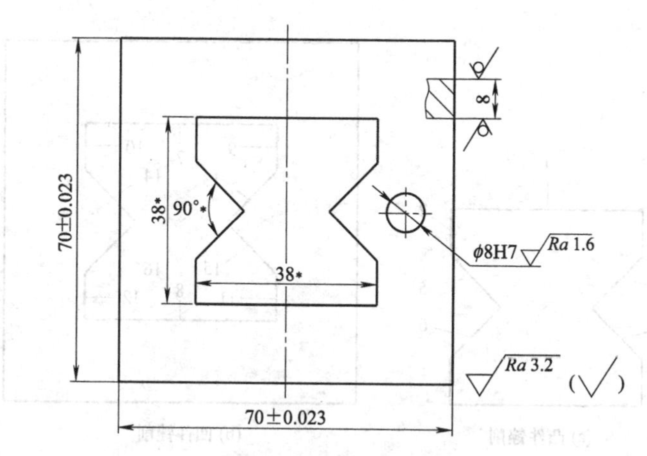

技术要求

1. 各锉削平面与大平面的垂直度≤0.05mm。
2. 有*尺寸与凸件配作，配合间隙≤0.05mm。

图 1-16-3　凹件

度(70±0.023)mm,长度 $L\geqslant115$mm,4 个侧面的平面度和垂直度符合要求,如图 1-16-4 所示。各边倒钝去毛刺。

(2) 划线。在长方坯料的两端,如图 1-16-4 所示划出凸件和凹件的形状,并在线条上打好冲眼。在离开凸、凹件 1mm 处划出锯割位置线。

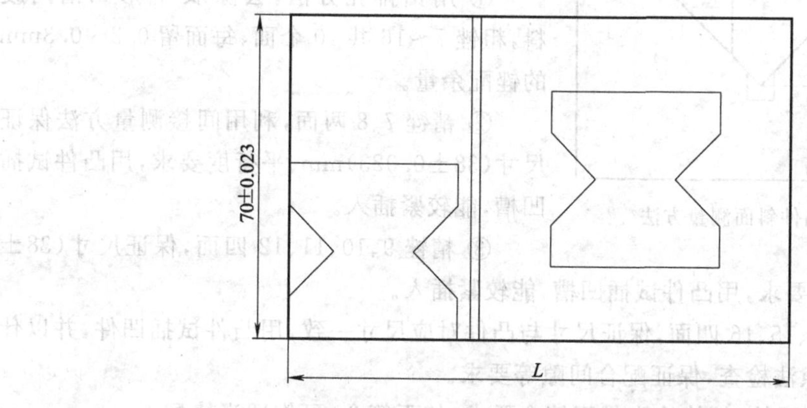

图 1-16-4　坯料锉削及划线

(3) 分割坯料。沿锯割位置线,用钢锯锯割,把坯料分成凸件和凹件两块。

(4) 加工凸件。凸件如图 1-16-2 所示,加工时,按图 1-16-5(a)所示的顺序进行。

① 如图 1-16-2 所示,划出 ϕ8H7 孔的加工位置,打上样冲眼,钻 ϕ7.8mm 底孔,铰 ϕ8H7 孔。

② 锯削,粗锉、精锉 1、2 两面,保证尺寸(38±0.023)mm、平面度、平行度、垂直度、表面粗糙度等达到图纸要求,保证孔边距一致,使孔在工件的对称中心上。

③ 锯削,去除凸件一侧 V 形处废料,粗锉、精锉 3、4 两面,V 形测量可用芯棒测量、万能角尺或 V 形铁辅助测量。V 形铁测量如图 1-16-6 所示,保证尺寸(52.234±0.023)mm 及角度 90°±4′、平面度、垂直度、表面粗糙度等达到图纸要求。

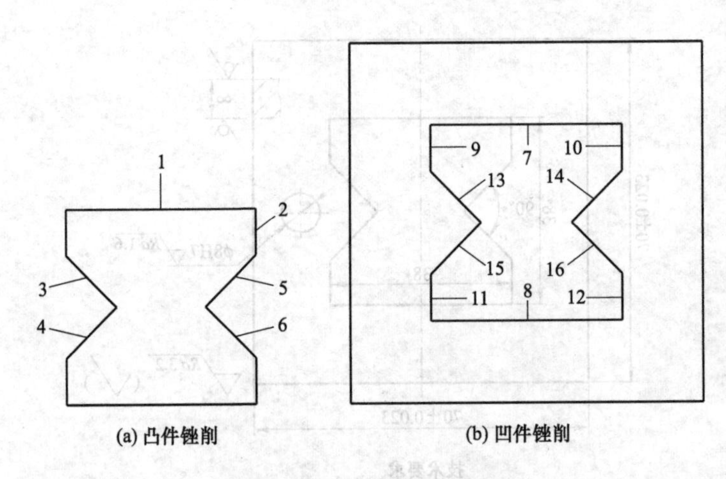

图 1-16-5　凸件、凹件锉削顺序

④ 锯削，去除凸台另一侧 V 形处废料，粗锉、精锉 5、6 两面，使用间接测量方法保证尺寸(18±0.05)mm 及角度 90°±4′、平面度、垂直度、表面粗糙度等达到图纸要求。

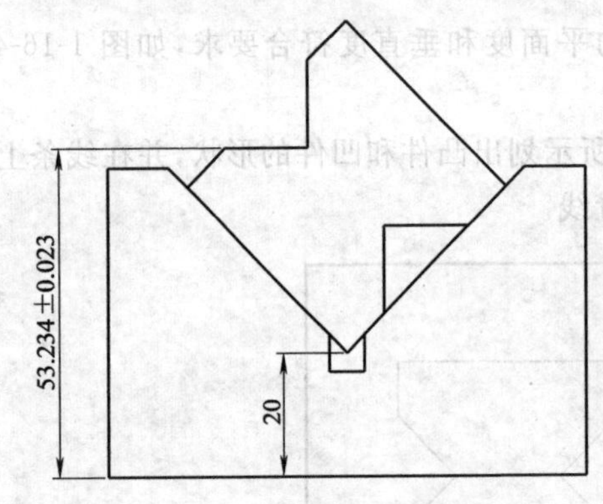

图 1-16-6　凸件斜面测量方法

(5) 加工凹件。凹件如图 1-16-3 所示。加工时，按图 1-16-5(b)所示的顺序进行。

① 用钻排孔方法，去除双 V 形凹槽内废料，粗锉 7～16 共 10 个面，每面留 0.2～0.3mm 的锉配余量。

② 精锉 7、8 两面，利用间接测量方法保证尺寸(38±0.023)mm、平行度要求，用凸件试插凹槽，能较紧插入。

③ 精锉 9、10、11、12 四面，保证尺寸(38±0.023)mm、平行度要求，用凸件试插凹槽，能较紧插入。

④ 精锉 13、14、15、16 四面，保证尺寸与凸件对应尺寸一致，用凸件试插凹件，并以什锦锉修清角，用光隙法检查，保证配合间隙等要求。

⑤ 把凸件装入凹件，整体检查是否符合要求，如不符合，可作适当修配。

⑥ 按图 1-16-1 所示，划出 ϕ8H7 孔的位置，打上样冲眼，钻 ϕ7.8mm 底孔、铰 ϕ8H7 孔，保证孔位尺寸至图纸要求。

3. 注意事项

(1) 该配合件是全封闭配作，尺寸要求非常高，在加工过程中，可以采用芯棒、万能角尺测量或者 V 形铁、万能角尺测量，应该严格控制 V 形的尺寸和对称度。

(2) 为了达到互换后的配合要求，凹件和凸件所有的加工平面对于大平面的垂直度误差一定要控制在最小范围内。

(3) 加工凸件时可把各尺寸加工为上偏差，以方便配作时修整。

(4) 各清角处可用修磨成锐角的锉刀加工。

项目17

X形配合件制作

项目目标

(1) 掌握X形配合件的平面划线方法。

(2) 掌握锯削技能。

(3) 掌握X形配合件的锉配技能,巩固和提高锉削技能。

(4) 掌握排孔加工、通孔加工、铰孔等孔加工方法。

(5) 掌握游标卡尺、千分尺、刀口直角尺、万能角尺、塞尺、ϕ8H7塞规等量具的使用方法。

项目学习内容

在实施本项目前,应分别学习第2篇单元2、单元3、单元5、单元6、单元8中的相关内容。

项目材料准备

钢板,尺寸为131mm×71mm×8mm,材料为Q235。

项目完成时间

X形配合件制作时间为12~18学时。

项目考核标准

X形配合件制作评分标准见表1-17-1。

表1-17-1　X形配合件制作评分表

内容	序号	考核要求	配分	评分标准	自检	检测评分
凸件	1	$18_{-0.033}^{\ 0}$mm(4处)	2×4	每一处超差扣2分		
	2	90°±4′(4处)	2×4	每一处超差扣2分		
	3	(52±0.023)mm(4处)	2×4	每一处超差扣2分		
	4	ϕ8H7	1	超差全扣		
	5	Ra1.6μm	1	超差全扣		
	6	Ra3.2μm(16处)	0.5×16	每一处超差扣0.5分		

续表

内容	序号	考核要求	配分	评分标准	自检	检测评分
凹件	7	(70±0.023)mm(2处)	3×2	每一处超差扣3分		
	8	ϕ8H7(2处)	1×2	每一处超差扣1分		
	9	(12±0.1)mm(2处)	1×2	每一处超差扣1分		
	10	(45.25±0.1)mm	1	超差全扣		
	11	*Ra*1.6μm(2处)	0.5×2	每一处超差扣0.5分		
	12	*Ra*3.2μm(12处)	0.5×12	每一处超差扣0.5分		
配合	13	间隙≤0.04mm(转动32处)	1×32	每一处超差扣1分		
	14	错位量≤0.06mm(转动8处)	1×8	每一处超差扣1分		
	15	(32±0.15)mm(转动8处)	1×8	每一处超差扣1分		
其他	16	安全文明生产	违者视情节轻重扣1~10分			
班级		姓名		学号	总分	

项目实施

1. 任务分析

X形配合件如图1-17-1所示。通过划线、锯削、锉削、钻孔、铰孔等钳工加工，把坯件加工成如图1-17-2和图1-17-3所示的凸件和凹件，装配后达到如图1-17-1所示的图样要求。该配合件是由两组对称的V形组成的，对V形的深度和V形的对称度要求非常高，在加工过程中可以使用芯棒测量或者辅助V形铁测量来控制V形的深度和对称度。应先加工凸件，在加工凸件的过程中，要按照次序逐次加工V形，不能同时加工。V形的对

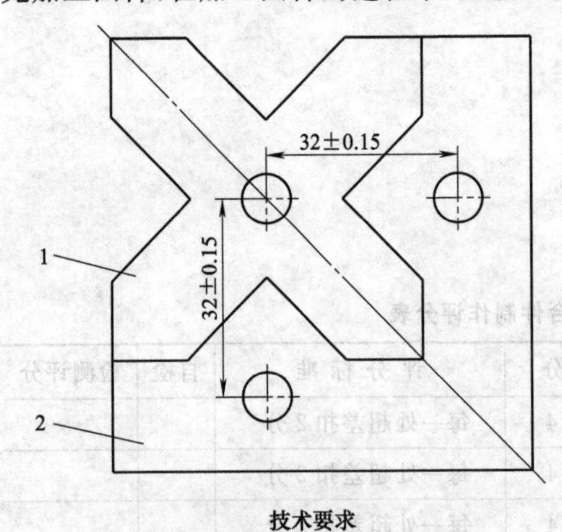

图1-17-1 X形配合件

1—凸件；2—凹件

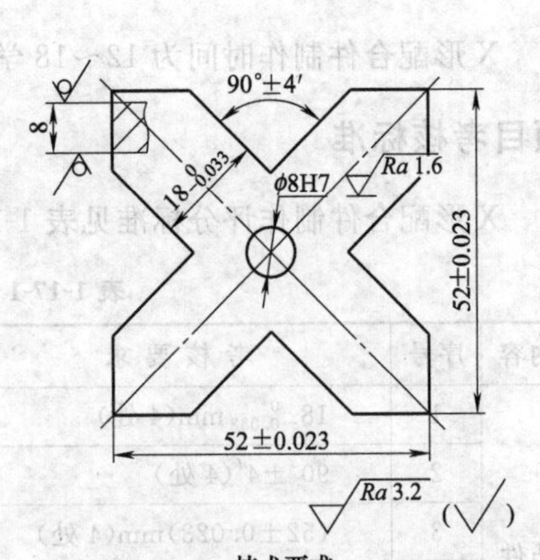

图1-17-2 凸件

称度也可通过中间的孔辅助测量，所以在加工过程中可采用先钻孔后加工边的方法。凸件各项尺寸符合要求后，以凸件为基准，配作凹件。

2. 操作步骤

(1) 加工工件外形。按下、左、右、上各侧面的锉削顺序，粗锉、精锉4个侧面，保证宽度(70±0.023)mm，长度$L\geqslant130$mm，4个侧面的平面度和垂直度符合要求，如图1-17-4所示。各边倒钝去毛刺。

(2) 划线。在长方坯料的两端，如图1-17-4所示划出凸件和凹件的形状，并在线条上打好冲眼。在离开凸、凹件1mm处划出锯割位置线。

(3) 分割坯料。沿锯割位置线，用钢锯锯割，把坯料分成凸件和凹件两块。

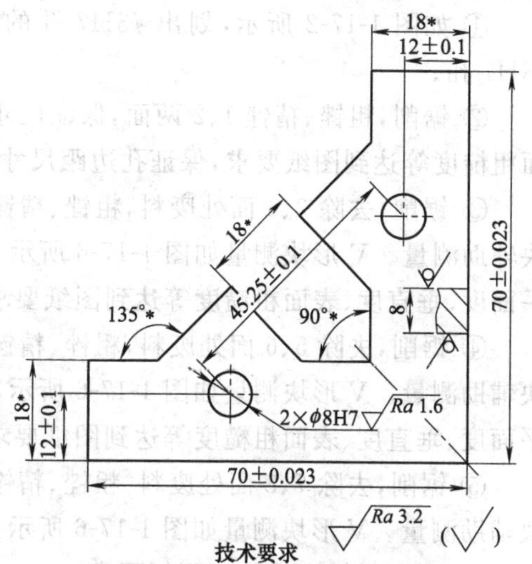

技术要求

1. 各锉削平面与大平面的垂直度≤0.05mm。
2. 有*尺寸与凸件配作，配合间隙≤0.04mm。

图 1-17-3　凹件

(4) 加工凸件。凸件如图1-17-2所示，加工时，按图1-17-5(a)所示的顺序进行。

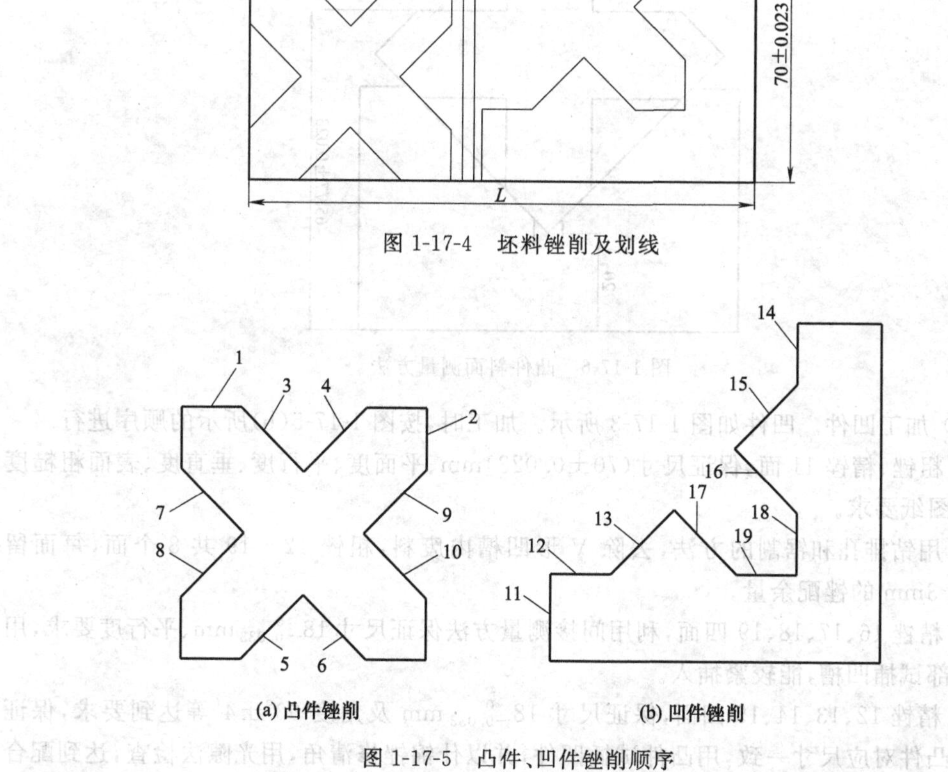

图 1-17-4　坯料锉削及划线

图 1-17-5　凸件、凹件锉削顺序

① 如图 1-17-2 所示，划出 ϕ8H7 孔的加工位置，打上样冲眼，钻 ϕ7.8mm 底孔、铰 ϕ8H7 孔。

② 锯削，粗锉、精锉 1、2 两面，保证尺寸(52±0.023)mm、平面度、平行度、垂直度、表面粗糙度等达到图纸要求，保证孔边距尺寸，使孔在工件的对称中心上。

③ 锯削，去除 3、4 面处废料，粗锉、精锉 3、4 两面，V 形测量可用芯棒测量或者 V 形块辅助测量。V 形块测量如图 1-17-6 所示，保证尺寸(65.77±0.023)mm、角度 90°±4′、平面度、垂直度、表面粗糙度等达到图纸要求。

④ 锯削，去除 5、6 面处废料，粗锉、精锉 5、6 两面，V 形测量可用芯棒测量或者 V 形块辅助测量。V 形块测量如图 1-17-6 所示，保证尺寸(65.77±0.023)mm、角度 90°±4′、平面度、垂直度、表面粗糙度等达到图纸要求。

⑤ 锯削，去除 7、8 面处废料，粗锉、精锉 7、8 两面，V 形测量可用芯棒测量或者 V 形块辅助测量。V 形块测量如图 1-17-6 所示，保证尺寸 $18_{-0.033}^{\ 0}$mm、角度 90°±4′、平面度、垂直度、表面粗糙度等达到图纸要求。

⑥ 锯削，去除 9、10 面处废料，粗锉、精锉 9、10 两面，V 形测量可用芯棒测量或者 V 形块辅助测量。V 形块测量如图 1-17-6 所示，保证尺寸 $18_{-0.033}^{\ 0}$mm、角度 90°±4′、平面度、垂直度、表面粗糙度等达到图纸要求。

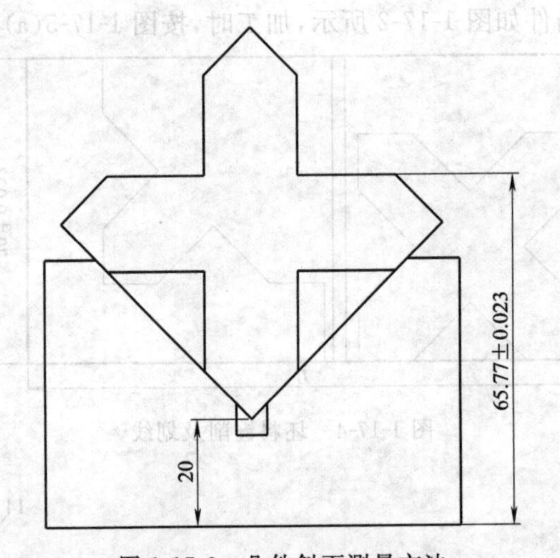

图 1-17-6　凸件斜面测量方法

(5) 加工凹件。凹件如图 1-17-3 所示。加工时，按图 1-17-5(b)所示的顺序进行。

① 粗锉、精锉 11 面，保证尺寸(70±0.023)mm、平面度、平行度、垂直度、表面粗糙度等达到图纸要求。

② 用钻排孔和锯割的方法，去除 V 形凹槽内废料，粗锉 12～19 共 8 个面，每面留 0.2～0.3mm 的锉配余量。

③ 精锉 16、17、18、19 四面，利用间接测量方法保证尺寸 $18_{-0.033}^{\ 0}$mm、平行度要求，用凸件头部试插凹槽，能较紧插入。

④ 精锉 12、13、14、15 四面，保证尺寸 $18_{-0.033}^{\ 0}$mm 及角度 90°±4′等达到要求，保证尺寸与凸件对应尺寸一致，用凸件试插凹件，并以什锦锉修清角，用光隙法检查，达到配合

间隙等要求。凹件斜面测量方法如图 1-17-7 所示。

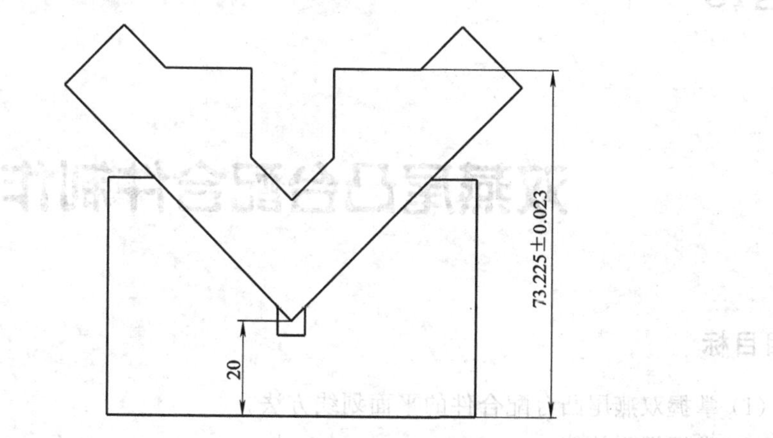

图 1-17-7　凹件斜面测量方法

⑤ 把凸件装入凹件，整体检查是否符合要求，如不符合，可作适当修配。

⑥ 按图 1-17-3 所示，划出 2×ϕ8H7 孔的加工位置，打上样冲眼，钻 2×ϕ7.8mm 底孔、铰 2×ϕ8H7 孔，保证孔位尺寸等至图纸要求。

3. 注意事项

(1) 在加工过程中应该严格控制工件的对称度、尺寸，可以采用芯棒测量或者V形铁辅助测量。

(2) 凹件和凸件各加工平面对于大平面的垂直度误差要小，使配合后不产生喇叭口。

(3) 加工凸件时应把各尺寸加工为上偏差，以便配作修整。

(4) 加工 ϕ8H7 孔时，孔位要对正，钻孔后也可用锉刀作必要修整，以保证孔的尺寸要求。

项目18

双燕尾凸台配合件制作

项目目标

(1) 掌握双燕尾凸台配合件的平面划线方法。

(2) 掌握锯削技能。

(3) 掌握双燕尾凸台配合件的锉配技能,巩固和提高锉削技能。

(4) 掌握排孔加工、通孔加工、铰孔等孔加工方法。

(5) 掌握游标卡尺、千分尺、刀口直角尺、万能角尺、塞尺、ϕ8H7 塞规等量具的使用方法。

项目学习内容

在实施本项目前,应分别学习第 2 篇单元 2、单元 3、单元 5、单元 6、单元 8 中的相关内容。

项目材料准备

钢板,尺寸为 101mm×83mm×8mm,材料为 Q235。

项目完成时间

双燕尾凸台配合件制作时间为 12～18 学时。

项目考核标准

双燕尾凸台配合件制作评分标准见表 1-18-1。

表 1-18-1 双燕尾凸台配合件制作评分表

内容	序号	考核要求	配分	评分标准	自检	检测评分
凸件	1	$18_{-0.033}^{0}$ mm	3	超差全扣		
	2	$20_{-0.033}^{0}$ mm(2 处)	3×2	每一处超差扣 3 分		
	3	$36_{-0.033}^{0}$ mm(2 处)	3×2	每一处超差扣 3 分		
	4	$48_{-0.039}^{0}$ mm	2	超差全扣		
	5	(40±0.05)mm	2			
	6	60°±4′(2 处)	2×2	每一处超差扣 2 分		

续表

内容	序号	考 核 要 求	配 分	评 分 标 准	自检	检测评分
凸件	7	⌯ 0.08 B	3	超差全扣		
	8	(82±0.023)mm	3			
	9	ϕ8H7	1			
	10	*Ra*1.6μm	1			
	11	*Ra*3.2μm(12 处)	0.5×12	每一处超差扣 0.5 分		
凹件	12	(48±0.023)mm(2 处)	2×2	每一处超差扣 2 分		
	13	(82±0.023)mm	3	超差全扣		
	14	2×ϕ8H7(2 处)	1×2	每一处超差扣 1 分		
	15	(12±0.05)mm(2 处)	3×2	每一处超差扣 3 分		
	16	(50±0.1)mm	2	超差全扣		
	17	*Ra*1.6μm(2 处)	1×2	每一处超差扣 1 分		
	18	*Ra*3.2μm(12 处)	0.5×12	每一处超差扣 0.5 分		
配合	19	间隙≤0.04mm(正反 18 处)	1×18	每一处超差扣 1 分		
	20	错位量≤0.06mm(正反 4 处)	2×4	每一处超差扣 2 分		
	21	(50±0.15)mm(正反 4 处)	2×4	每一处超差扣 2 分		
	22	(68±0.1)mm(正反 2 处)	2×2	每一处超差扣 2 分		
其他	23	安全文明实训	违者视情节轻重扣 1~10 分			
班级		姓名		学号		总分

项目实施

1. 任务分析

双燕尾凸台配合件如图 1-18-1 所示。通过划线、锯削、锉削、钻孔、铰孔等钳工加工，把坯件加工成如图 1-18-2和图 1-18-3 所示的凸件和凹件，装配后达到如图 1-18-1 所示的图样要求。该配合件在双燕尾配作件的基础上增加了小凸台，加工难度高。在凸件加工的过程中为了保证配合后的错位要求，应该使用间接测量方法来保证工件的对称度。锉配时应该先加工凸件，以凸件为基准锉配凹件。

2. 操作步骤

(1) 加工工件外形。按下、左、右、上各侧面的锉削顺序，粗锉、精锉 4 个侧面，保证宽度(82±0.023)mm，长度 $L \geqslant 100$mm，4 个侧面的平面度和垂直度符合要求，如图 1-18-4 所示。各边倒钝去毛刺。

(2) 划线。在长方形坯料的两端，按图 1-18-4所示划出凸件和凹件的形状，并在线条上打好冲眼。在离开凸、凹件 1mm 处划出锯割位置线。

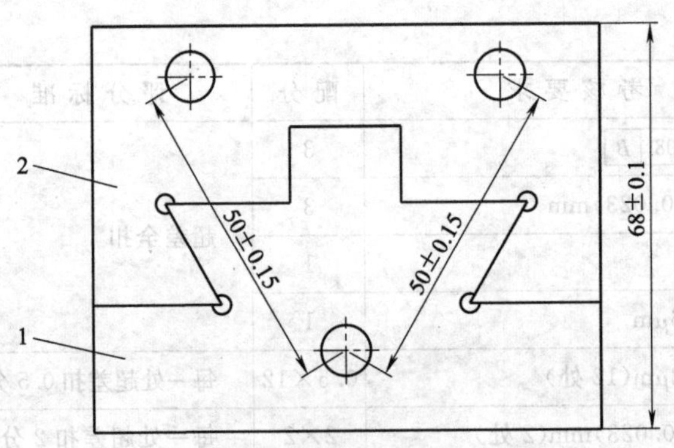

技术要求
1. 以凸件配作凹件，配合间隙≤0.04mm。
2. 两侧错位量≤0.06mm。

图 1-18-1　双燕尾凸台配合件
1—凸件；2—凹件

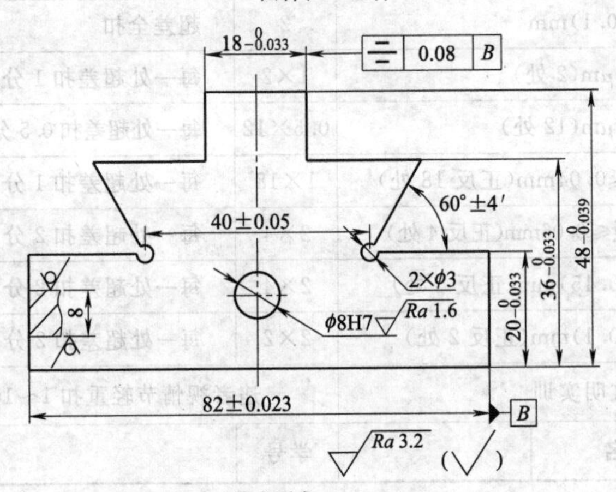

技术要求
各锉削平面与大平面的垂直度≤0.05mm。

图 1-18-2　凸件

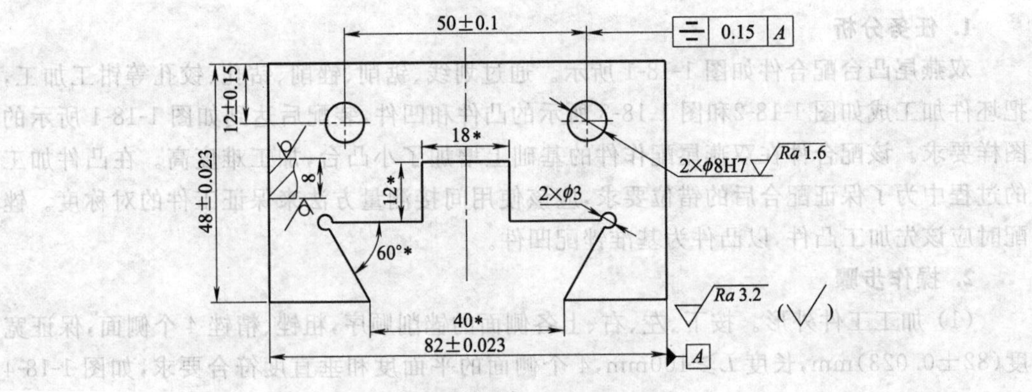

技术要求
1. 各锉削平面与大平面的垂直度≤0.05mm。
2. 有*尺寸与凸件配作，配合间隙≤0.04mm。

图 1-18-3　凹件

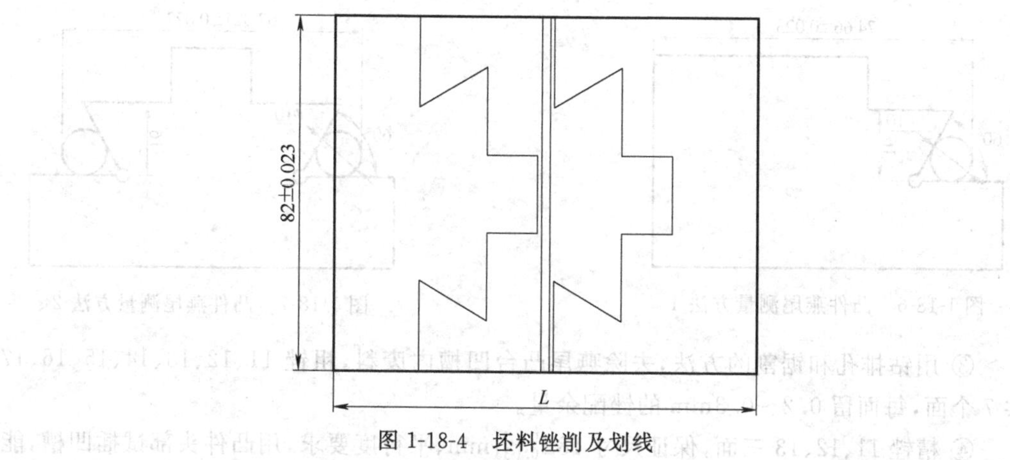

图 1-18-4　坯料锉削及划线

(3) 分割坯料。沿锯割位置线，用钢锯锯割，把坯料分成凸件和凹件两块。

(4) 加工凸件。凸件如图 1-18-2 所示，加工时，按图 1-18-5(a)所示的顺序进行。

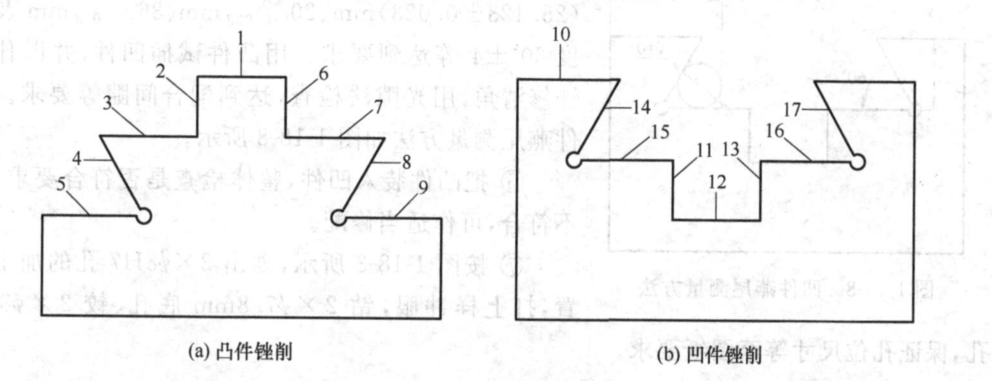

图 1-18-5　凸件、凹件锉削顺序

① 如图 1-18-2 所示，在 2×ϕ3mm 工艺孔位置上打上样冲眼，钻 2×ϕ3mm 工艺孔。划出 ϕ8H7 孔的加工位置，打上样冲眼，钻 ϕ7.8mm 底孔、铰 ϕ8H7 孔。

② 粗锉、精锉 1 面，保证尺寸 $48_{-0.039}^{0}$mm、平面度、平行度、垂直度、表面粗糙度等达到图纸要求。

③ 锯削，去除燕尾凸台一侧废料，粗锉、精锉 2、3、4、5 四面，保证尺寸(74.66±0.023)mm、$20_{-0.033}^{0}$mm、$36_{-0.033}^{0}$mm、角度 60°±4′、平面度、垂直度、表面粗糙度等达到图纸要求。燕尾可用芯棒测量，如图 1-18-6 所示。

④ 锯削，去除燕尾凸台另一侧废料，粗锉、精锉 6、7、8、9 四面，保证尺寸 $18_{-0.033}^{0}$mm、(67.321±0.023)mm、$20_{-0.033}^{0}$mm、$36_{-0.033}^{0}$mm、角度 60°±4′、平面度、垂直度、表面粗糙度等达到图纸要求。燕尾可用芯棒测量，如图 1-18-7 所示。

(5) 加工凹件。凹件如图 1-18-3 所示。加工时，按图 1-18-5(b)所示的顺序进行。

① 粗锉、精锉 10 面，保证尺寸(48±0.023)mm、平面度、平行度、垂直度、表面粗糙度等达到图纸要求。

② 如图 1-18-3 所示，在 2×ϕ3mm 工艺孔位置上打上样冲眼，钻 2×ϕ3mm 工艺孔。

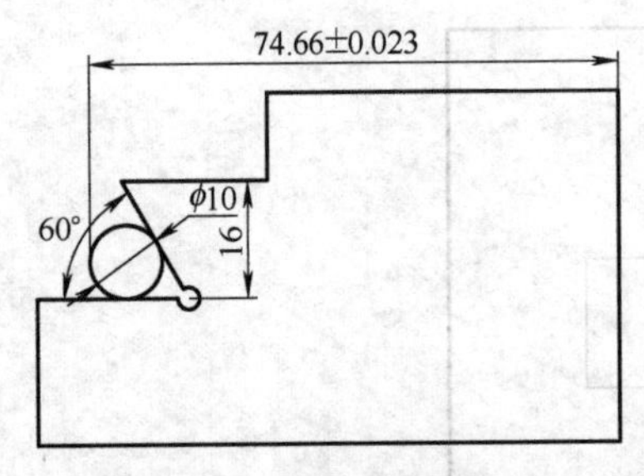

图 1-18-6　凸件燕尾测量方法 1

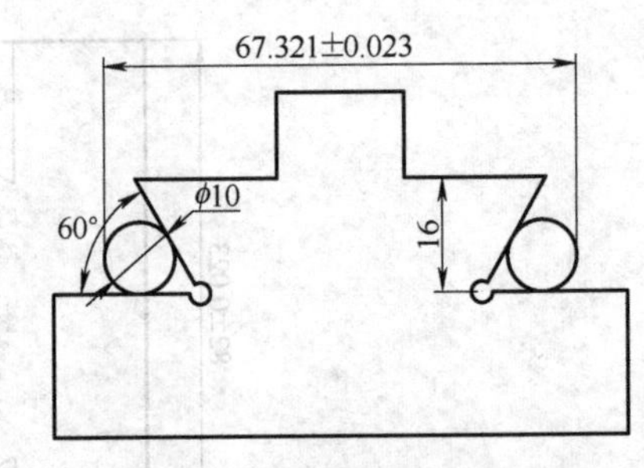

图 1-18-7　凸件燕尾测量方法 2

③ 用钻排孔和锯割的方法，去除燕尾凸台凹槽内废料，粗锉 11、12、13、14、15、16、17 共 7 个面，每面留 0.2～0.3mm 的锉配余量。

④ 精锉 11、12、13 三面，保证尺寸 $18_{-0.033}^{\ 0}$ mm、平行度要求，用凸件头部试插凹槽，能较紧插入。

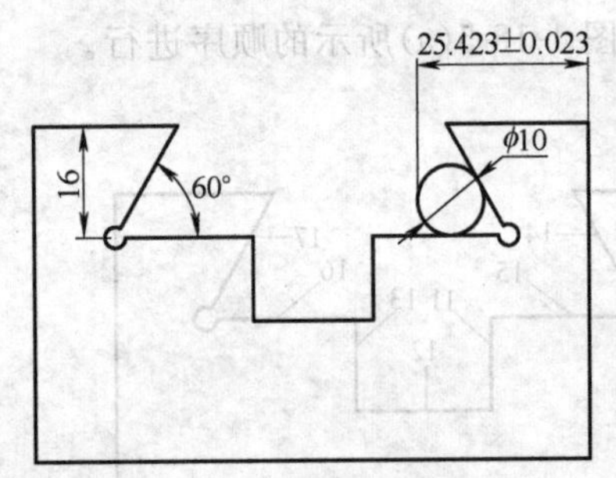

图 1-18-8　凹件燕尾测量方法

⑤ 精锉 14、15、16、17 四面，保证尺寸(40±0.05)mm、(25.423±0.023)mm、$20_{-0.033}^{\ 0}$ mm、$36_{-0.033}^{\ 0}$ mm 及角度 60°±4′等达到要求。用凸件试插凹件，并以什锦锉修清角，用光隙法检查，达到配合间隙等要求。凹件燕尾测量方法如图 1-18-8 所示。

⑥ 把凸件装入凹件，整体检查是否符合要求，如不符合，可作适当修配。

⑦ 按图 1-18-3 所示，划出 2×ϕ8H7 孔的加工位置，打上样冲眼，钻 2×ϕ7.8mm 底孔、铰 2×ϕ8H7 孔，保证孔位尺寸等至图纸要求。

3. 注意事项

(1) 该配合件在加工过程中可以采用间接测量的方法来保证零件的对称度，在加工时，只能先加工凸件燕尾凸台的一侧，待一侧加工至尺寸要求后，才能加工另一侧，并且要计算和控制侧面的尺寸。

(2) 加工凸件时应把各尺寸加工为上偏差，为以后的配作修整。

(3) 钻 3×ϕ8H7 的底孔 ϕ7.8mm 时，钻孔位置要对正，否则不能保证孔的尺寸要求。

(4) 各清角处可用修磨成锐角的锉刀加工。

项目19

斜双燕尾配合件制作

项目目标

（1）掌握斜双燕尾配合件的平面划线方法。

（2）掌握锯削技能。

（3）掌握斜双燕尾配合件的锉配技能，巩固和提高锉削技能。

（4）掌握排孔加工、通孔加工、铰孔等孔加工方法。

（5）掌握游标卡尺、千分尺、刀口直角尺、万能角尺、塞尺、ϕ8H7 塞规等量具的使用方法。

项目学习内容

在实施本项目前，应分别学习第 2 篇单元 2、单元 3、单元 5、单元 6、单元 8 中的相关内容。

项目材料准备

钢板，尺寸为 86mm×86mm×8mm，材料为 Q235。

项目完成时间

斜双燕尾配合件制作时间为 12～18 学时。

项目考核标准

斜双燕尾配合件制作评分标准见表 1-19-1。

表 1-19-1　斜双燕尾配合件制作评分表

内容	序号	考核要求	配分	评分标准	自检	检测评分
凸件	1	$12.804^{+0.027}_{0}$ mm(2 处)	4×2	每一处超差扣 4 分		
	2	(22±0.15)mm	4	超差全扣		
	3	(60.8±0.05)mm	5			
	4	60°±4′(2 处)	3×2	每一处超差扣 3 分		
	5	135°±4′(2 处)	3×2	每一处超差扣 3 分		
	6	$56^{0}_{-0.039}$ mm(2 处)	3×2	每一处超差扣 3 分		

续表

内容	序号	考核要求	配分	评分标准	自检	检测评分
凸件	7	ϕ8H7	2	超差全扣		
	8	(35±0.05)mm	3			
	9	*Ra*1.6μm	1			
	10	*Ra*3.2μm(9 处)	0.5×9	每一处超差扣 0.5 分		
凹件	11	(70±0.023)mm(2 处)	3×2	每一处超差扣 3 分		
	12	ϕ8H7	2	超差全扣		
	13	*Ra*1.6μm	1			
	14	*Ra*3.2μm(11 处)	0.5×11	每一处超差扣 0.5 分		
配合	15	间隙≤0.04mm(正反 14 处)	2×14	每一处超差扣 2 分		
	16	错位量≤0.06mm(正反 4 处)	1×4	每一处超差扣 1 分		
	17	(70±0.15)mm(正反 4 处)	1×4	每一处超差扣 1 分		
	18	(50±0.1)mm(正反 2 处)	2×2	每一处超差扣 2 分		
其他	19	安全文明实训	违者视情节轻重扣 1～10 分			
班级		姓名		学号		总分

项目实施

1. 任务分析

斜双燕尾配合件如图 1-19-1 所示。通过划线、锯削、锉削、钻孔、铰孔等钳工加工，把

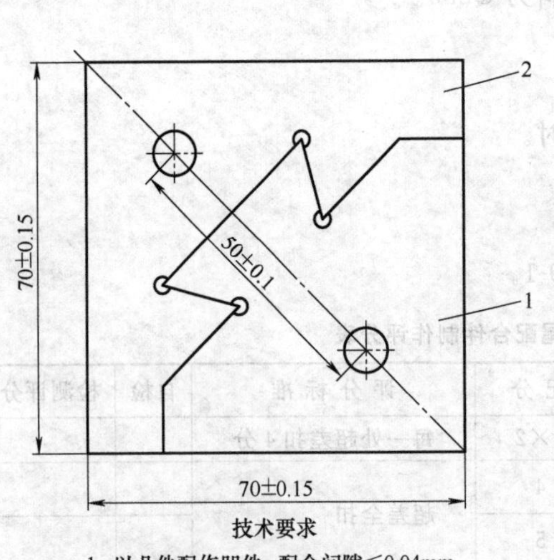

技术要求

1. 以凸件配作凹件，配合间隙≤0.04mm。
2. 两侧错位量≤0.06mm。

图 1-19-1 斜双燕尾配合件

1—凸件；2—凹件

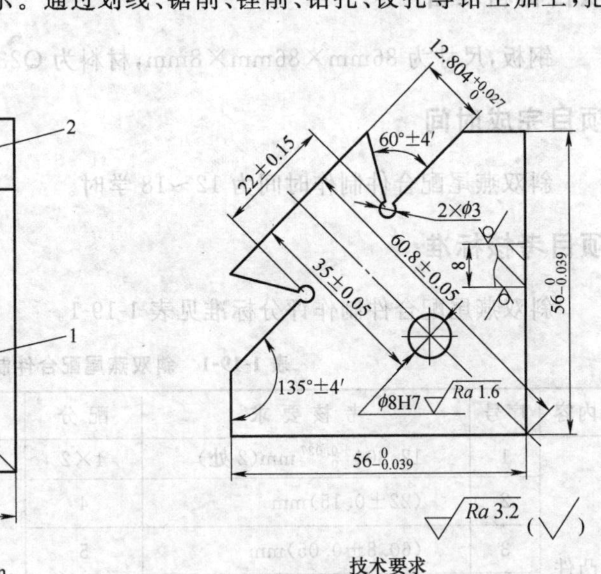

技术要求

各锉削平面与大平面的垂直度≤0.05mm。

图 1-19-2 凸件

坯件加工成如图 1-19-2 和图 1-19-3 所示的凸件和凹件，装配后达到如图 1-19-1 所示的图样要求。根据坯料的尺寸凸件和凹件要用借料的方法来分割材料。该配合件是以对角线为中心的双燕尾锉配件，测量较困难，因此，可以使用芯棒测量或者辅助 V 形铁测量方法来保证双燕尾的各项要求。锉配时先加工凸件，再以凸件为基准件锉配凹件。

2. 操作步骤

(1) 加工工件外形。按下、左、右、上各侧面的锉削顺序，粗锉、精锉 4 个侧面，保证宽度 $L\geqslant85$mm，长度 $L\geqslant85$mm，4 个侧面的平面度和垂直度符合要求，如图 1-19-4 所示。各边倒钝去毛刺。

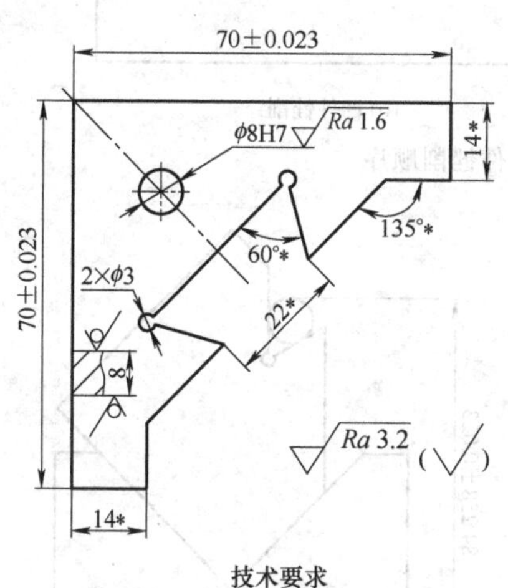

图 1-19-3　凹件

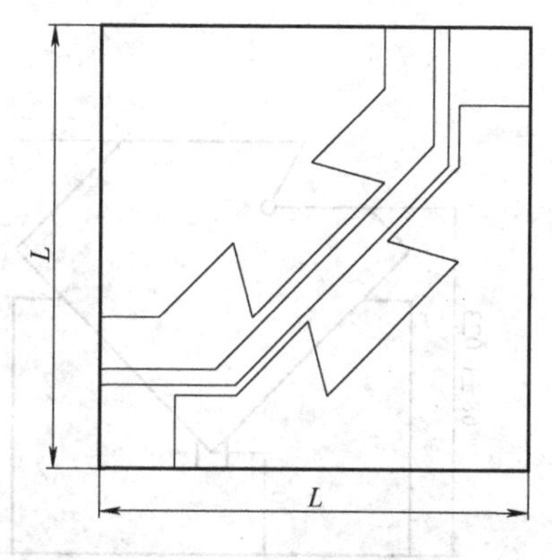

图 1-19-4　坯料锉削及划线

(2) 划线。在长方形坯料的两端，按图 1-19-4 所示划出凸件和凹件的形状，并在线条上打好冲眼。在离开凸、凹件 1mm 处划出锯割位置线。

(3) 分割坯料。用钻排孔和锯割的方法，沿所划位置线，把坯料分成凸件和凹件两块。

(4) 加工凸件。凸件如图 1-19-2 所示，加工时，按图 1-19-5(a)所示的顺序进行。

① 如图 1-19-2 所示，在 2×ϕ3mm 工艺孔位置上打上样冲眼，钻 2×ϕ3mm 工艺孔。划出 ϕ8H7 孔的加工位置，打上样冲眼，钻 ϕ7.8mm 底孔、铰 ϕ8H7 孔，保证孔边距要求，使孔在工件的对称中心上。

② 锯削，粗锉、精锉 1、2 两面，保证尺寸 $56_{-0.039}^{\ 0}$mm、平面度、平行度、垂直度、表面粗糙度等达到图纸要求。

③ 粗锉、精锉 3 面，保证尺寸(80.804±0.023)mm、角度 45°±4′、平面度、垂直度、表面粗糙度等达到图纸要求。斜面测量方法如图 1-19-6(a)所示。

④ 锯削，去除燕尾一侧废料，粗锉、精锉 4、5 四面，保证尺寸(68±0.023)mm、(84.258±0.023)mm、角度 60°±4′、135°±4′、平面度、垂直度、表面粗糙度等达到图纸要求。燕尾可用芯棒测量或者 V 形铁辅助测量，燕尾测量如图 1-19-6(b)所示。

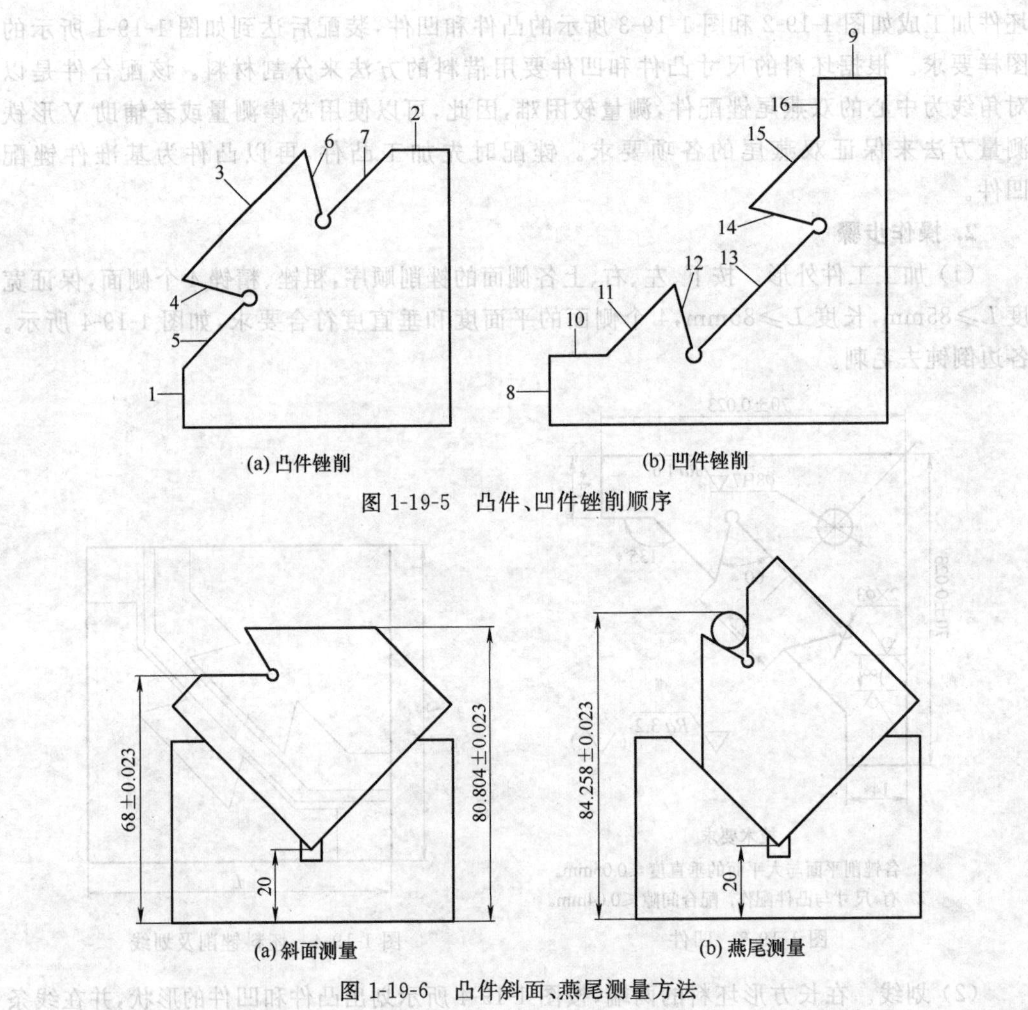

图 1-19-5 凸件、凹件锉削顺序

图 1-19-6 凸件斜面、燕尾测量方法

⑤ 锯削，去除燕尾另一侧废料，粗锉、精锉 6、7 两面，保证尺寸(68±0.023)mm、角度 135°±4′，保证尺寸(49.321±0.023)mm、角度 60°±4′、平面度、垂直度、表面粗糙度等达到图纸要求。燕尾可用芯棒测量或者 V 形块辅助测量，燕尾测量如图 1-19-7 所示。

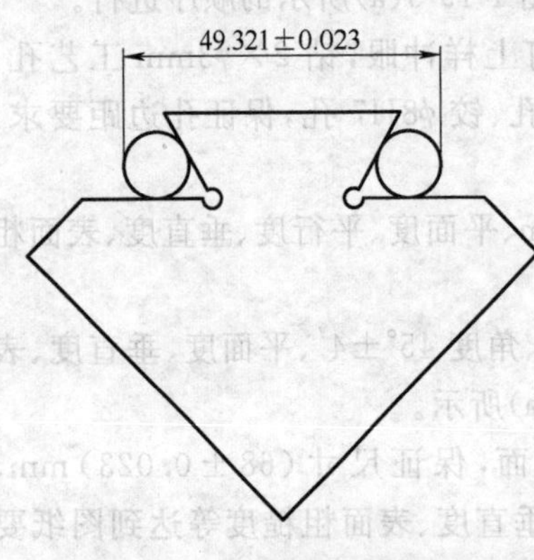

图 1-19-7 凸件燕尾测量方法

(5) 加工凹件。凹件如图 1-19-3 所示。加工时，按图 1-19-5(b)所示的顺序进行。

① 锯削，粗锉、精锉 8、9 两面，保证尺寸(70±0.023)mm、平面度、平行度、垂直度、表面粗糙度等达到图纸要求。

② 如图 1-19-3 所示，在 2×ϕ3mm 工艺孔位置上打上样冲眼，钻 2×ϕ3mm 工艺孔。

③ 用钻排孔和锯割的方法，去除燕尾凹槽内废料，粗锉 10、11、12、13、14、15、16 共 7 个面，每面留 0.2～0.3mm 的锉配余量。

④ 精锉 10、11、12、13、14、15、16 共 7 个面，凹件

斜面、燕尾测量方法如图 1-19-8 所示，利用间接测量方法保证凹件尺寸与凸件对应尺寸一致，用凸件头部试插凹槽，能较紧插入，并以什锦锉修清角，用光隙法检查，达到配合间隙等要求。

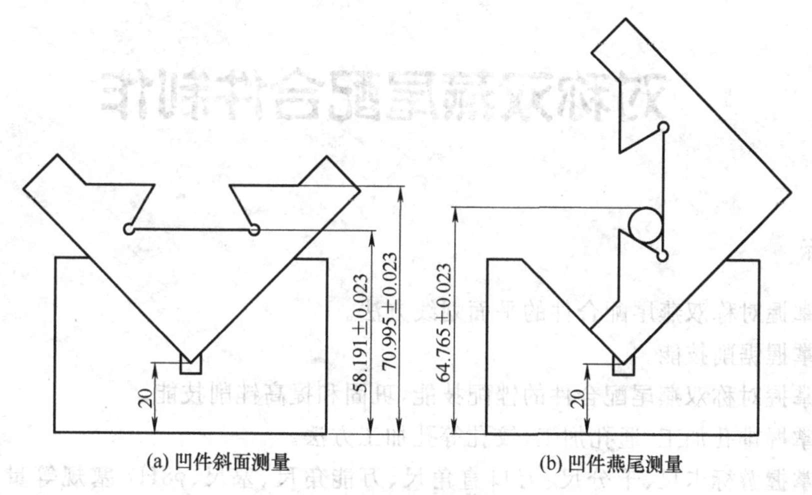

图 1-19-8　凹件斜面、燕尾测量方法

⑤ 把凸件装入凹件，整体检查是否符合要求，如不符合，可作适当修整。

⑥ 按图 1-19-1 所示，划出 ϕ8H7 孔的加工位置，打上样冲眼，钻 ϕ7.8mm 底孔、铰 ϕ8H7 孔，保证孔位尺寸等至图纸要求。

3. 注意事项

(1) 该配合件在加工过程中可以采用间接测量的方法来保证零件的对称度，在加工时，只能先加工凸件燕尾的一侧，待一侧加工至尺寸要求以后，才能加工另一侧，并且要计算和控制间接测量的尺寸。

(2) 为了达到互换后的配合要求，凹件和凸件所有的加工平面对于大平面的垂直度误差一定要控制在最小范围内。

(3) 加工凸件时应把各尺寸加工为上偏差，为配作修整留有余量。

(4) 各清角处可用修磨成锐角的锉刀加工。

项目20

对称双燕尾配合件制作

项目目标

(1) 掌握对称双燕尾配合件的平面划线方法。

(2) 掌握锯削技能。

(3) 掌握对称双燕尾配合件的锉配技能,巩固和提高锉削技能。

(4) 掌握排孔加工、通孔加工、铰孔等孔加工方法。

(5) 掌握游标卡尺、千分尺、刀口直角尺、万能角尺、塞尺、ϕ8H7 塞规等量具的使用方法。

项目学习内容

在实施本项目前,应分别学习第 2 篇单元 2、单元 3、单元 5、单元 6、单元 8 中的相关内容。

项目材料准备

钢板,尺寸为 105mm×81mm×8mm,材料为 Q235。

项目完成时间

对称双燕尾配合件制作时间为 12～18 学时。

项目考核标准

对称双燕尾配合件制作评分标准见表 1-20-1。

表 1-20-1　对称双燕尾配合件制作评分表

内容	序号	考核要求	配分	评分标准	自检	检测评分
凸件	1	$16_{-0.039}^{0}$ mm(2 处)	2×2	每一处超差扣 2 分		
	2	60°±4′(4 处)	2×4	每一处超差扣 2 分		
	3	(18±0.05)mm(2 处)	3×2	每一处超差扣 3 分		
	4	⌯ 0.05 A (2 处)	3×2	每一处超差扣 2 分		
	5	(40±0.023)mm	3	超差全扣		
	6	(52±0.023)mm	3			
	7	ϕ8H7	2			

续表

内容	序号	考核要求	配分	评分标准	自检	检测评分
凸件	8	$Ra1.6\mu m$	1	超差全扣		
	9	$Ra3.2\mu m$(12 处)	0.5×12	每一处超差扣 0.5 分		
凹件	10	(60±0.023)mm(2 处)	3×2	每一处超差扣 3 分		
	11	(80±0.023)mm	2	超差全扣		
	12	2×ϕ8H7	2×2	每一处超差扣 2 分		
	13	(12±0.05)mm(2 处)	2×2	每一处超差扣 2 分		
	14	(56±0.1)mm	2	超差全扣		
	15	$Ra1.6\mu m$(2 处)	0.5×2	每一处超差扣 0.5 分		
	16	$Ra3.2\mu m$(16 处)	0.5×16	每一处超差扣 0.5 分		
配合	17	间隙≤0.04mm(正反 22 处)	1×22	每一处超差扣 1 分		
	18	错位量≤0.06mm(正反 4 处)	2×4	每一处超差扣 2 分		
	19	(39.6±0.25)mm(正反 4 处)	1×4	每一处超差扣 1 分		
其他	20	安全文明实训	违者视情节轻重扣 1~10 分			
班级		姓名	学号		总分	

项目实施

1. 任务分析

对称双燕尾配合件如图 1-20-1 所示。通过划线、锯削、锉削、钻孔、铰孔等钳工加工，把坯件加工成如图 1-20-2 和图 1-20-3 所示的凸件和凹件，装配后达到如图 1-20-1 所示的图样要求。该配合件是半封闭配作件，凸件是由两个上下对称的双燕尾构成的，燕尾的测量和控制可以使用芯棒测量或者 90°V 形铁辅助测量。锉配时先加工凸件，以凸件为基

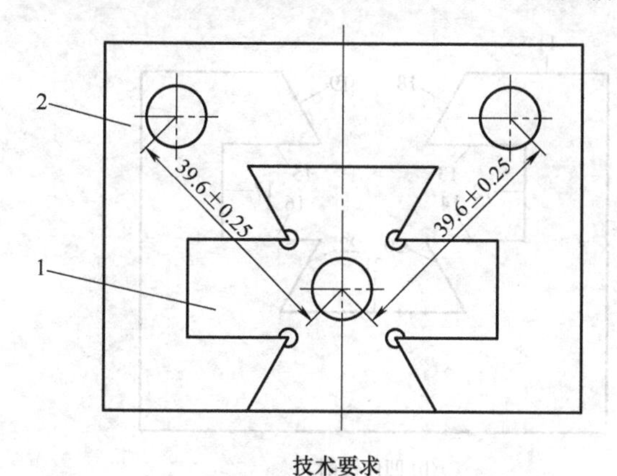

图 1-20-1　对称双燕尾配合件

1—凸件；2—凹件

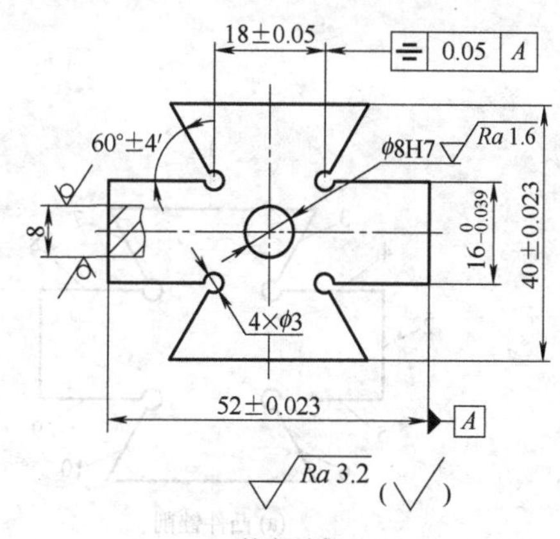

图 1-20-2　凸件

准件锉配凹件。

2. 操作步骤

(1) 加工工件外形。按下、左、右、上各侧面的锉削顺序，粗锉、精锉 4 个侧面，保证宽度(80±0.023)mm，长度 $L \geqslant 105$mm，4 个侧面的平面度和垂直度符合要求，如图 1-20-4 所示。各边倒钝去毛刺。

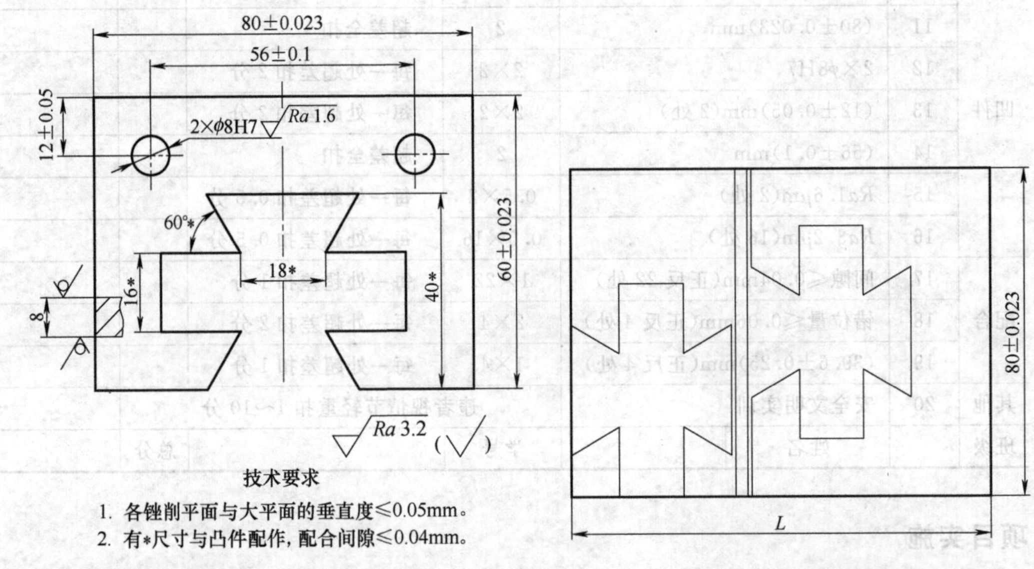

图 1-20-3　凹件　　　　图 1-20-4　坯料锉削及划线

(2) 划线。在长方坯料的两端，如图 1-20-4 所示划出凸件和凹件的形状，并在线条上打好冲眼。在离开凸、凹件 1mm 处划出锯割位置线。

(3) 分割坯料。沿锯割位置线，用钢锯锯割，把坯料分成凸件和凹件两块。

(4) 加工凸件。凸件如图 1-20-2 所示，加工时，按图 1-20-5(a)所示的顺序进行。

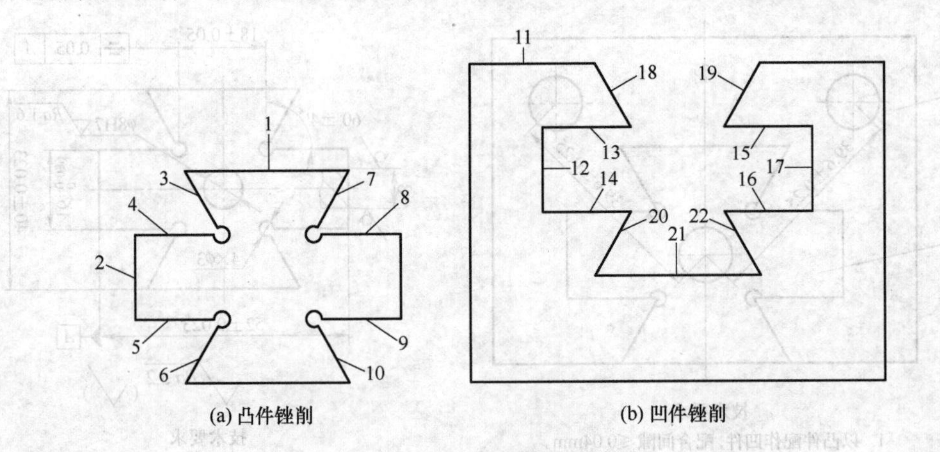

图 1-20-5　凸件、凹件锉削顺序

① 如图 1-20-2 所示，在 4×φ3mm 工艺孔位置上打上样冲眼，钻 4×φ3mm 工艺孔。划出 φ8H7 孔的加工位置，打上样冲眼，钻 φ7.8mm 底孔、铰 φ8H7 孔，保证孔位尺寸至图纸要求。

② 锯削，粗锉、精锉 1、2 两面，保证尺寸(52 ± 0.023)mm、(40 ± 0.023)mm、平面度、平行度、垂直度、表面粗糙度等达到图纸要求。

③ 锯削，去除燕尾一侧废料，粗锉、精锉 3、4、5、6 四面，保证尺寸(48.66 ± 0.023)mm、$16_{-0.039}^{\ 0}$mm、角度$60°\pm4'$、平面度、垂直度、表面粗糙度等达到图纸要求。燕尾可用芯棒测量，如图 1-20-6 所示。

④ 锯削，去除燕尾凸台另一侧废料，粗锉、精锉 7、8、9、10 四面，保证尺寸 $16_{-0.039}^{\ 0}$mm、(45.321 ± 0.023)mm、角度 $60°\pm4'$、平面度、垂直度、表面粗糙度等达到图纸要求。燕尾可用芯棒测量，如图 1-20-7 所示。

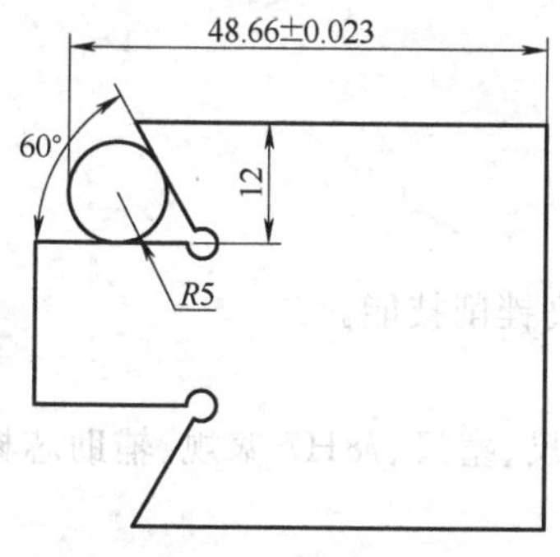

图 1-20-6　凸件燕尾测量方法 1

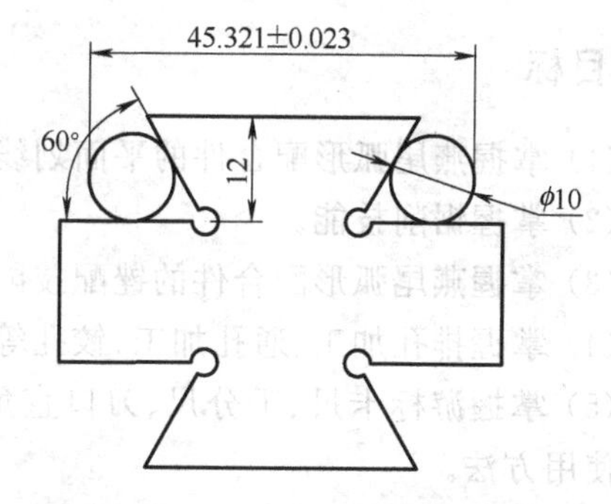

图 1-20-7　凸件燕尾测量方法 2

(5) 加工凹件。凹件如图 1-20-3 所示。加工时，按图 1-20-5(b)所示的顺序进行。

① 粗锉、精锉 11 面，保证尺寸(60 ± 0.023)mm、平面度、平行度、垂直度、表面粗糙度等达到图纸要求。

② 用钻排孔和锯割的方法，去除燕尾凸台凹槽内废料，粗锉 12～21 共 10 个面，每面留 0.2～0.3mm 的锉配余量。

③ 精锉 12、13、14、15、16、17 共 6 个面，保证与凸件尺寸 $16_{-0.039}^{\ 0}$mm、(52 ± 0.023)mm 的配合要求，用凸件头部试插凹槽，能较紧插入。

④ 精锉 18、19、20、21、22 共 5 面，保证尺寸(18 ± 0.05)mm、(40 ± 0.023)mm 及角度 $60°\pm4'$ 等达到要求，用凸件试插凹件，并以什锦锉修清角，用光隙法检查，达到配合间隙等要求。

⑤ 把凸件装入凹件，整体检查是否符合要求，如不符合，可作适当修配。

⑥ 按图 1-20-3 所示，划出 $2\times\phi8$H7 孔的加工位置，打上样冲眼，钻 $2\times\phi7.8$mm 底孔、铰 $2\times\phi8$H7 孔，保证孔位尺寸至图纸要求。

3. 注意事项

(1) 在加工时，只能先加工燕尾的一侧，待一侧加工至尺寸要求以后，才能加工另一侧。可采用间接测量的方法来保证零件的对称度，燕尾的尺寸可以使用芯棒测量，燕尾测量的计算要正确。

(2) 加工凸件时可把各尺寸加工为上偏差，方便以后的修整。

(3) 钻 $3\times\phi8$H7 的底孔时，位置要对正，可先钻一个小孔，测量修整，符合尺寸要求后，再扩孔至 $\phi7.8$mm，保证孔的位置尺寸要求。

(4) 各清角处可用修磨成锐角的锉刀加工。

(5) 凹件钻完排孔去除余料时，由于边距变窄，应该防止其变形。

项目21

燕尾弧形配合件制作

项目目标

（1）掌握燕尾弧形配合件的平面划线方法。

（2）掌握锯削技能。

（3）掌握燕尾弧形配合件的锉配技能，巩固和提高锉削技能。

（4）掌握排孔加工、通孔加工、铰孔等孔加工方法。

（5）掌握游标卡尺、千分尺、刀口直角尺、万能角尺、塞尺、ϕ8H7 塞规、辅助芯棒等量具的使用方法。

项目学习内容

在实施本项目前，应分别学习第 2 篇单元 2、单元 3、单元 5、单元 6、单元 8 中的相关内容。

项目材料准备

钢板，尺寸为 86mm×86mm×8mm，材料为 Q235。

项目完成时间

燕尾弧形配合件制作时间为 12～18 学时。

项目考核标准

燕尾弧形配合件制作评分标准见表 1-21-1。

表 1-21-1　燕尾弧形配合件制作评分表

内容	序号	考核要求	配分	评分标准	自检	检测评分
凸件	1	$20_{-0.033}^{\ 0}$mm(2 处)	3×2	每一处超差扣 3 分		
	2	$R15_{\ 0}^{+0.05}$ mm	3	超差全扣		
	3	60°±4′(2 处)	3×2	每一处超差扣 3 分		
	4	(40±0.1)mm	3	超差全扣		
	5	$40_{-0.039}^{\ 0}$mm(2 处)	2×2	每一处超差扣 2 分		

续表

内容	序号	考 核 要 求	配 分	评 分 标 准	自检	检测评分
凸件	6	(85±0.023)mm	3	超差全扣		
	7	2×ϕ8H7	1×2	每一处超差扣 1 分		
	8	(10±0.1)mm(2 处)	1×2	每一处超差扣 1 分		
	9	(60±0.05)mm	3	超差全扣		
	10	*Ra*1.6μm(2 处)	1×2	每一处超差扣 1 分		
	11	*Ra*3.2μm(10 处)	0.5×10	每一处超差扣 0.5 分		
凹件	12	(40±0.023)mm(2 处)	2×2	超差全扣		
	13	(85±0.023)mm	2			
	14	ϕ8H7	1			
	15	*Ra*1.6μm	1			
	16	*Ra*3.2μm(10 处)	0.5×10	每一处超差扣 0.5 分		
配合	17	间隙≤0.04mm(正反 14 处)	2×14	每一处超差扣 2 分		
	18	错位量≤0.06mm(正反 4 处)	2×4	每一处超差扣 2 分		
	19	(46.1±0.15)mm(正反 4 处)	2×4	每一处超差扣 2 分		
	20	(60±0.15)mm(正反 2 处)	2×2	每一处超差扣 2 分		
其他	21	安全文明实训	违者视情节轻重扣 1～10 分			
班级		姓名	学号		总分	

项目实施

1. 任务分析

燕尾弧形配合件如图 1-21-1 所示。通过划线、锯削、锉削、钻孔、铰孔等钳工加工，把坯件加工成如图 1-21-2 和图 1-21-3 所示的凸件和凹件，装配后达到如图 1-21-1 所示的图样要求。该配合件在双燕尾锉配件的基础上增加了圆弧，加工难度有了很大的提高。为了保证零件配合后的错位符合要求，加工过程中应先加工工件的一侧，符合尺寸等要求后再加工另一侧。燕尾的测量控制可以采用芯棒测量或 V 形铁测量来保证尺寸要求。锉配时先加工凸件，以凸件为基准件锉配凹件。

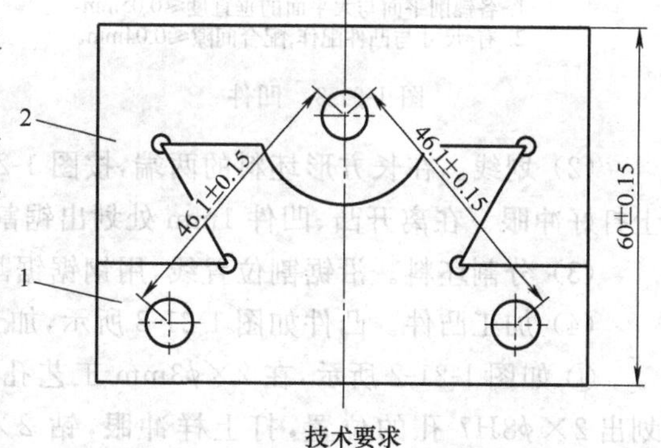

技术要求

1. 以凸件配作凹件，配合间隙≤0.04mm。
2. 两侧错位量≤0.06mm。

图 1-21-1　燕尾弧形配合件

1—凸件；2—凹件

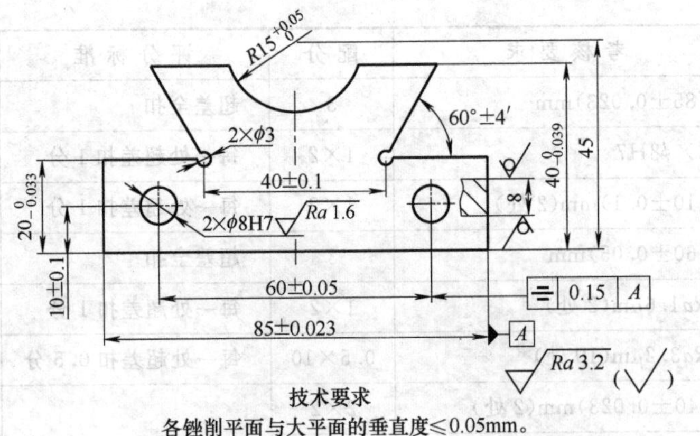

图 1-21-2 凸件

2. 操作步骤

(1) 加工工件外形。按下、左、右、上各侧面的锉削顺序，粗锉、精锉 4 个侧面，保证宽度(85±0.023)mm，长度 $L \geqslant 85$mm，4 个侧面的平面度和垂直度符合要求，如图 1-21-4 所示。各边倒钝去毛刺。

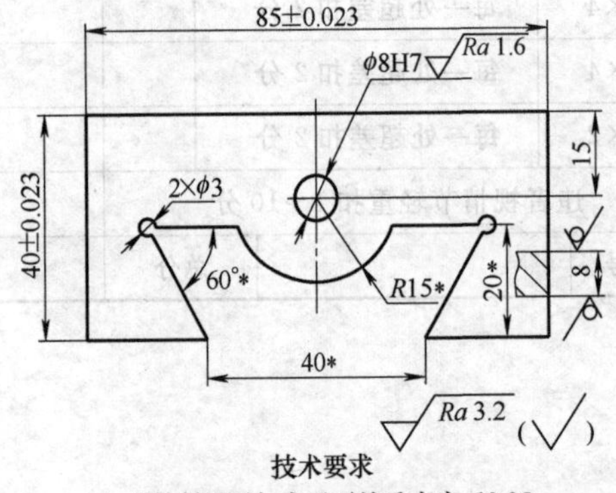

图 1-21-3 凹件

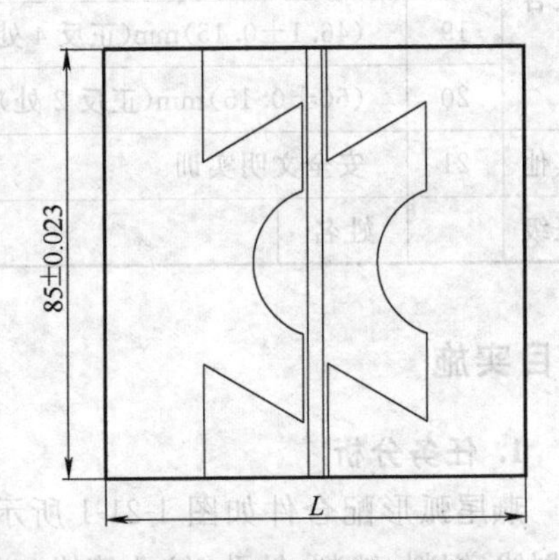

图 1-21-4 坯料锉削及划线

(2) 划线。在长方形坯料的两端，按图 1-21-4 所示划出凸件和凹件的形状，并在线条上打好冲眼。在离开凸、凹件 1mm 处划出锯割位置线。

(3) 分割坯料。沿锯割位置线，用钢锯锯割，把坯料分成凸件和凹件两块。

(4) 加工凸件。凸件如图 1-21-2 所示，加工时，按图 1-21-5(a)所示的顺序进行。

① 如图 1-21-2 所示，在 2×ϕ3mm 工艺孔位置上打上样冲眼，钻 2×ϕ3mm 工艺孔。划出 2×ϕ8H7 孔的位置，打上样冲眼，钻 2×ϕ7.8mm 底孔、铰 ϕ8H7 孔，保证孔边距要求。

② 粗锉、精锉 1 面，保证尺寸 $40_{-0.039}^{\ 0}$ mm、平面度、平行度、垂直度、表面粗糙度等达到图纸要求。

③ 锯削，粗锉、精锉 2 面，保证圆弧尺寸 $R15_{\ 0}^{+0.05}$ mm，圆弧与大平面垂直度、表面粗

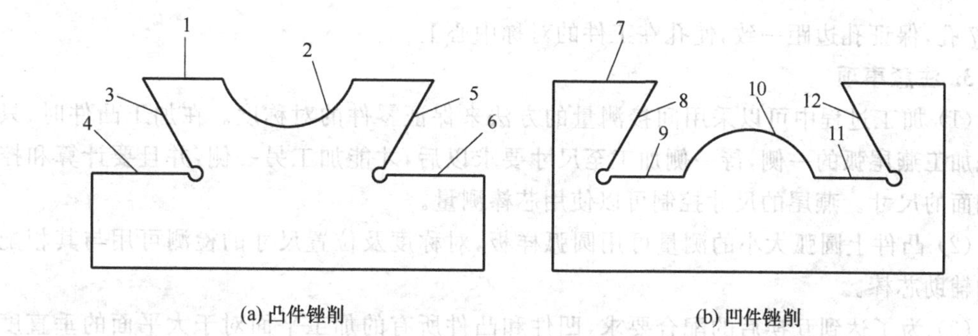

图 1-21-5　凸件、凹件锉削顺序

糙度等达到图样要求。

④ 锯削，去除燕尾一侧废料，粗锉、精锉 3、4 两面，保证尺寸(76.16±0.023)mm、$20_{-0.033}^{\ 0}$ mm、角度 60°±4′、平面度、垂直度、表面粗糙度等达到图纸要求。燕尾可用芯棒测量，如图 1-21-6 所示。

⑤ 锯削，去除燕尾凸台另一侧废料，粗锉、精锉 5、6 两面，保证尺寸 $20_{-0.033}^{\ 0}$ mm、(40±0.1)mm、(67.321±0.023)mm、角度 60°±4′、平面度、垂直度、表面粗糙度等达到图纸要求。燕尾可用芯棒测量，如图 1-21-7 所示。

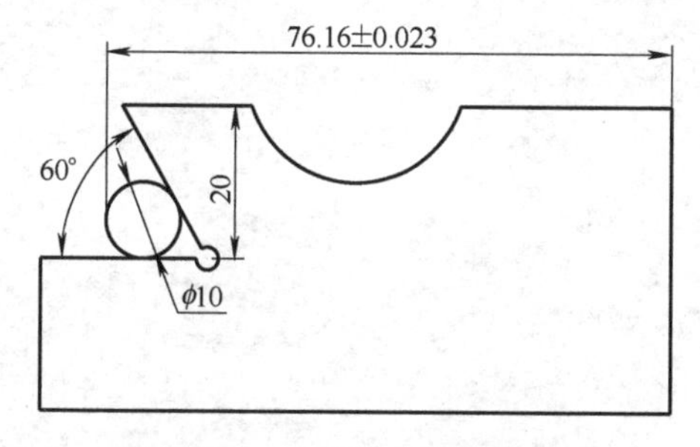

图 1-21-6　凸件燕尾测量方法 1

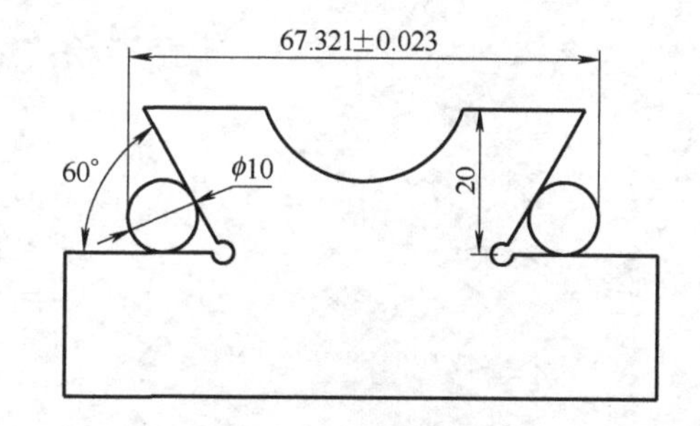

图 1-21-7　凸件燕尾测量方法 2

(5) 加工凹件。凹件如图 1-21-3 所示。加工时，按图 1-21-5(b)所示的顺序进行。

① 按图 1-21-3 所示，划出 2×ϕ3mm 工艺孔位置上打上样冲眼，钻 2×ϕ3mm 工艺孔。

② 粗锉、精锉 7 面，保证尺寸(40±0.023)mm、平面度、平行度、垂直度、表面粗糙度等达到图纸要求。

③ 用钻排孔和锯割的方法，去除燕尾凸台凹槽内废料，粗锉 8、9、10、11、12 五面，每面留 0.2～0.3mm 的锉配余量。

④ 精锉 8、9、11、12 四面，保证尺寸 $20_{-0.033}^{\ 0}$ mm、(40±0.1)mm 及角度 60°±4′等达到要求，保证配合尺寸与凸件对应尺寸一致，用凸件试插凹件，并以什锦锉修清角，用光隙法检查，达到配合间隙等要求。

⑤ 精锉 10 面，保证圆弧尺寸 $R15_{\ 0}^{+0.05}$ mm，保证圆弧与大平面垂直度、表面粗糙度等达到图纸要求。

(6) 把凸件装入凹件，整体检查是否符合要求，如不符合，可作适当修配。

(7) 按图 1-21-1 所示，划出 ϕ8H7 孔的加工位置，打上样冲眼，钻 ϕ7.8mm 底孔、铰

ϕ8H7 孔，保证孔边距一致，使孔在工件的对称中心上。

3. 注意事项

(1) 加工过程中可以采用间接测量的方法来保证零件的对称度。在加工凸件时，只能先加工燕尾弧的一侧，待一侧加工至尺寸要求以后，才能加工另一侧，并且要计算和控制侧面的尺寸。燕尾的尺寸控制可以使用芯棒测量。

(2) 凸件上圆弧大小的测量可用圆弧样板，对称度及位置尺寸的检测可用与其相配合的辅助芯棒。

(3) 为了达到互换后的配合要求，凹件和凸件所有的加工平面对于大平面的垂直度误差一定要控制在最小范围内。

(4) 加工凸件时应把各尺寸加工为上偏差，以便配作时修整。

(5) 钻 3×ϕ8H7 的底孔时，钻孔位置要对正，可先钻一个小孔，测量修整，符合尺寸要求后，再扩孔至 ϕ7.8mm，保证孔的位置尺寸要求。

(6) 各清角处可用修磨成锐角的锉刀加工。

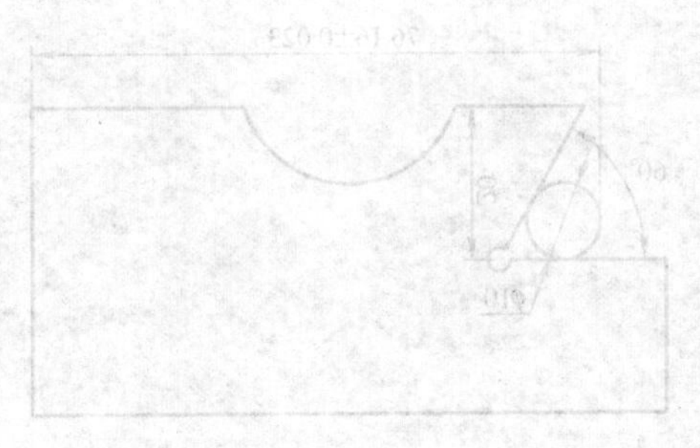

项目22

凹凸三件配制作

项目目标

（1）掌握凹凸三件配的平面划线方法。
（2）掌握锯削技能。
（3）掌握凹凸三件配的锉配技能，巩固和提高锉削技能。
（4）掌握排孔加工、通孔加工、铰孔等孔加工方法。
（5）掌握游标卡尺、千分尺、刀口直角尺、万能角尺、塞尺、ϕ8H7 塞规等量具的使用方法。

项目学习内容

在实施本项目前，应分别学习第 2 篇单元 2、单元 3、单元 5、单元 6、单元 8 中的相关内容。

项目材料准备

钢板，尺寸为 131mm×81mm×8mm，材料为 Q235。

项目完成时间

凹凸三件配制作时间为 12～18 学时。

项目考核标准

凹凸三件配制作评分标准见表 1-22-1。

表 1-22-1　凹凸三件配制作评分表

内容	序号	考核要求	配分	评分标准	自检	检测评分
凸件 1	1	(50±0.023)mm	3	超差全扣		
	2	135°±4′(2 处)	2×2	每一处超差扣 2 分		
	3	$28_{-0.033}^{0}$ mm	4	超差全扣		
	4	ϕ8H7	1			
	5	(12±0.1)mm	3			
	6	$Ra1.6\mu m$	1			
	7	$Ra3.2\mu m$(6 处)	0.5×6	每一处超差扣 0.5 分		

续表

内容	序号	考核要求	配分	评分标准	自检	检测评分
凸件2	8	$24_{-0.033}^{\ 0}$ mm	3	超差全扣		
	9	$14_{\ 0}^{+0.027}$ mm(2处)	3×2	每一处超差扣3分		
	10	$30_{-0.039}^{\ 0}$ mm	3	超差全扣		
	11	(80±0.023)mm	3			
	12	$Ra3.2\mu m$(8处)	0.5×8	每一处超差扣0.5分		
凹件	13	(59±0.023)mm(2处)	2×2	每一处超差扣2分		
	14	(80±0.023)mm	2	超差全扣		
	15	2×ϕ8H7	1×2	每一处超差扣1分		
	16	(12±0.1)mm(2处)	1×2	每一处超差扣1分		
	17	(56±0.1)mm	2	超差全扣		
	18	⌯ 0.15 A	4			
	19	$Ra1.6\mu m$(2处)	1×2	每一处超差扣1分		
	20	$Ra3.2\mu m$(12处)	0.5×12	每一处超差扣0.5分		
配合	21	间隙≤0.04mm(正反20处)	1×20	每一处超差扣1分		
	22	错位量≤0.06mm(正反4处)	2×4	每一处超差扣2分		
	23	(33.29±0.15)mm(正反4处)	2×4	每一处超差扣2分		
	24	(75±0.15)mm(正反2处)	1×2	每一处超差扣1分		
其他	25	安全文明实训	违者视情节轻重扣1~10分			
班级		姓名	学号		总分	

项目实施

1. 任务分析

凹凸三件配合件如图1-22-1所示。通过划线、锯削、锉削、钻孔、铰孔等钳工加工,把坯件加工成如图1-22-2~图1-22-4所示的凸件和凹件,装配后达到如图1-22-1所示的图样要求。该配合件是三件组合配,各零件的加工精度要求高,加工过程中应该严格控制尺寸,锉配时先加工凸件1、凸件2,再以凸件1、凸件2为基准件锉配凹件。

2. 操作步骤

(1) 加工工件外形。按下、左、右、上各侧面的锉削顺序,粗锉、精锉4个侧面,保证宽度(80±0.023)mm,长度$L\geqslant130$mm,4个侧面的平面度和垂直度符合要求,如图1-22-5所示。各边倒钝去毛刺。

(2) 划线。在长方形坯料的两端,如图1-22-5所示划出凸件1、凸件2和凹件的形状,并在线条上打好冲眼。在离开凸件、凹件1mm处划出锯割位置线。

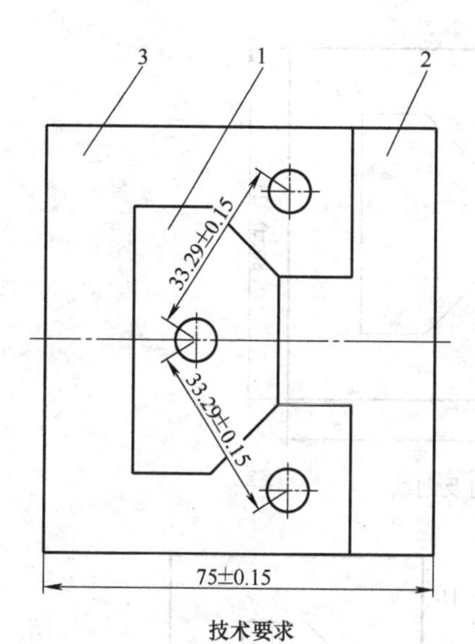

技术要求

1. 以凸件配作凹件，配合间隙≤0.04mm。
2. 两侧错位量≤0.06mm。

图 1-22-1　凹凸三件配合件

1—凸件 1；2—凸件 2；3—凹件

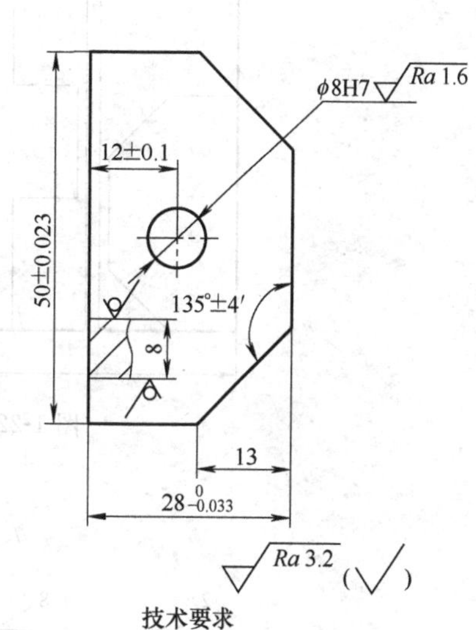

技术要求

各锉削平面与大平面的垂直度≤0.05mm。

图 1-22-2　凸件 1

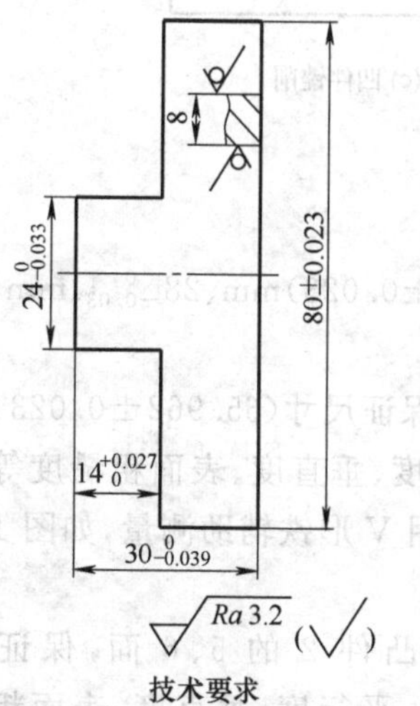

技术要求

各锉削平面与大平面的垂直度≤0.05mm。

图 1-22-3　凸件 2

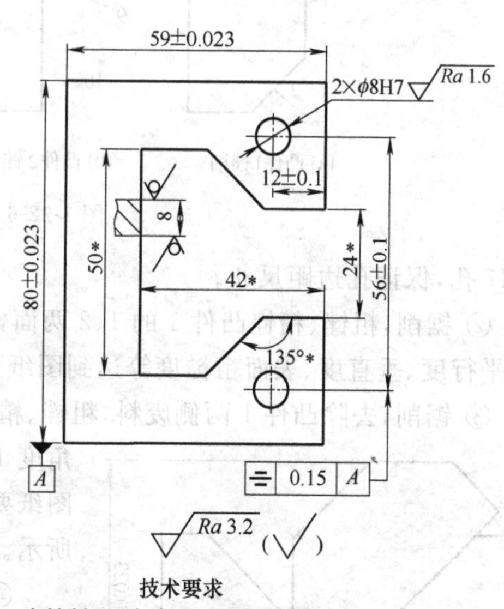

技术要求

1. 各锉削平面与大平面的垂直度≤0.05mm。
2. 有*尺寸与凸件配作,配合间隙≤0.04mm。

图 1-22-4　凹件

(3) 分割坯料。沿锯割位置线，用钢锯锯割，把坯料分成凸件 1、凸件 2 和凹件三块。

(4) 加工凸件。凸件有凸件 1、凸件 2 两块，如图 1-22-2 和图 1-22-3 所示，加工时，凸件 1 按图 1-22-6(a)所示的顺序进行，凸件 2 按图 1-22-6(b)所示的顺序进行。

① 如图 1-22-2 所示，划出 φ8H7 孔的加工位置，打上样冲眼，钻 φ7.8mm 底孔、铰

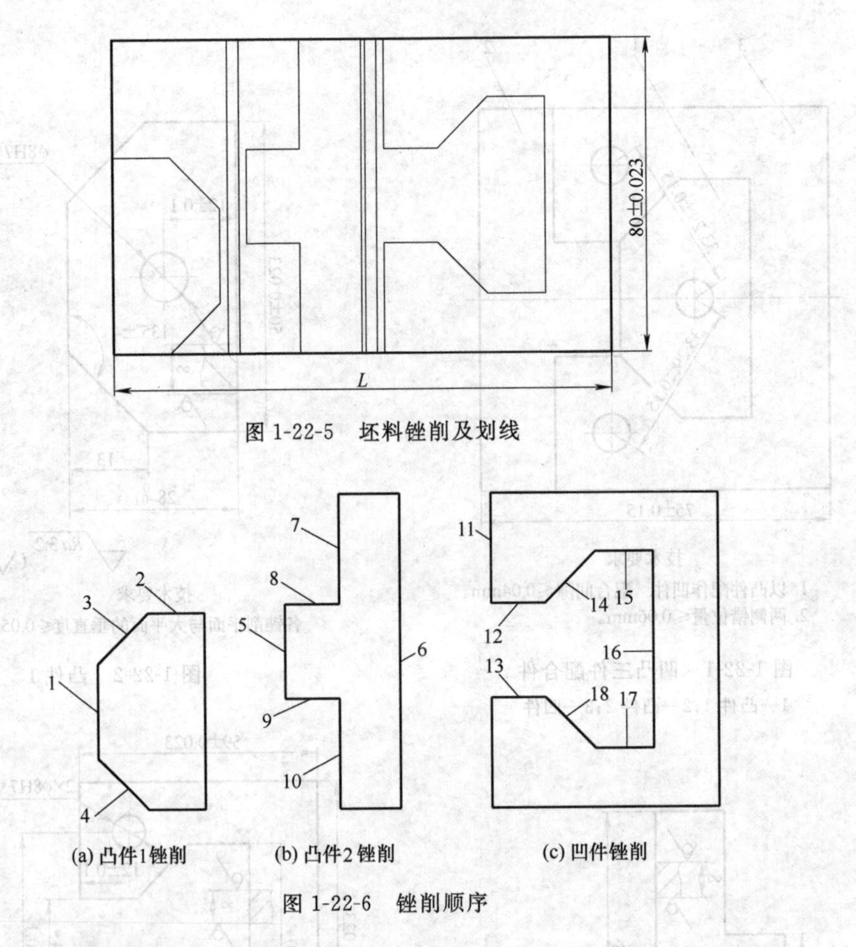

图 1-22-5　坯料锉削及划线

(a) 凸件1锉削　(b) 凸件2锉削　(c) 凹件锉削

图 1-22-6　锉削顺序

ϕ8H7 孔，保证孔边距尺寸。

② 锯削，粗锉、精锉凸件 1 的 1、2 两面，保证尺寸 (50 ± 0.023)mm、$28_{-0.033}^{\ 0}$mm、平面度、平行度、垂直度、表面粗糙度等达到图纸要求。

③ 锯削，去除凸件 1 两侧废料，粗锉、精锉 3、4 两面，保证尺寸 (65.962 ± 0.023)mm、角度 $135°\pm4'$、平面度、垂直度、表面粗糙度等达到图纸要求。斜面可用 V 形铁辅助测量，如图 1-22-7 所示。

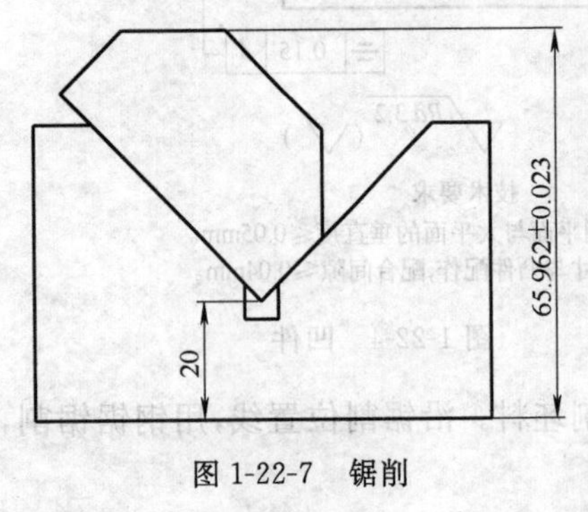

图 1-22-7　锯削

④ 粗锉、精锉凸件 2 的 5、6 面，保证尺寸 $30_{-0.039}^{\ 0}$mm、平面度、平行度、垂直度、表面粗糙度等达到图纸要求。

⑤ 锯削，去除凸件 2 凸台一侧废料，粗锉、精锉 7、8 两面，保证尺寸 $14_{\ 0}^{+0.027}$ mm、平面度、垂直度、表面粗糙度等达到图纸要求。

⑥ 锯削，去除凸件 2 凸台另一侧废料，粗锉、精锉 9、10 两面，保证尺寸 $14_{\ 0}^{+0.027}$ mm、$24_{-0.033}^{\ 0}$mm、平面度、垂直度、表面粗糙度等达到图纸要求。

(5) 加工凹件。凹件如图 1-22-4 所示。加工时，按图 1-22-6(c)所示的顺序进行。

① 粗锉、精锉凹件的11面，保证尺寸(59±0.023)mm、平面度、平行度、垂直度、表面粗糙度等达到图纸要求。

② 用钻排孔和锯割的方法，去除凹件凹槽内废料，粗锉12、13、14、15、16、17、18共7个面，每面留0.2～0.3mm的锉配余量。

③ 精锉12、13两面，保证尺寸$24_{-0.033}^{\ 0}$mm、平行度等达到要求，用凸件2头部试插凹槽，能较紧插入。

④ 精锉14、15、16、17、18共5个面，保证尺寸(49.698±0.023)mm、(50±0.023)mm及角度45°±4′等达到要求。斜面测量可用V形铁辅助测量，如图1-22-8所示，保证尺寸与凸件1对应尺寸一致，用凸件1试插凹件，并以什锦锉修清角，用光隙法检查，达到配合间隙等要求。

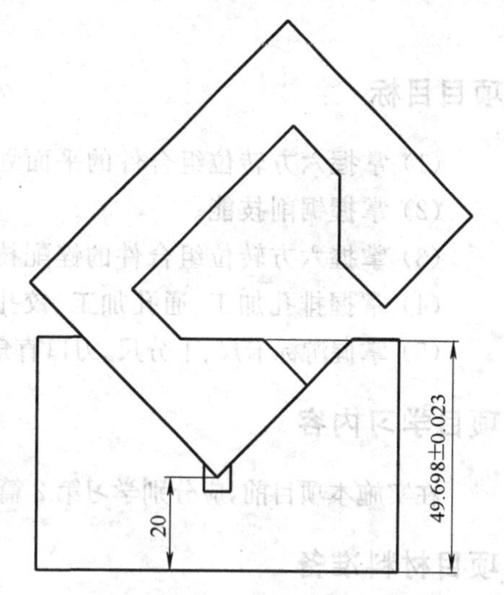

图1-22-8　凹件斜面测量方法

⑤ 把凸件1、凸件2装入凹件，整体检查是否符合要求，如不符合，可作适当修整。

⑥ 按图1-22-4所示，划出2×ϕ8H7孔的加工位置，打上样冲眼，钻2×ϕ7.8mm底孔，铰2×ϕ8H7孔，保证孔距尺寸至图纸要求。

3. 注意事项

(1) 凹件钻完排孔后，去除余料时，由于边距变窄，錾削应该防止其变形。

(2) 为了达到互换后的配合要求，凹件和凸件所有的加工平面对于大平面的垂直度误差一定要控制在最小范围内。

(3) 加工凸件时应把各尺寸加工为上偏差，以便配作时修整。

(4) 用V形铁辅助测量时，可用千分尺或百分表及块规。

项目23

六方转位组合件制作

项目目标

(1) 掌握六方转位组合件的平面划线方法。
(2) 掌握锯削技能。
(3) 掌握六方转位组合件的锉配技能,巩固和提高锉削技能。
(4) 掌握排孔加工、通孔加工、铰孔等孔加工方法。
(5) 掌握游标卡尺、千分尺、刀口直角尺、万能角尺、塞尺、ϕ8H7 塞规等量具的使用方法。

项目学习内容

在实施本项目前,应分别学习第 2 篇单元 2、单元 3、单元 5、单元 6、单元 8 中的相关内容。

项目材料准备

件 1、件 3 坯料尺寸为 71mm×51mm×8mm 和 71mm×36mm×8mm 钢板,件 2 坯料为 ϕ36mm×8mm,材料为 Q235;三只圆柱销为 ϕ8h6,长度为 20mm。

项目完成时间

六方转位组合件制作时间为 12～18 学时。

项目考核标准

六方转位组合件制作评分标准见表 1-23-1。

表 1-23-1　六方转位组合件制作评分表

内容	序号	考 核 要 求	配 分	评 分 标 准	自检	检测评分
件 1	1	$70\ _{-0.03}^{\ 0}$ mm	4	超差全扣		
	2	$50\ _{-0.03}^{\ 0}$ mm	4			
	3	$35\ _{-0.025}^{\ 0}$ mm	4			
	4	(48±0.06)mm	3			
	5	(15±0.05)mm(2 处)	2×2	每一处超差扣 2 分		
	6	$3\times\phi 8\ _{0}^{+0.015}$ mm(3 处)	2×3	每一处超差扣 2 分		
	7	Ra1.6μm(7 处)	1×7	每一处超差扣 1 分		

续表

内容	序号	考核要求	配分	评分标准	自检	检测评分
件1	8	⏥ 0.03；∥ 0.02 A	4	每一项超差扣2分		
件2	9	$30_{-0.021}^{0}$mm(3处)	3×3	每一处超差扣3分		
	10	120°±2′(6处)	1×6	每一处超差扣1分		
	11	$\phi 8_{0}^{+0.015}$mm	2	超差全扣		
	12	$Ra1.6\mu m$(7处)	1×7	每一处超差扣1分		
件3	13	(15±0.05)mm(2处)	2×2	每一处超差扣2分		
	14	$70_{-0.03}^{0}$mm	4	超差全扣		
	15	$35_{-0.025}^{0}$mm	4			
	16	(48±0.06)mm	3			
	17	$2\times\phi 8_{0}^{+0.015}$mm	2×2	每一处超差扣2分		
	18	$Ra1.6\mu m$(10处)	1×10	每一处超差扣1分		
配合	19	配合间隙0.03mm(转位6处)	1×6	每一面超差扣1分		
	20	配合间隙0.03mm(翻转6处)	1×6			
其他	21	外观	毛刺、损伤、畸形等扣1～5分			
	22	安全文明实训	违者视情节轻重扣1～10分			
班级		姓名	学号		总分	

项目实施

1. 任务分析

六方转位组合件如图1-23-1所示。通过划线、锯削、锉削、钻孔、铰孔等钳工加工，把坯件加工成如图1-23-2～图1-23-4所示的件2、件1和件3，装配后达到如图1-23-1所示的图样要求。加工时，先要保证件2的精度要求，然后保证件2与件1、件3的配合精度要求及装配精度要求。

2. 操作步骤

(1) 件2加工。

① 将圆形坯件置V形铁上，按图1-23-2所示划出中心线及六角形加工线，中心处打上样冲眼。

② 在中心处钻、铰ϕ8H7孔，保证尺寸要求。

③ 以孔中心为基准，粗锉、精锉六角形体六面。严格保证各面到孔壁的距离一致，保证图样要求。

④ 各锐边倒钝。

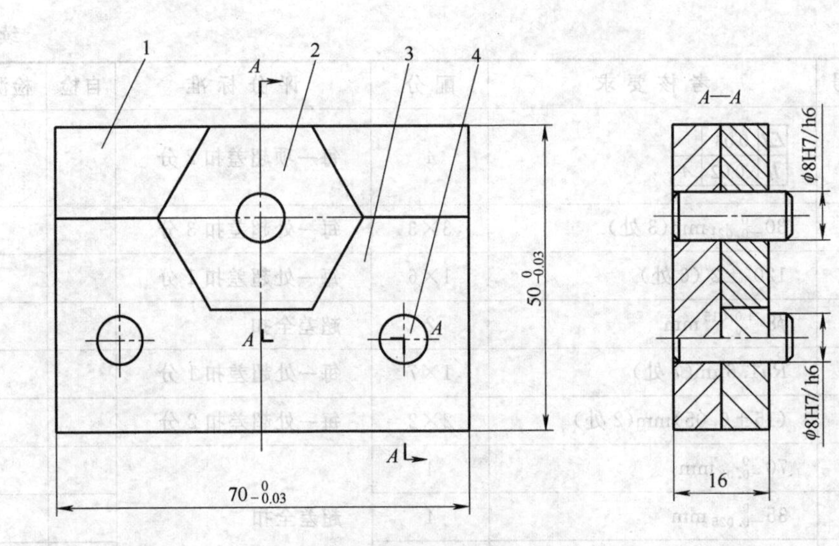

技术要求

1. 件3配合面按件2配作,锐边倒圆$R0.3$。

2. 配合(件2转位120°配合)间隙0.03mm。

3. 配合(件3翻转180°配合)间隙0.03mm。

图 1-23-1 六方转位组合件

1—件 1;2—件 2;3—件 3;4—圆柱销

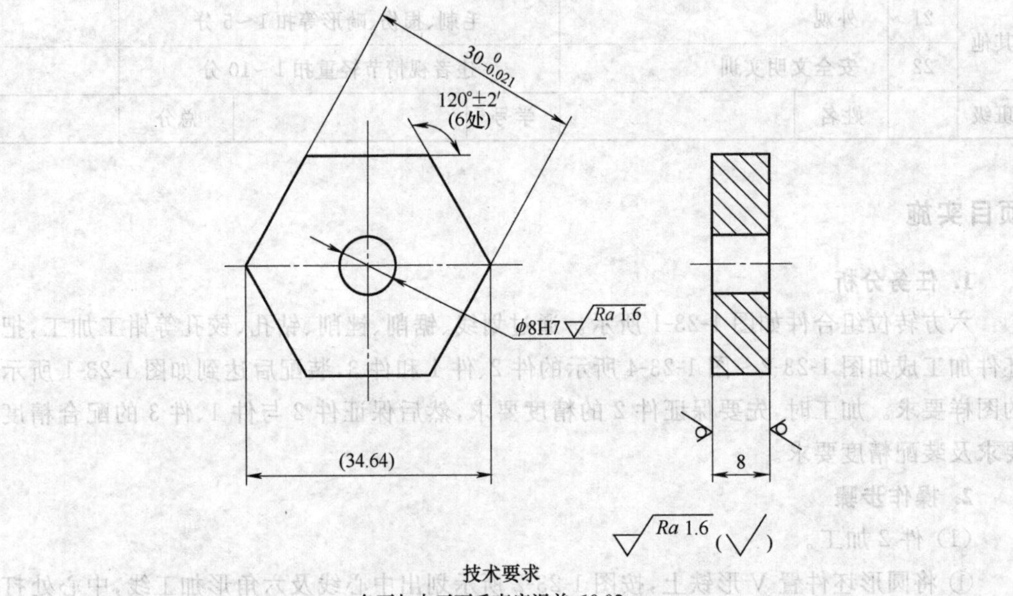

技术要求

各面与大平面垂直度误差≤0.02mm。

图 1-23-2 件 2

(2) 件 1 如图 1-23-3 所示,按以下步骤加工。

① 粗锉、精锉件 1 的一组相邻侧面,保证平面度、垂直度要求。

② 粗锉、精锉件 1 的另一组相邻侧面,保证外形尺寸 $70_{-0.03}^{0}$ mm 和 $50_{-0.03}^{0}$ mm 至要

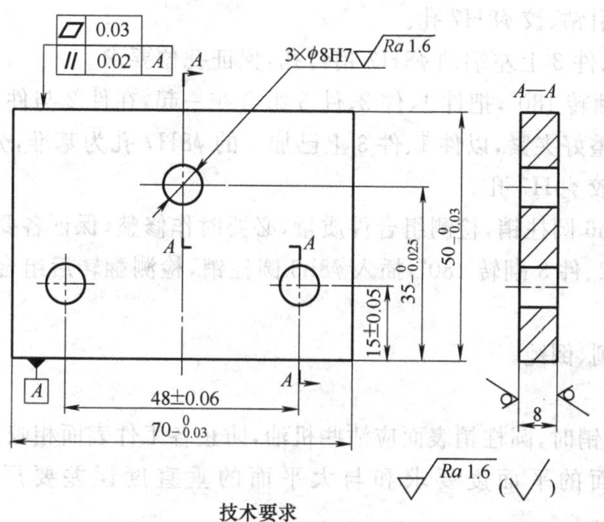

图 1-23-3　件 1

求，尽量接近上偏差，保证平面度、垂直度、平行度等要求。

(3) 件 3 如图 1-23-4 所示，按以下步骤加工。

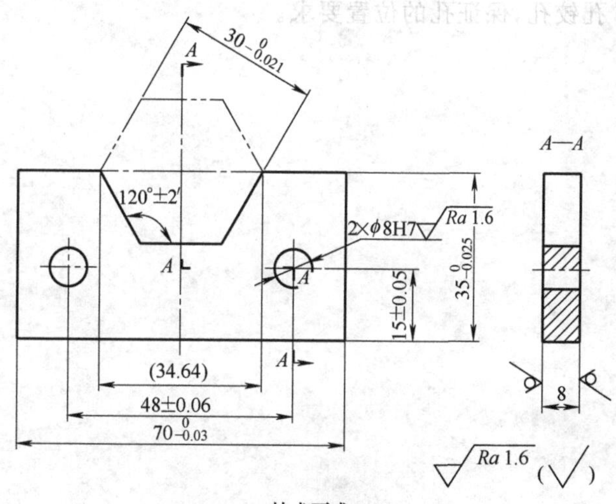

图 1-23-4　件 3

① 粗锉、精锉件 3 外形尺寸 $70_{-0.03}^{\ 0}$ mm 和 $35_{-0.025}^{\ 0}$ mm 要求，尽量接近上偏差，保证平面度、平行度、垂直度要求。

② 将工件做好记号，以件 2 认面配作件 3 的 120°半六方。利用 ϕ8h6 圆柱销和百分表测量，保证左右斜面对称及尺寸要求，保证配合后二件之间的配合尺寸为 $50_{-0.03}^{\ 0}$ mm。

(4) 组合件加工。

① 在件 3 上划出销钉孔位置。把件 1、件 2、件 3 组合在一起夹紧，保证装配位置要

求，由件 2 向件 1 引钻、铰 ϕ8H7 孔。

② 钻、铰件 1、件 3 上左端的 ϕ8H7 销钉孔，保证孔位要求。

③ 件 1 左右翻转 180°，把件 1、件 2、件 3 组合在一起，在件 2 与件 1 销钉孔中装入销钉，按装配关系调整好夹紧，以件 1、件 3 上已加工的 ϕ8H7 孔为基准，分别由件 1 向件 3、件 3 向件 1 引钻、铰 ϕ8H7 孔。

④ 插入二 ϕ8h6 圆柱销，检测组合件质量，必要时作修整，保证各要求。

⑤ 分别将件 2、件 3 翻转 180°，插入 ϕ8h6 圆柱销，检测翻转后组合质量，作必要的修整，保证各要求。

⑥ 锐边去毛刺、倒钝。

3. 注意事项

(1) 插入圆柱销时，圆柱销表面应沾些机油，防止各工件表面相咬。

(2) 各加工面的平面度要求和与大平面的垂直度误差要严格控制在小于等于 0.02mm。

(3) 为保证最后组合加工精度，各工件加工时，应严格保证对称度要求。

(4) 件 1、件 2、件 3 钻孔时，务必保证孔中心与大平面垂直，否则插入圆柱销后，二件间平面不能贴平。

(5) 组合件 1、件 3 配钻 ϕ8h6 圆柱销孔时，可先钻一个 ϕ7 左右的孔，通过测量孔位，用锉刀修正后，再扩孔铰孔，保证孔的位置要求。

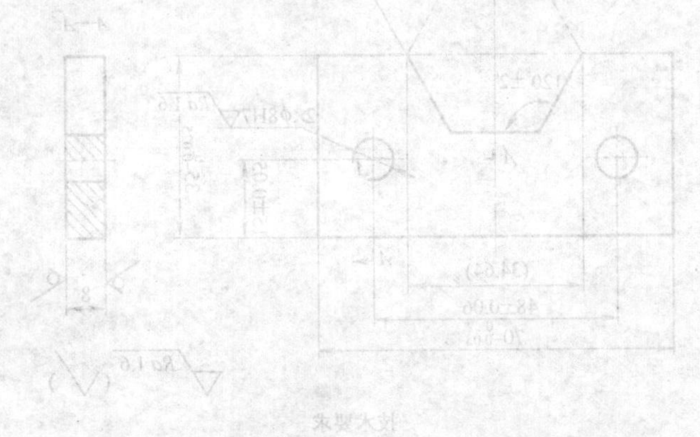

项目24

燕尾滑块组合件制作

项目目标

(1) 掌握燕尾滑块组合件划线方法(图 1-24-1)。

(2) 掌握锯削方法。

(3) 掌握平面锉削方法。

(4) 掌握游标卡尺、刀口直角尺等量具的使用方法。

(5) 掌握通孔加工、沉孔加工、销钉孔加工、螺纹孔加工方法。

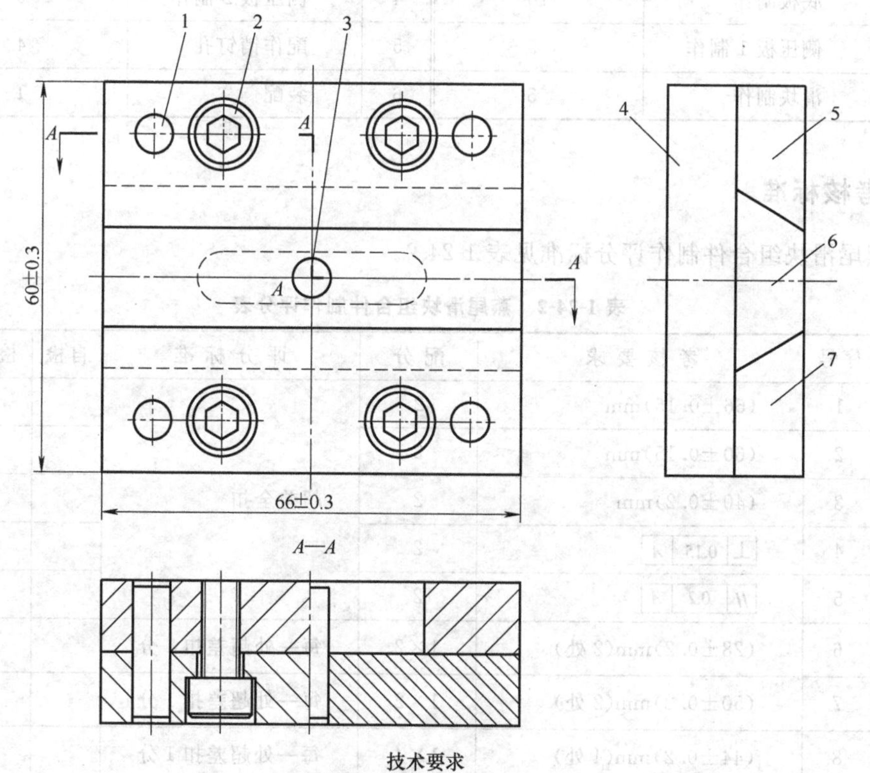

图 1-24-1 燕尾滑块组合件

1,3—销钉;2—内六角螺钉;4—底板;5—侧压板 1;6—滑块;7—侧压板 2

(6) 掌握燕尾滑块组合件的装配方法。

项目学习内容

在实施本项目各任务前，应分别学习第 2 篇单元 2、单元 3、单元 5～单元 10 中的相关内容。

项目材料准备

67mm×61mm×11mm 和 81mm×67mm×11mm 的钢板各 1 块，材料为 Q235，每块板的两个大平面已机械加工，4 只 M6×15 内六角螺钉，5 只 ϕ6×20 圆柱销钉。

项目完成时间

项目完成时间约为 35 学时左右，详见表 1-24-1。

表 1-24-1　项目各任务完成时间表

序号	任　务	操作时间/学时	序号	任　务	操作时间/学时
1	底板制作	10	4	侧压板 2 制作	6
2	侧压板 1 制作	9	5	配作销钉孔	4
3	滑块制作	5	6	装配	1

项目考核标准

燕尾滑块组合件制作评分标准见表 1-24-2。

表 1-24-2　燕尾滑块组合件制作评分表

内容	序号	考核要求	配分	评分标准	自检	检测评分
底板	1	(66±0.15)mm	2	超差全扣		
	2	(60±0.15)mm	2			
	3	(40±0.2)mm	2			
	4	⊥ 0.15 A	2			
	5	// 0.2 A	2			
	6	(28±0.2)mm(2 处)	1×2	每一处超差扣 1 分		
	7	(50±0.2)mm(2 处)	1×2	每一处超差扣 1 分		
	8	(44±0.2)mm(4 处)	1×4	每一处超差扣 1 分		
	9	4×ϕ6H7	1×4	每一处超差扣 1 分		
	10	4×M6	1×4	每一处超差扣 1 分		
	11	Ra1.6μm(4 处)	1×4	每一处超差扣 1 分		

续表

内容	序号	考核要求	配分	评分标准	自检	检测评分
侧压板1	12	(66±0.15)mm	2	超差全扣		
	13	$7^{+0.5}_{0}$mm(2处)	1×2	每一处超差扣1分		
	14	$16^{0}_{-0.052}$mm	2	超差全扣		
	15	⊥ 0.15 A	3			
	16	// 0.2 A	2			
	17	120°±6′	2			
	18	(28±0.2)mm	2			
	19	(50±0.2)mm	2			
	20	(8±0.2)mm(4处)	1×4	每一处超差扣1分		
	21	2×ϕ6H7	1×2	每一处超差扣1分		
	22	Ra1.6μm(2处)	1×2	每一处超差扣1分		
滑块	23	(66±0.15)mm	3	超差全扣		
	24	$28^{0}_{-0.052}$mm	3			
	25	⊥ 0.15 A	3			
	26	// 0.2 A	3			
	27	60°±6′(2处)	1×2	每一处超差扣1分		
	28	ϕ6H7	1	超差全扣		
	29	Ra1.6μm	1			
侧压板2	30	(66±0.15)mm	2			
	31	$7^{+0.5}_{0}$mm(2处)	1×2	每一处超差扣1分		
	32	$16^{0}_{-0.052}$mm	3	超差全扣		
	33	⊥ 0.15 A	2			
	34	// 0.2 A	2			
	35	120°±6′	2			
	36	(28±0.2)mm	2			
	37	(50±0.2)mm	2			
	38	(8±0.2)mm(4处)	1×4	每一处超差扣1分		
	39	2×ϕ6H7	1×2	每一处超差扣1分		
	40	Ra1.6μm(2处)	1×2	每一处超差扣1分		
装配	41	(66±0.3)mm	2	超差全扣		
	42	(60±0.3)mm	2			
其他	43	各任务中的表面粗糙度		酌情扣分		
班级		姓名	学号		总分	

项目实施

任务 1 底板制作

1. 任务分析

底板尺寸如图 1-24-2 所示。工件外形尺寸为 66mm×60mm×11mm，要求锉削长方体四面，平行度误差≤0.2mm，平面度≤0.05mm，锉纹方向一致；加工 4×M6 螺纹孔及中间长腰形孔，达到图样要求。工件毛坯尺寸为 67mm × 61mm × 11mm，材料为 Q235，其中两个大面已经机械加工。

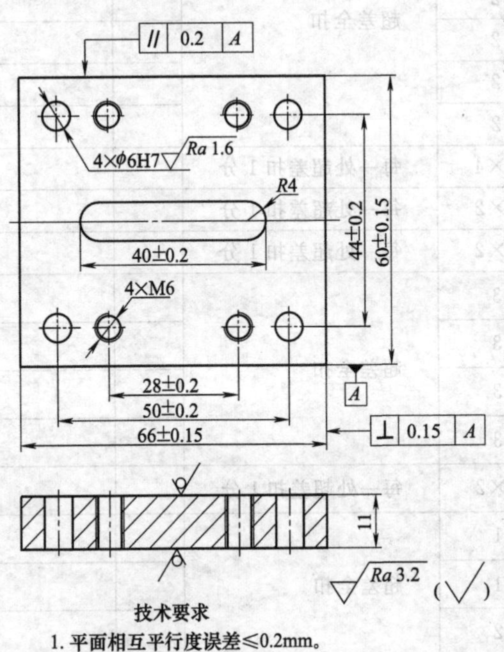

图 1-24-2 底板

2. 操作步骤

(1) 粗锉、精锉 A 侧面，保证与大面垂直度误差≤0.15mm、平面度误差≤0.05mm，锉纹方向一致。

(2) 粗锉、精锉 B 侧面，保证与 A 侧面、大面垂直度误差≤0.15mm、平面度误差≤0.05mm，锉纹方向一致。

(3) 按图 1-24-3 所示，分别以 A、B 为基准，用高度游标卡尺划出工件 66mm 和 60mm 的位置线，在线条上每隔 10～15mm 打出样冲眼，使锉削时尺寸线清晰可见。

(4) 粗锉、精锉长、短侧面，保证尺寸(60±0.15)mm、(66±0.15)mm，锉削平面的平行度误差≤0.2mm、平面度误差≤0.05mm，锉纹方向一致，表面粗糙度符合要求。

(5) 在长方体的大面上涂上蓝油，按图 1-24-2 所示，划出 4×M6 螺纹孔的位置线；按图 1-24-4 所示的尺寸，在工件表面上划出孔的位置线以及腰形孔形状线，并在划出的线条交点上打上样冲眼。

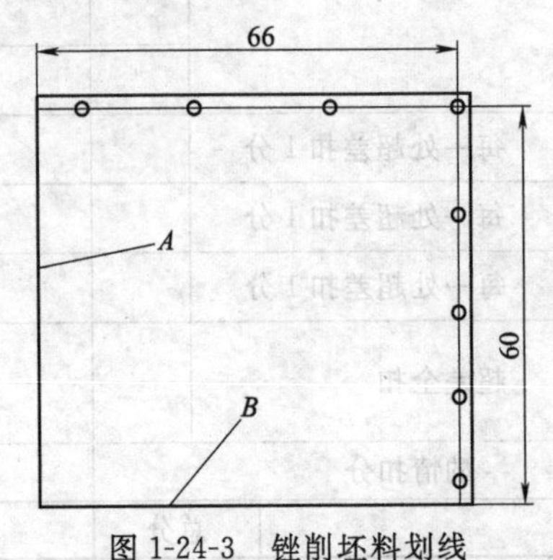

图 1-24-3 锉削坯料划线

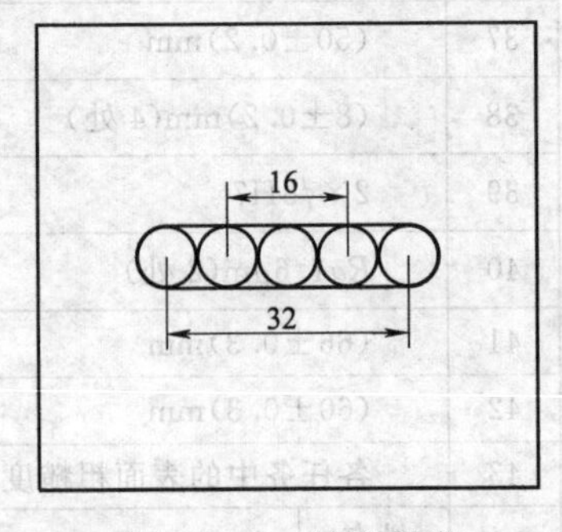

图 1-24-4 钻孔划线

(6) 钻4×M6螺纹孔底孔4×ϕ5mm，按图1-24-4所示，中间钻5×ϕ7.8mm孔，钻孔位置要正确。4×ϕ5mm孔口倒角。

(7) 锉削腰形孔。粗、精锉腰形孔，保证尺寸(40±0.2)mm，保证平行度、表面粗糙度要求。

(8) 攻4×M6螺纹。

3. 注意事项

(1) 划线前应检查毛坯尺寸并去毛刺，所涂蓝油应均匀。

(2) 划线时，高度游标尺的硬质合金划线脚不能撞击工件，以免损坏划线脚。

(3) 精锉时，锉纹应保持一致，锉纹方向为较长方向。

(4) 攻螺纹时，丝攻上应加少许润滑油。两手旋转用力要均匀，要经常倒转1/3～1/2圈，使切屑碎断，容易排出。感到两手转动铰杠用力大时，不可强行转动，应及时倒转丝攻或退出丝攻，排出铁屑后再继续加工。

(5) 4×ϕ6H7销钉孔暂不加工，待装配时配作。

(6) 加工完成后，各棱边倒钝。

任务2　侧压板1制作

1. 任务分析

侧压板1如图1-24-5所示。工件外形尺寸为66mm×22.35mm×11mm，要求锉削长方体四面，平行度误差≤0.2mm，平面度≤0.05mm，锉纹方向一致；加工两柱形沉孔，

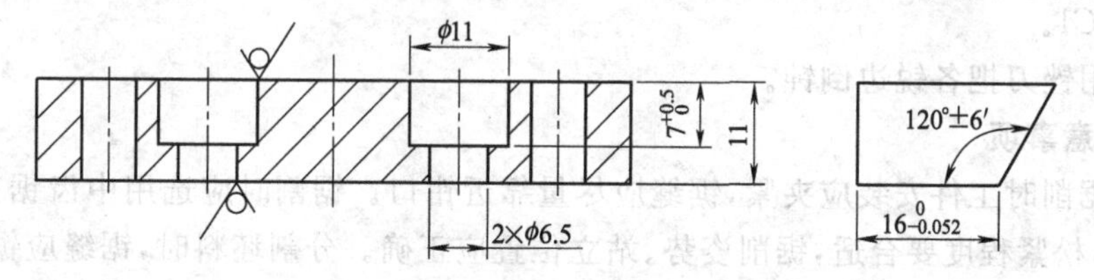

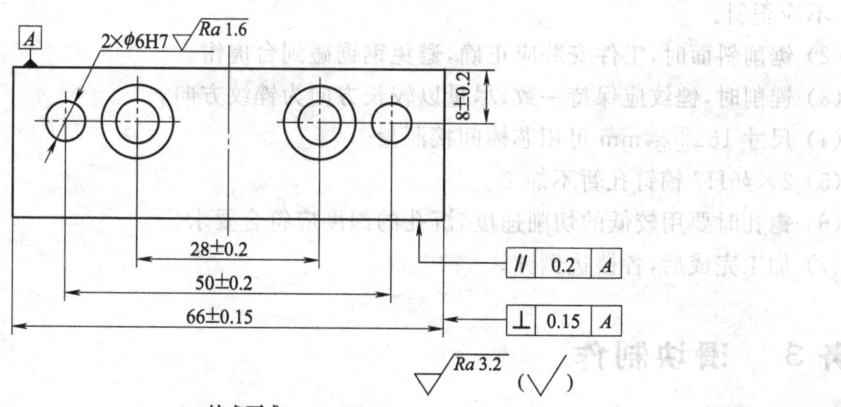

图1-24-5　侧压板1

达到图样要求。工件毛坯尺寸为 67mm×81mm×11mm，材料为 Q235，其中两个大面已经机械加工。

2. 操作步骤

(1) 分别粗锉、精锉 4 个侧面，保证宽度尺寸(66±0.15)mm、长度尺寸 80mm，锉削平面的平行度误差≤0.2mm、平面度误差≤0.05mm，垂直度误差≤0.15mm，锉纹方向一致，表面粗糙度符合要求。

(2) 工件划线。如图 1-24-6 所示，用高度游标卡尺划出工件 23mm 和 28mm 的位置线，在划出的线条上每隔 10～15mm 用样冲打出样冲眼。

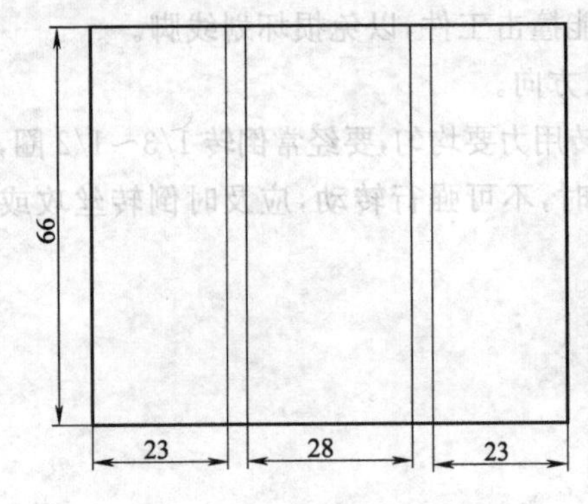

图 1-24-6　锉削坯料划线

(3) 分割坯料。在位置线中间，用钢锯锯割，把坯料分成三块。

(4) 在划线的平面上涂上蓝油，按图 1-24-5 所示，在长方体上划出 60°斜面位置线。

(5) 斜面锉削。锯削，粗、精锉斜面，保证尺寸 $16_{-0.052}^{0}$ mm、角度、平面度和表面粗糙度要求，锉纹方向一致。

(6) 按图 1-24-5 所示，划出两柱形沉孔及销钉孔的位置线，打上样冲眼。

(7) 在台钻上装上 ϕ6.5mm 钻头，钻 2×ϕ6.5mm 孔，更换 ϕ11mm 钻头，把扩孔至 6mm 左右深，换上用 ϕ11mm 钻头修磨成的锪钻，锪 ϕ11mm 沉孔至要求，用 ϕ13mm 钻头孔口倒角 $C1$。

(8) 用锉刀把各锐边倒钝。

3. 注意事项

(1) 锯削时工件安装应夹紧，锯缝应尽量靠近钳口。锯割时应选用中齿锯条，锯条装夹要正确，松紧程度要合适，锯削姿势、站立位置应正确。分割坯料时，锯缝应锯在位置线中间，不应歪斜。

(2) 锯削斜面时，工件安装应正确，避免钢锯碰到台虎钳。

(3) 锉削时，锉纹应保持一致，尽量以较长方向为锉纹方向。

(4) 尺寸 $16_{-0.052}^{0}$ mm 可用芯棒间接测量。

(5) 2×ϕ6H7 销钉孔暂不加工。

(6) 锪孔时要用较低的切削速度，沉孔的深度应符合要求。

(7) 加工完成后，各棱边倒钝。

任务 3　滑块制作

1. 任务分析

滑块如图 1-24-7 所示，要求锉削长方体两斜面，保证尺寸要求，平行度误差≤0.2mm，平面度≤0.05mm，锉纹方向一致；加工 ϕ6H7 销钉孔，达到图样要求。工件毛坯

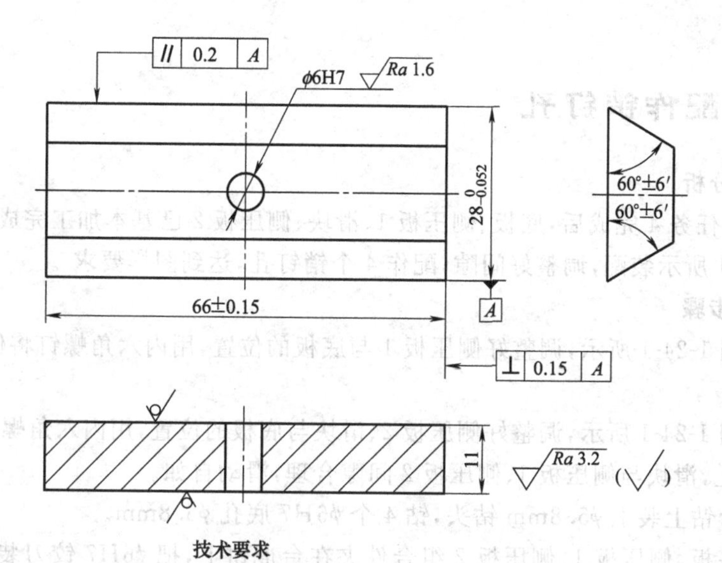

技术要求

1. 平面相互平行度误差≤0.2mm。
2. 平面度误差≤0.05mm。

图 1-24-7 滑块

为任务 2 分割下来中间的一块材料，尺寸约为 66mm×29mm×11mm。

2. 操作步骤

(1) 在划线平面上涂上蓝油，按图 1-24-7 所示，划出 60°两斜面位置线。

(2) 锯削，去除斜面部分余料，留锉削余量。

(3) 两斜面锉削。粗锉、精锉削两斜面，保证尺寸 $28_{-0.052}^{\ 0}$ mm、锉削平面的平行度误差≤0.2mm、平面度误差≤0.05mm，符合角度、表面粗糙度要求，锉纹方向一致。

(4) 按图 1-24-7 所示，划出 ϕ6H7 孔的加工位置，打上样冲眼，钻 ϕ5.8mm 底孔、铰 ϕ6H7 孔，保证孔位尺寸等至图纸要求。

(5) 用锉刀把各锐边倒钝。

3. 注意事项

(1) 划线时应仔细小心，正确使用划线工具，保证划线尺寸符合图样要求。

(2) 锯削斜面时，工件安装应正确，避免钢锯碰到台虎钳。

(3) 锉削过程中经常检测，做到心中有数；用刀口直角尺通过光隙法检测工件平面度时，在纵向、横向和对角方向多次检查，保证平面度≤0.05mm；测量垂直度时方法要正确。用游标卡尺测量侧面与相对面的平行度≤0.2mm。

(4) 正确使用工量具，保证尺寸、角度等测量正确。尺寸 $28_{-0.052}^{\ 0}$ mm 可用芯棒间接测量。

(5) 加工完成后，各棱边倒钝。

任务 4　侧压板 2 制作

侧压板 2 的制作方法和侧压板 1 相同，见任务 2。

任务5 配作销钉孔

1. 任务分析

任务1～任务4完成后，底板、侧压板1、滑块、侧压板2已基本加工完成，现需把各零件按图1-24-1所示装配，调整好间隙，配作4个销钉孔，达到图样要求 。

2. 操作步骤

(1) 按图1-24-1所示，调整好侧压板1与底板的位置，用内六角螺钉将侧压板1固定在底板上。

(2) 按图1-24-1所示，调整好侧压板2、滑块与底板的位置，用内六角螺钉将侧压板2固定在底板上，滑块与侧压板1、侧压板2间隙合理，滑动自如。

(3) 在台钻上装上ϕ5.8mm钻头，钻4个ϕ6H7底孔ϕ5.8mm。

(4) 把底板、侧压板1、侧压板2组合件夹在台虎钳上，把ϕ6H7铰刀装入铰杠夹紧，铰刀上加少许润滑油，垂直工件放入ϕ5.8mm孔内铰ϕ6H7孔。

(5) 拆开组合件后，用ϕ13mm钻头把底板、侧压板1、侧压板2上ϕ6H7孔口倒角$C1$。

3. 注意事项

(1) 把底板、侧压板1、滑块、侧压板用内六角螺钉固定在一起时，位置要正确，固定要牢靠。

(2) 钻孔时，钻头应对准孔中心冲眼，先钻一浅坑，检查校正孔位置后才能钻孔；要经常退钻排屑；孔将穿透时进给量应减小。

(3) 铰孔时，铰刀应垂直于工件，孔内应加少许润滑油，两手用力平稳而均匀，铰刀应作顺时针旋转，不能逆时针转动，应经常取出清除铁屑，避免铰刀被卡住。

任务6 装配

1. 任务分析

任务5完成后可进行组件的装配，装配图样如图1-24-1所示。按照装配图，装配时先装配滑块和销钉，再装配侧压板1、侧压板2。把所有工件按照装配关系叠合在一起，先装配销钉，再安装螺钉，螺钉拧紧后，要检查总长和总宽是否符合要求，如不符合，应进行必要的修整，使总长和总宽符合图样要求。

2. 操作步骤

(1) 去除滑块边缘毛刺，擦净上油。

(2) 将一支ϕ6H7销钉3用铜棒敲入工件3，如图1-24-8所示，使上端与工件平齐。

(3) 去除底板、侧压板1、侧压板2边缘毛刺，擦净上油。

(4) 如图1-24-1所示，按照装配关系，把底板、侧压板1、侧压板2合在一起，中间放置滑块，把4支ϕ6H7销钉1用铜棒敲入底板、侧压板1、侧压板2，如图1-24-9所示。

(5) 如图1-24-1所示，按照装配关系，装入4×M6沉头螺钉，用内六角扳手拧紧，如图1-24-10所示。

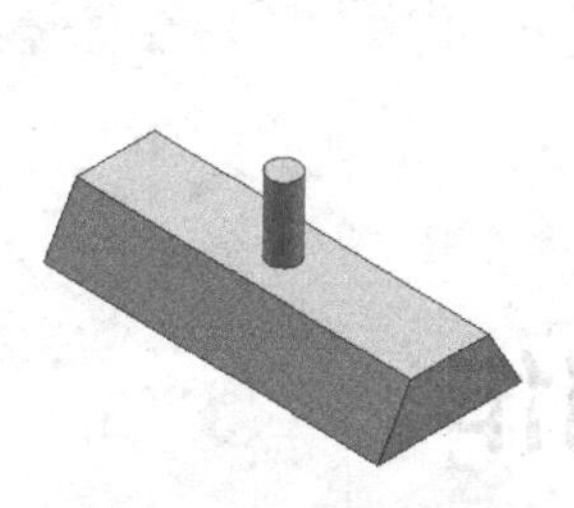
图 1-24-8　装配滑块销钉

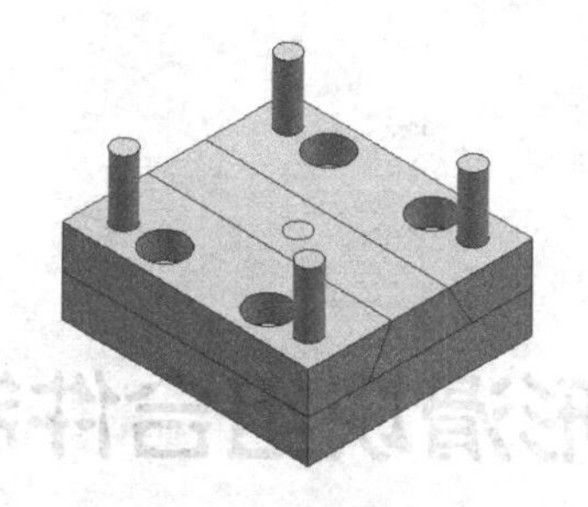
图 1-24-9　装配侧压板销

图 1-24-10　装配侧压板螺钉

3. 注意事项

(1) 所有零件在装配前应去除毛刺,清洗干净,表面涂上适量润滑油。装配时各零件应做好记号,方便今后拆装。

(2) 清洗工件前,先用 M6 丝攻去除螺纹孔内的杂物。

(3) 敲入销钉时应用铜棒,使用铜棒敲击时用力应均匀。

(4) 内六角螺钉固定要牢靠。

项目25

T形滑块组合件制作

项目目标

(1) 掌握T形滑块组合件划线方法(图1-25-1)。

(2) 掌握锯削方法。

(3) 掌握平面锉削方法。

(4) 掌握游标卡尺、刀口直角尺等量具的使用方法。

(5) 掌握通孔加工、沉孔加工、销钉孔加工、螺纹孔加工方法。

(6) 掌握T形滑块组合件的装配方法。

项目学习内容

在实施本项目各任务前，应分别学习第2篇单元2、单元3、单元5、单元6、单元7、单元8、单元9、单元10中的相关内容。

项目材料准备

材料毛坯尺寸为67mm×61mm×11mm和81mm×67mm×11mm的长方体，材料为Q235，其中4个大平面已机械加工；M6×20内六角螺钉4只，M6×10内六角螺钉2只。ϕ6×20圆柱销钉4只。

项目完成时间

项目完成时间为35学时左右，详见表1-25-1。

表1-25-1 项目各任务完成时间表

序号	任 务	操作时间/学时	序号	任 务	操作时间/学时
1	底板制作	10	4	侧压板2制作	6
2	侧压板1制作	9	5	配作销钉孔	4
3	滑块制作	5	6	装配	1

项目考核标准

T形滑块组合件制作评分标准见表1-25-2。

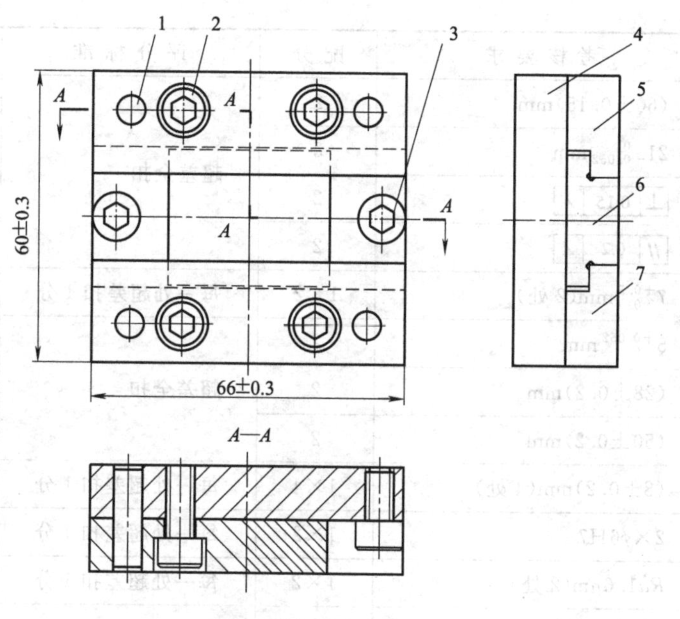

技术要求

1. 滑块在侧压板中滑动自如,无卡阻。
2. 滑块与侧压板的间隙≤0.04mm。
3. 外形无明显错位,符合图示尺寸要求。

图 1-25-1　T 形滑块组合件

1—销钉;2,3—内六角螺钉;4—底板;5—侧压板 1;6—滑块;7—侧压板 2

表 1-25-2　T 形滑块组合件制作评分表

内容	序号	考核要求	配分	评分标准	自检	检测评分
底板	1	(66±0.15)mm	3	超差全扣		
	2	(60±0.15)mm	3			
	3	⊥ 0.15 A	2			
	4	// 0.2 A	2			
	5	(28±0.2)mm(2 处)	1×2	每一处超差扣 1 分		
	6	(50±0.2)mm(2 处)	1×2	每一处超差扣 1 分		
	7	(44±0.2)mm(4 处)	1×4	每一处超差扣 1 分		
	8	(56±0.2)mm	2	超差全扣		
	9	4×ϕ6H7	1×4	每一处超差扣 1 分		
	10	6×M6	1×6	每一处超差扣 1 分		
	11	Ra1.6μm(4 处)	1×4	每一处超差扣 1 分		

续表

内容	序号	考核要求	配分	评分标准	自检	检测评分
侧压板1	12	(60±0.15)mm	2	超差全扣		
	13	$21_{-0.052}^{\ 0}$ mm	3			
	14	⊥ 0.15 A	2			
	15	// 0.2 A	2			
	16	$7_{\ 0}^{+0.5}$ mm(2处)	1×2	每一处超差扣1分		
	17	$5_{\ 0}^{+0.052}$ mm	2	超差全扣		
	18	(28±0.2)mm	2			
	19	(50±0.2)mm	2			
	20	(8±0.2)mm(4处)	1×4	每一处超差扣1分		
	21	2×ϕ6H7	1×2	每一处超差扣1分		
	22	Ra1.6μm(2处)	1×2	每一处超差扣1分		
滑块	23	(30±0.15)mm	2	超差全扣		
	24	(28±0.1)mm	2			
	25	$18_{-0.052}^{\ 0}$ mm	2			
	26	$5_{-0.052}^{\ 0}$ mm	2			
	27	⊥ 0.15 A	2			
	28	// 0.2 A	2			
侧压板2	29	(60±0.15)mm	2	超差全扣		
	30	$21_{-0.052}^{\ 0}$ mm	3			
	31	⊥ 0.15 A	2			
	32	// 0.2 A	2			
	33	$7_{\ 0}^{+0.5}$ mm(2处)	1×2	每一处超差扣1分		
	34	$5_{\ 0}^{+0.052}$ mm	2	超差全扣		
	35	(28±0.2)mm	2			
	36	(50±0.2)mm	2			
	37	(8±0.2)mm(4处)	1×4	每一处超差扣1分		
	38	2×ϕ6H7	1×2	每一处超差扣1分		
	39	Ra1.6μm(2处)	1×2	每一处超差扣1分		
装配	40	(66±0.3)mm	2	超差全扣		
	41	(60±0.3)mm	2			
其他	42	各任务中的表面粗糙度		酌情扣分		
班级		姓名	学号		总分	

项目实施

任务1　底板制作

1. 任务分析

底板尺寸如图1-25-2所示。工件外形尺寸为66mm×60mm×11mm，要求锉削长方体4个面，平行度误差≤0.2mm，平面度≤0.05mm，锉纹方向一致；加工6×M6螺纹孔，达到图样要求。工件毛坯尺寸为67mm×61mm×11mm，材料为Q235，其中两个大面已经机械加工。

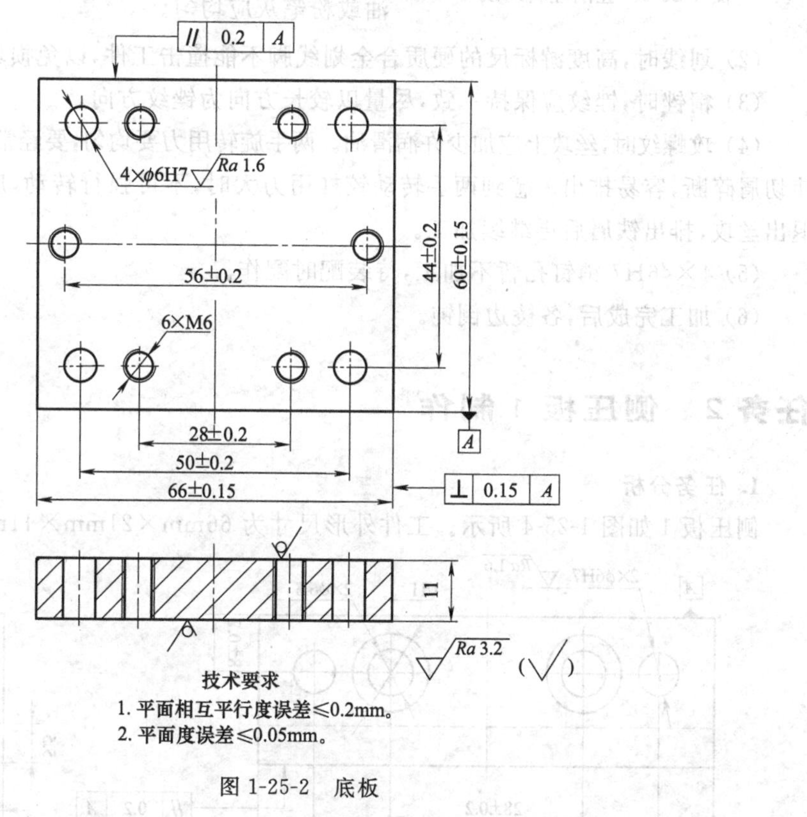

图1-25-2　底板

2. 操作步骤

(1) 粗锉、精锉 *A* 侧面，保证与大面垂直度误差≤0.15mm、平面度误差≤0.05mm，锉纹方向一致。

(2) 粗锉、精锉 *B* 侧面，保证与 *A* 侧面、大面垂直度误差≤0.15mm、平面度误差≤0.05mm，锉纹方向一致。

(3) 按图1-25-3所示，分别以 *A*、*B* 为基准，用高度游标卡尺划出工件66mm和60mm的位置线，在线条上每隔10～15mm打出样冲眼，使锉削时尺寸线清晰可见。

(4) 粗锉、精锉长、短侧面，保证尺寸(60±0.15)mm、(66±0.15)mm，锉削平面的平行度误差≤0.2mm、平面度误差≤0.05mm，锉纹方向一致，表面粗糙度符合要求。

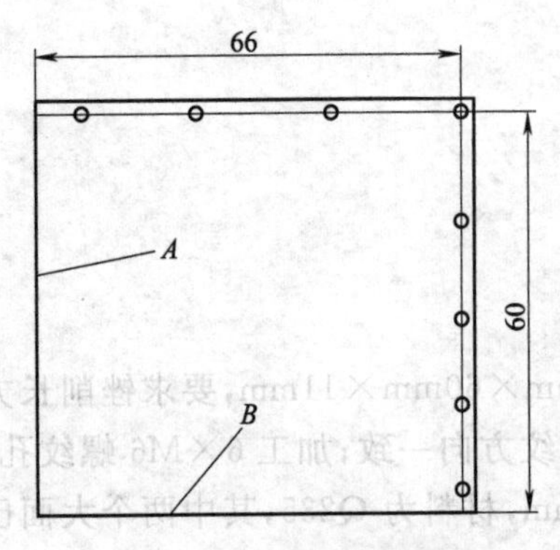

图 1-25-3 锉削坯料划线

(5) 在长方体的大面上涂上蓝油，按图 1-25-3 所示，划出 6×M6 螺纹孔的位置线，并在划出的线条交点上打上样冲眼。

(6) 钻 6×M6 螺纹孔底孔 6×ϕ5mm，钻孔位置要正确。6×ϕ5mm 孔口倒角。

(7) 攻 6×M6 螺纹。

(8) 各锐边倒钝。

3. 注意事项

(1) 划线前应检查毛坯尺寸并去毛刺，所涂蓝油或粉笔灰应均匀。

(2) 划线时，高度游标尺的硬质合金划线脚不能撞击工件，以免损坏划线脚。

(3) 精锉时，锉纹应保持一致，尽量以较长方向为锉纹方向。

(4) 攻螺纹时，丝攻上应加少许润滑油。两手旋转用力要均匀，要经常倒转 1/3～1/2 圈，使切屑碎断，容易排出。感到两手转动铰杠用力大时，不可强行转动，应及时倒转丝攻或退出丝攻，排出铁屑后再继续加工。

(5) 4×ϕ6H7 销钉孔暂不加工，待装配时配作。

(6) 加工完成后，各棱边倒钝。

任务 2 侧压板 1 制作

1. 任务分析

侧压板 1 如图 1-25-4 所示。工件外形尺寸为 66mm×21mm×11mm，要求锉削长方

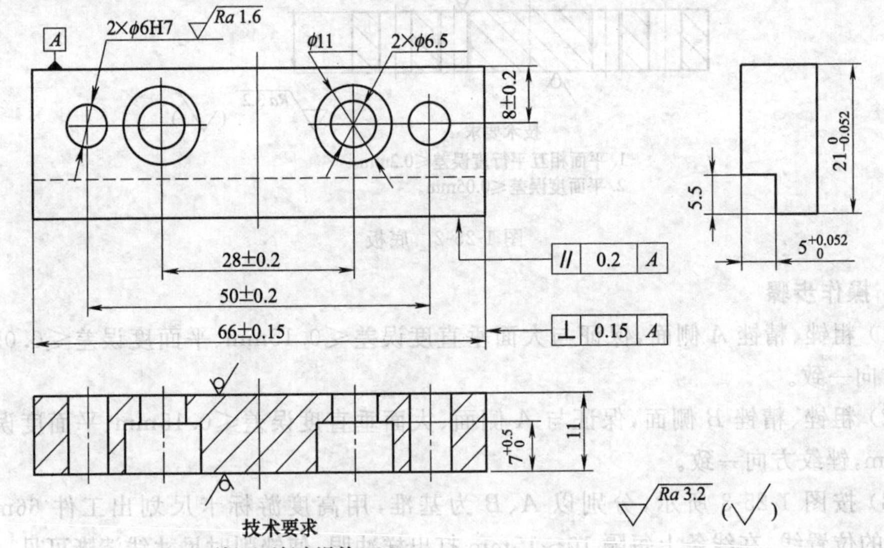

图 1-25-4 侧压板 1

体4个面，平行度误差≤0.2mm，平面度≤0.05mm，锉纹方向一致；加工两柱形沉孔，达到图样要求。工件毛坯尺寸为67mm×81mm×11mm，材料为Q235，其中两个大面已经机械加工。

2. 操作步骤

(1) 分别粗锉、精锉4个侧面，保证宽度尺寸(66±0.15)mm、长度尺寸80mm，锉削平面的平行度误差≤0.2mm、平面度误差≤0.05mm，垂直度误差≤0.15mm，锉纹方向一致，表面粗糙度符合要求。

(2) 工件划线。如图1-25-5所示。用高度游标卡尺划出工件23mm和28mm的位置线，在划出的线条上每隔10～15mm用样冲打出样冲眼。

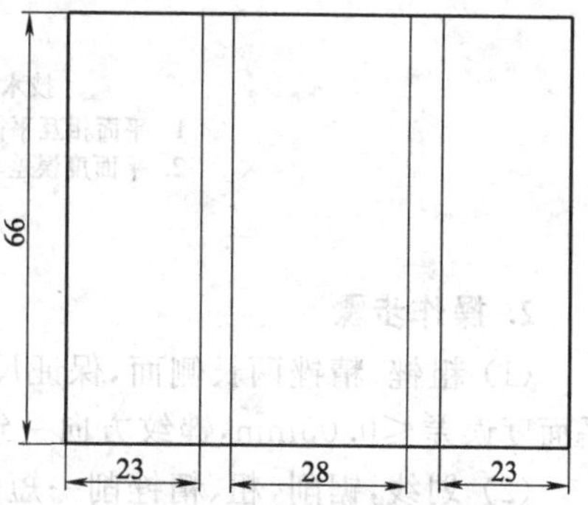

图1-25-5 锉削坯料划线

(3) 分割坯料。在位置线中间，用钢锯锯割，把坯料分成三块，每面留锉削余量。

(4) 粗锉、精锉长侧面，保证尺寸$21_{-0.052}^{\ 0}$mm，锉削平面的平行度误差≤0.2mm、平面度误差≤0.05mm，锉纹方向一致。

(5) 在划线的平面上涂上蓝油，按图1-25-4所示，在长方体上划出直角位置线。

(6) 直角面锉削。锯削，粗、精锉削直角面，保证图样所要求的$5_{\ 0}^{+0.052}$mm、5.5mm尺寸、平面度和表面粗糙度要求。

(7) 按图1-25-4所示，划出两柱形沉孔及销钉孔的位置线，打上样冲眼。

(8) 在台钻上装上ϕ6.5mm钻头，钻2×ϕ6.5mm孔，更换ϕ11mm钻头，把扩孔至6mm左右深，换上用ϕ11mm钻头修磨成的锪钻，锪ϕ11mm沉孔至要求，用ϕ13mm钻头孔口倒角$C1$。

(9) 用锉刀把各锐边倒钝。

3. 注意事项

(1) 锯割时应选用中齿锯条，锯条装夹要正确，松紧程度要合适，锯削姿势、站立位置应正确。锯削直角面时要小心，留有锉削余量。

(2) 直角面较小，需用修磨成锐角的锉刀锉削。

(3) 2×ϕ6H7销钉孔暂不加工。

(4) 锪孔时要用较低的切削速度，沉孔的深度应符合要求。

(5) 加工完成后，各棱边倒钝。

任务3 滑块制作

1. 任务分析

滑块如图1-25-6所示，要求锉削长方体两直角面及一端面，保证尺寸要求，平行度误差≤0.2mm，平面度≤0.05mm，锉纹方向一致，达到图样要求。工件毛坯为任务2分割下来中间的一块材料，尺寸约66mm×29mm×11mm。

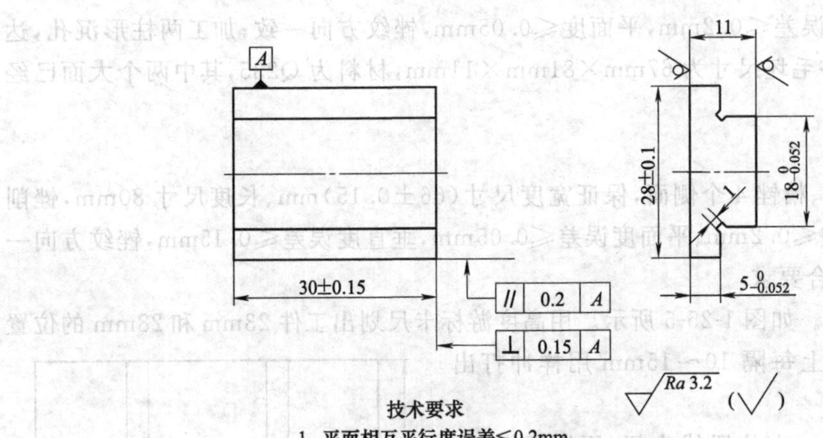

图 1-25-6 滑块

2. 操作步骤

(1) 粗锉、精锉两长侧面，保证尺寸(28±0.1)mm，锉削平面的平行度误差≤0.2mm、平面度误差≤0.05mm，锉纹方向一致。

(2) 划线，锯削，粗、精锉削一短侧面，保证(30±0.15)mm、垂直度、平面度和表面粗糙度要求。

(3) 在划线部位涂上蓝油，按图 1-25-6 所示，在长方体上划出两直角面位置线。

(4) 锯削，粗锉两直角面，每面留 0.2～0.3mm 的精锉余量。

(5) 用锯削方法在两直角处开工艺槽，槽深 1～2mm。

(6) 精锉两直角面，保证图样所要求的尺寸、平面度和表面粗糙度要求。

(7) 用锉刀把各锐边倒钝。

3. 注意事项

(1) 划线时应仔细小心，正确使用划线工具，保证划线尺寸符合图样要求。

(2) 直角面较小，需用修磨成锐角的锉刀锉削。

(3) 锉削过程中要经常检测，做到心中有数；用刀口直角尺通过光隙法检测工件平面度时，在纵向、横向和对角方向多次检查，保证平面度≤0.05mm；测量垂直度时方法要正确。

(4) 正确使用工量具，做到文明安全操作。

(5) 加工完成后，各棱边倒钝。

任务 4 侧压板 2 制作

侧压板 2 的制作方法和侧压板 1 相同，见任务 2。

任务 5 配作销钉孔

1. 任务分析

任务 1、任务 2、任务 3、任务 4 完成后，底板、侧压板 1、滑块、侧压板 2 已基本加工完成，现需把各零件按图 1-25-1 所示装配，调整好间隙，配作 4 个销钉孔，达到图样要求。

2. 操作步骤

(1) 按图 1-25-1 所示，调整好侧压板 1 与底板的位置，用内六角螺钉将侧压板 1 固定在底板上。

(2) 按图 1-25-1 所示，调整好侧压板 2、滑块与底板的位置，用内六角螺钉将侧压板 2 固定在底板上，滑块与侧压板 1、侧压板 2 间隙合理，滑动自如。

(3) 在台钻上装上 $\phi5.8$mm 钻头，钻 4 个 $\phi6$H7 底孔 $\phi5.8$mm。

(4) 把底板、侧压板 1、侧压板 2 组合件夹在台虎钳上，把 $\phi6$H7 铰刀装入铰杠夹紧，铰刀上加少许润滑油，垂直工件放入 $\phi5.8$mm 孔内铰 $\phi6$H7 孔。

(5) 拆开组合件后，用 $\phi13$mm 钻头把底板、侧压板 1、侧压板 2 上 $\phi6$H7 孔口倒角 $C1$。

3. 注意事项

(1) 把底板、侧压板 1、滑块、侧压板 2 用内六角螺钉固定在一起时，位置要正确，固定要牢靠。

(2) 钻孔时，钻头应对准孔中心冲眼，先钻一浅坑，检查校正孔位置后才能钻孔；要经常退钻排屑；孔将穿透时进给量应减小。

(3) 铰孔时，铰刀应垂直于工件，孔内应加少许润滑油，两手用力平稳而均匀，铰刀应作顺时针旋转，不能逆时针转动，应经常取出清除铁屑，避免铰刀被卡住。

任务 6　装配

1. 任务分析

任务 5 完成后可进行组合件的装配，装配图样如图 1-25-1 所示。按照装配图，装配时先装配侧压板 1，再装侧压板 2。装配时，先装入销钉，再安装螺钉，螺钉拧紧后，要检查总长和总宽是否符合要求，如不符合，应进行必要的修整，使总长和总宽符合图样要求。

2. 操作步骤

(1) 去除滑块边缘毛刺，擦净上油。

(2) 去除底板、侧压板 1、侧压板 2 边缘毛刺，擦净上油。

(3) 如图 1-25-1 所示，按照装配关系，把底板、侧压板 1、侧压板 2 合在一起，中间放置滑块，把 4 支 $\phi6$H7 销钉 1 用铜棒敲入底板、侧压板 1、侧压板 2，如图 1-25-7 所示。

(4) 如图 1-25-1 所示，按照装配关系，装入 6×M6 沉头螺钉，用内六角扳手拧紧，如图 1-25-8 所示。

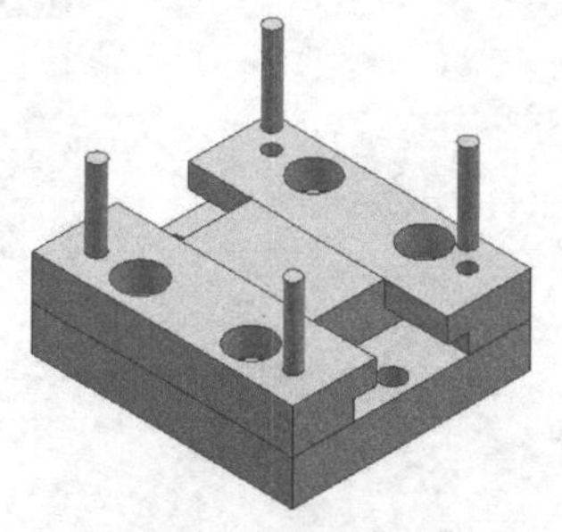

图 1-25-7　装配侧压板销

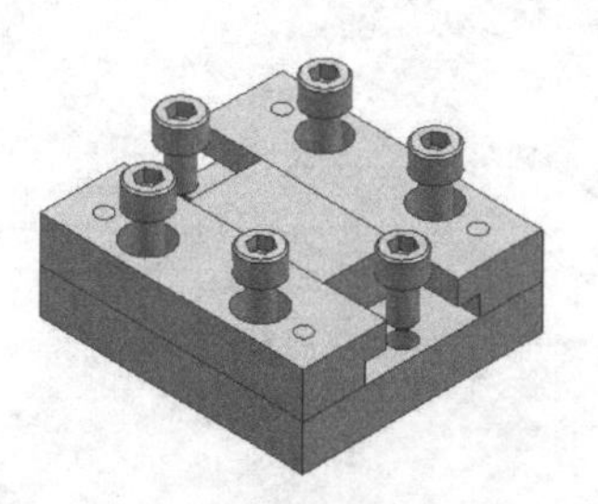

图 1-25-8　装配侧压板螺钉

3. 注意事项

(1) 所有零件在装配前应去除毛刺，清洗干净，表面涂上适量润滑油。装配时各零件应做好记号，方便今后拆装。

(2) 清洗工件前，先用 M6 丝攻去除螺纹孔内的杂物。

(3) 敲入销钉时应用铜棒，使用铜棒敲击时用力应均匀。

(4) 内六角螺钉固定要牢靠。

项目26

接头倒装复合模装配

项目目标

(1) 了解倒装复合模的制造过程。

(2) 学习、巩固倒装复合模的理论知识。

(3) 熟悉钳工装配模具常用的工具。

(4) 掌握接头倒装复合模装配过程中零件的补充加工方法。

(5) 掌握接头倒装复合模的装配方法。

项目学习内容

在实施本项目各任务前，应分别学习第2篇单元2、单元3、单元5、单元6、单元8、单元9、单元10中的相关内容，并且须学习冷冲压模具教材、专业书及相关手册，具有倒装复合模的专业理论知识，阅读接头倒装复合模图样，熟悉接头倒装复合模的结构。

项目材料准备

在实施本项目各任务前，需准备好整套合格的接头倒装复合模零件，如图1-26-1所示。

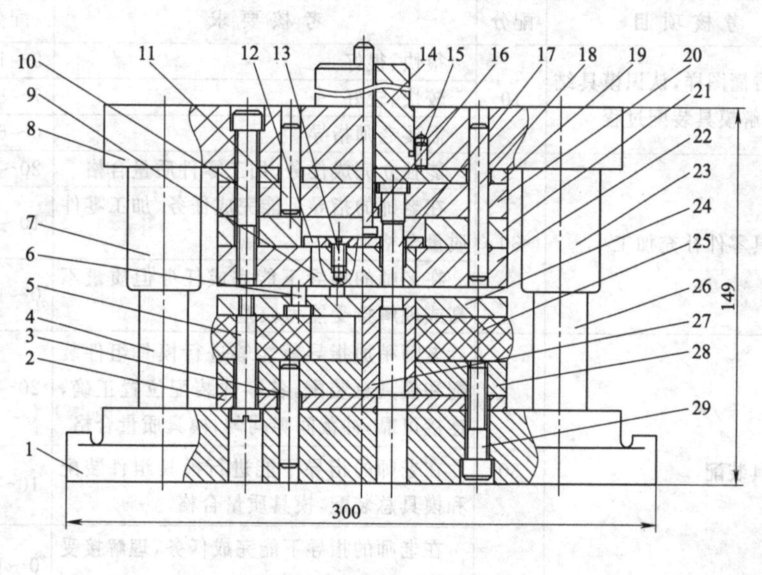

图1-26-1 接头倒装复合模

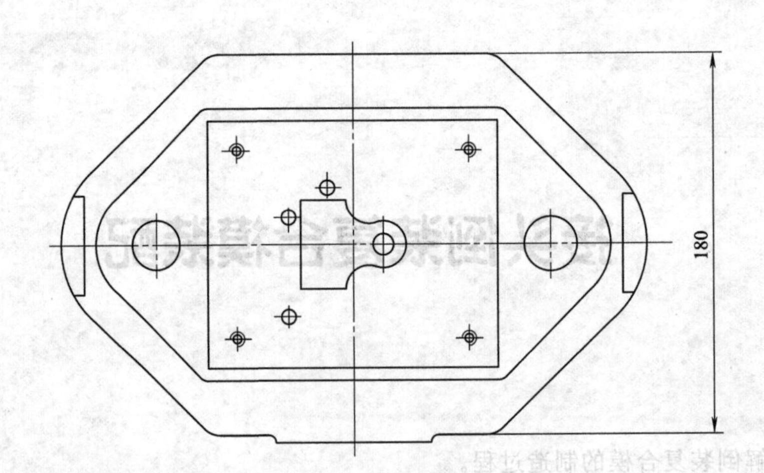

图 1-26-1(续)

1—下模座；2,12,19—垫板；3,11,15,18—圆柱销；4,26—导柱；5—卸料螺钉；
6—挡料销；7,23—导套；8—上模座；9—推块；10,29—内六角螺钉；13—螺钉；
14—模柄；16—打杆；17—凸模；20,28—固定板；21—空心垫板；22—凹模；
24—卸料板；25—橡皮；27—凸凹模

项目完成时间

接头倒装复合模装配时间为 20～30 学时。

项目考核标准

接头倒装复合模装配的评分标准见表 1-26-1。

表 1-26-1 接头倒装复合模装配评分表

序号	考核项目	配分	考核要求	配分	得分
1	能看懂图样，认识模具结构，了解模具装配过程	10	很快、很好	9～10	
			较快、较好	7～8	
			需要老师指导	0～6	
2	模具零件补充加工	30	能独立完成任务、加工零件质量合格	20～30	
			在老师的指导下能完成任务、加工零件质量合格	10～20	
			在老师的指导下能完成任务但质量不高或理解接受能力较差	0～10	
3	模具装配	30	老师稍加指导就能够进行模具组件装配和模具总装配，各零件装配位置正确，连接可靠，冲裁间隙均匀，模具质量合格	20～30	
			在老师的指导下能进行模具组件装配和模具总装配，模具质量合格	10～20	
			在老师的指导下能完成任务，理解接受能力、动手能力较差	0～10	

续表

序号	考核项目	配分	考核要求	配分	得分
4	装配工具使用及操作规范	20	能够正确、熟练使用钳工装配工具装配模具，操作安全、规范	15～20	
			在老师的指导下能够正确使用钳工装配工具装配模具，操作安全、规范	10～15	
			使用钳工装配工具不规范，操作不正确或安全操作不够	0～10	
5	实训态度	10	认真	9～10	
			比较认真	6～8	
			不太认真	0～5	
安全、文明实训			酌情扣分，最多扣10分		
班级		姓名		学号	总分

项目实施

图1-26-1为接头倒装复合模。该模具采用凹模装在上模的倒装复合模，冲件为1mm厚的铝板料，如图1-26-2所示。上模部分主要由冲孔凸模17、凹模22、空心垫板21、凸模固定板20、推块9、垫板19等组成。内六角螺钉10把凹模、空心垫板、凸模固定板、垫板等固定在上模座8上，圆柱销11、18确定凹模、凸模与凸凹模间的相对位置。下模部分主要由凸凹模27、固定板28、垫板2、卸料板24、挡料销6等组成。内六角螺钉29把固定板、垫板等固定在下模座1上，圆柱销3确定凸凹模与凹模、凸模间的相对位置。卸料螺钉5确定卸料板上下移动位置，挡料销6确定条料的模具上的位置，保证合理的搭边值，冲裁出合格的接头零件。

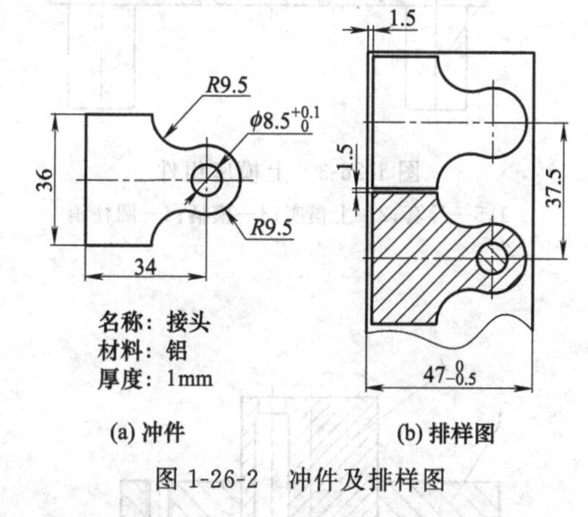

图1-26-2　冲件及排样图

冲裁时，条料放在卸料板24上，当冲床滑块下降时，冲孔凸模17与落料凹模22随着下降，冲孔凸模17、落料凹模22与凸凹模27相互作用，同时在条料上完成冲孔落料。冲孔的废料从凸凹模孔中落下。当冲床滑块上升时，在打杆16、推块9的作用下，冲件从上模落料凹模的孔中和冲孔凸模上顶出来。卸料板在橡皮的作用下上升，将冲裁后的条料从凸凹模27上推出。每当条料送上一个步距时，即能冲出一个接头零件。

装配接头倒装复合模时，应保证冲孔凸模、凹模、凸凹模等零件的装配精度要求，特别应注意保证冲孔凸模和凸凹模上的凹模孔、凸凹模外形与落料凹模间的冲裁间隙均匀一致。

任务 1 组件装配

1. 任务分析

接头倒装复合模的组件有模柄与上模座组件、凸模与固定板组件、凸凹模与固定板组件、推块与垫板组件，要求按照装配工艺，完成各组件的装配。模柄上模座组件由模柄、上模座、防转销组成，需把模柄装入上模座孔中，装入防转销，下表面磨平，如图 1-26-3 所示。凸模与凸模固定板组件由凸模、凸模固定板组成，需把凸模装入凸模固定板孔中，上表面磨平，如图 1-26-4 所示。凸凹模与凸凹模固定板组件由凸凹模、凸凹模固定板组成，需把凸凹模装入凸凹模固定板孔中，下表面磨平，如图 1-26-5 所示。推块与垫板组件由推块、垫板、沉头螺钉组成，用沉头螺钉把推块与垫板紧固即可，如图 1-26-6 所示。

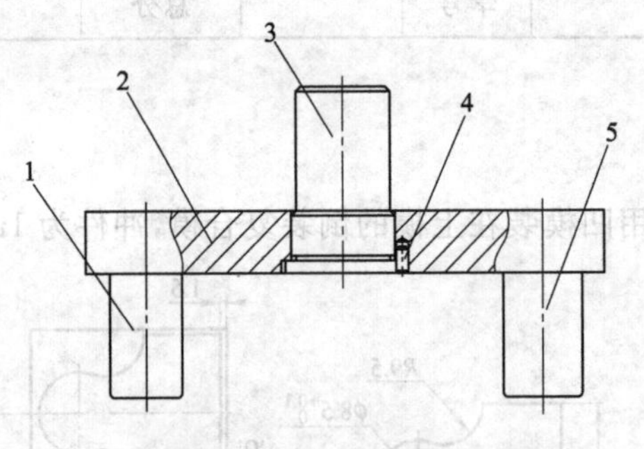

图 1-26-3 上模座组件

1,5—导套；2—上模座；3—模柄；4—圆柱销

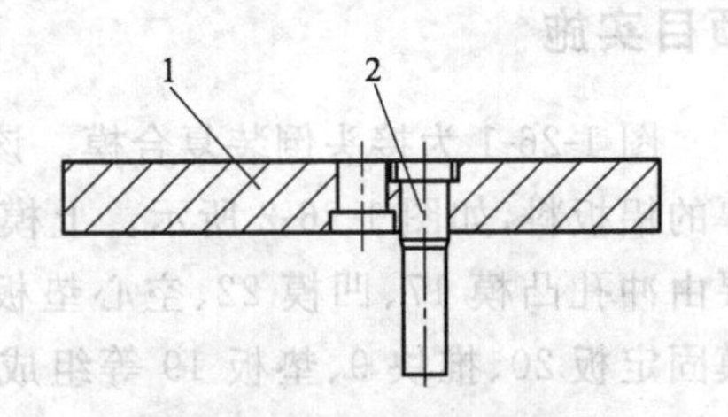

图 1-26-4 凸模组件

1—固定板；2—凸模

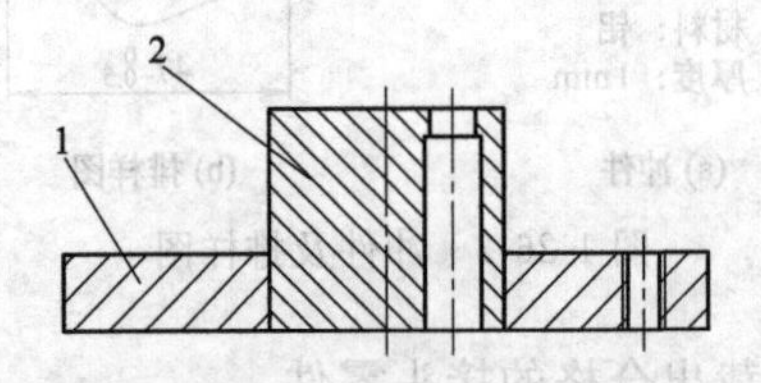

图 1-26-5 凸凹模组件

1—凸凹模固定板；2—凸凹模

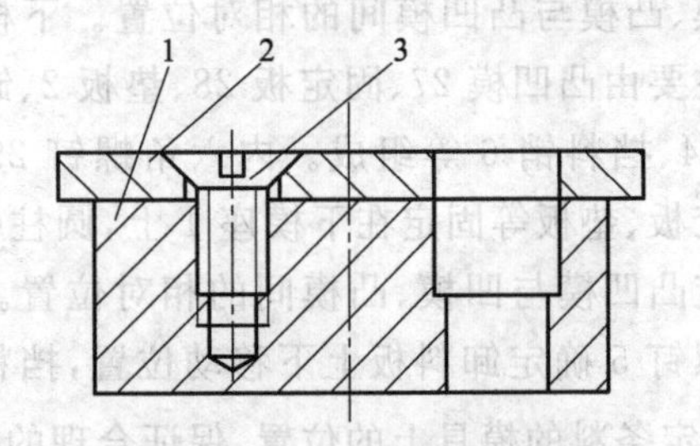

图 1-26-6 推块组件

1—推块；2—垫板；3—沉头螺钉

2. 操作步骤

(1) 模柄与上模座组件装配

① 去除模柄、上模座孔边缘毛刺，擦净上油。

② 将模柄用铜棒敲入上模座模柄孔中 2～5mm，检查模柄的垂直度，如垂直，用压力机将模柄压入上模座模柄孔中；如不垂直，敲出重新装配。

③ 在台钻上钻铰 ϕ5mm 圆柱销孔，用锤敲入防转销。

④ 在磨床上把模柄端面与上模座底面一齐磨平。

(2) 凸模与凸模固定板组件装配

① 去除凸模工艺夹头,两端在砂轮上初步磨平。

② 去除凸模固定板孔口边缘毛刺,擦净上油。

③ 将凸模用铜棒敲入凸模固定板孔中2～5mm,检查凸模的垂直度,如垂直,将凸模用锤敲入或用压力机压入凸模固定板孔中;如不垂直,敲出重新装配。再次检查凸模的垂直度,如不垂直,敲出重新装配。

④ 在磨床上把凸模尾部端面与凸模固定板上平面一齐磨平,并磨出凸模刀口。

(3) 凸凹模与凸凹模固定板组件装配

① 将钳工研磨后凸凹模清洗干净,擦净上油。

② 去除凸凹模固定板孔口边缘毛刺,擦净上油。

③ 将凸凹模用铜棒敲入凸凹模固定板孔中2～5mm,检查凸凹模的垂直度,如垂直,将凸凹模用铜棒敲入或用压力机压入凸凹模固定板孔中;如不垂直,敲出重新装配。再次检查凸凹模的垂直度,如不垂直,敲出重新装配。

④ 在磨床上把凸凹模尾部端面与凸凹模固定板下平面一齐磨平,并磨出凸凹模刀口。

(4) 推块与垫板组件装配

① 将推块、垫板清洗干净,擦净上油。

② 把推块与垫板按装配关系叠放在一起,装上沉头螺钉,用起子拧紧。

3. 注意事项

(1) 检查模柄垂直度要多个位置检测,垂直度误差≤0.05mm。

(2) 钻圆柱销孔前,样冲眼不应打在模柄与上模座孔的接缝中,应打在模柄的边缘。圆柱销孔可采用钻、铰或钻、扩方法完成。

(3) 检查凸模垂直度、凸凹模垂直度要多个位置检测,垂直度误差≤0.03mm。

(4) 如果凸模装入凸模固定板孔内较松,可在凸模四周挤紧,并检查、保证凸模垂直度。

(5) 磨凸模刀口时,凸模刀口平面到凸模固定板下平面间的尺寸,应等于凹模和空心垫板厚度。

(6) 凸凹模装入凸凹模固定板时,应注意装配方向,不能使刃口端装入凸凹模固定板。凸凹模装入凸凹模固定板后应在凸凹模四周挤紧,并检查、保证凸凹模垂直度。

(7) 装配推块组件前,应先用M6丝攻去除螺纹孔内的杂物,清洗推块。用起子拧紧沉头螺钉时,方法正确,用力应均匀。

(8) 装配前所有零件必须清洗干净,擦净后上油。

任务2　总装配

1. 任务分析

接头倒装复合模总装配图,如图1-26-1所示。在接头倒装复合模零件加工完成、组件装配结束之后,即可进行模具总装配。即把凸凹模组件、凹模、凸模组件、卸料板、空心垫板、上垫板、下垫板、推块、卸料螺钉、挡料销、打杆等所有零件,按照接头倒装复合模各零件的装配位置关系，进行模具总装配，达到图样要求。总装配可分下模装配和上模装配。下模装配主要是完成凸凹模固定板、下垫板、下模座上的螺钉过孔、销钉孔等加工，并完成这些零部件的装配。上模装配主要是完成凸模固定板、上垫板、空心垫板、上模座上的螺钉过孔、销钉孔加工，并完成这些零部件的装配。

2. 操作步骤

(1) 下模装配

① 把卸料板 24 套在凸凹模 27 上，与凸凹模固定板 28 一起用平行夹头夹住，用 ϕ5mm 钻头从卸料板 24 的 M6 螺纹孔中，向凸凹模固定板引钻浅坑，确定卸料螺钉过孔位置，引钻完成后拆开。

② 将上模座 8 下平面朝上放在等高垫铁上，装上上垫板 19、凸模组件(17、20)，确定好位置，用平行夹头将它们夹紧，钻铰 ϕ8mm 圆柱销钉孔，装入圆柱销 11。

③ 把步骤②装配好的圆柱销 11 的上模部件凸模朝上放在等高垫铁上，在凸模固定板 20 上垫上平行垫铁，按装配位置关系，依次装上凸凹模组件(27、28)、下垫板 2、下模座 1，确定好位置，用平行夹头初步夹紧，调整好凸模与凸凹模凹模孔的间隙，用平行夹头夹紧后上下模分开。

④ 用 ϕ6.8mm 的钻头在凸凹模固定板 28 的 M8 螺纹孔中，向下垫板 2 及下模座 1 上引钻螺钉过孔；由凸凹模固定板 28，向下垫板 2 及下模座 1 一起钻卸料螺钉过孔；用 ϕ8.5mm 的钻头从凸凹模的凹模孔中向下垫板 2 及下模座 1 引钻，确定漏料孔位置；用 ϕ7.8mm 的钻头、ϕ8mm 铰刀，钻、铰 ϕ8mm 销钉孔。完成后拆开，分别完成凸凹模固定板、下垫板，下模座上螺钉过孔、沉孔、卸料螺钉孔、漏料孔等的加工，孔口倒角。

⑤ 把凸凹模组件(27、28)、垫板 2 按装配位置叠放在一起，装在下模座 1 上，打入圆柱销 3，紧固内六角螺钉 29。

⑥ 待上模装配完成后，装上卸料板 24、挡料销 6、橡皮 25、卸料螺钉 5。合上上、下模，装配完成。

(2) 上模装配

① 将下模装配步骤⑤完成的下模部分放在平板上，在凸凹模固定板 28 上垫上平行垫铁，将凹模 22 套在凸凹模上，装上空心垫板 21、下模装配步骤②装配好圆柱销 11 的上模部件，用平行夹头将它们初步夹紧，并用“切纸法”找正凸凹模与凹模间的间隙，夹紧平行夹头，钻、铰 2×ϕ8mm 销钉孔，引钻确定各螺钉孔位置。

② 完成后拆开上模，分别加工上模座 8、上垫板 19、凸模固定板 20、空心垫板 21 上的螺钉过孔及沉孔等，倒角去毛刺。

③ 将上模座放在平行垫铁上，依次装上上垫板 19、凸模组件(17、20)、圆柱销 11、空心垫板 21、打杆 16、推块组件(9、12、13)，凹模 22、圆柱销 18、紧固内六角螺钉 10，上模即装配完毕。

3. 注意事项

(1) 装配前应准备好装配中需用的工具、夹具和量具，并对下模座、销钉等标准零件及加工好的模具非标准零件进行检查，合格后才能进行装配。

(2) 所有零件在装配前应去除毛刺，表面涂上适量润滑油。装配时各零件应做好记号，以方便今后拆装。

(3) 用“切纸法”调整凸模与凸凹模、凸凹模与凹模孔的间隙时，应小心、仔细，使凸凹模与凹模之间间隙均匀一致。敲击模具零件时应用软手锤或铜棒，并且应使凸模进入凹模孔内，避免敲过头而损坏刃口。间隙调整好后方可加工定位销钉孔。

(4) 紧固内六角螺钉时，应对角均匀拧紧。

(5) 在下模装配步骤④完成零件加工后，可将下垫板 2 进行热处理淬硬，磨平两大平面后，再进行装配步骤⑤。在上模装配装配步骤②完成零件加工后，可将上垫板 19 进行热处理淬硬，磨平两大平面后，再进行装配步骤③。或者整副模具间隙调整好后，拆下上、下垫板进行热处理淬硬，磨平两大平面后再装配。

(6) 待上模装配完成后，再完成下模卸料板等零件的装配。装配时橡皮的长度、宽度及厚度要适当，保证有足够的卸料力。

(7) 模具装配过程中，如刃口有损坏，可在磨床上刃磨锋利。

(8) 接头倒装复合模装配完成后，选用合适的冲床，将接头倒装复合模进行安装试模，冲压件合格后，接头倒装复合模装配完成。

(9) 装配时要遵守安全操作规程，确保操作安全、模具质量合格。

项目27

管卡级进模装配

项目目标

(1) 了解管卡级进模的制造过程。

(2) 学习、巩固级进模的理论知识。

(3) 熟悉钳工装配工具的使用。

(4) 掌握管卡级进模装配过程中零件的补充加工方法。

(5) 掌握管卡级进模的装配方法。

项目学习内容

在实施本项目各任务前,应分别学习第2篇单元2、单元3、单元5、单元6、单元8、单元9、单元10中的相关内容,并且须学习冷冲压模具教材、专业书及相关手册,具有级进模的专业理论知识,阅读管卡级进模具图样,熟悉管卡级进模具的结构。

项目材料准备

在实施本项目各任务前,需准备好整套合格的管卡级进模具零件。

项目完成时间

管卡级进模装配时间为20～30学时。

项目考核标准

管卡级进模装配的评分标准,可参见项目26中表1-26-1接头倒装复合模装配的评分标准。

项目实施

管卡级进模如图1-27-1所示,工件为1mm厚的08钢。图1-27-2为冲件及排样图。管卡冲裁模具,采用单侧刃初定位,导正销精定位的级进模具。上模部分主要由冲孔圆凸模22、落料凸模19、固定板11、垫板12、侧刃20、导正销10、卸料板7等组成。内六角螺钉14把凸模固定板、垫板等固定在上模座9上,圆柱销13确定凸模与上模座间的相对位置。卸料螺钉21确定卸料板的上下移动位置。冲裁时,侧刃20初步定位,导正销10精确确定条料的模具上的位置,保证冲出合格的管卡零件。下模部分主要由下模座1,凹模

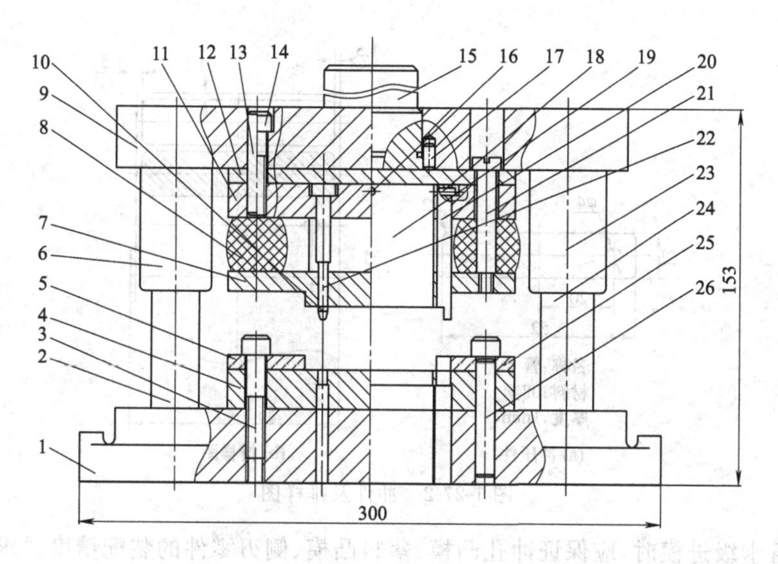

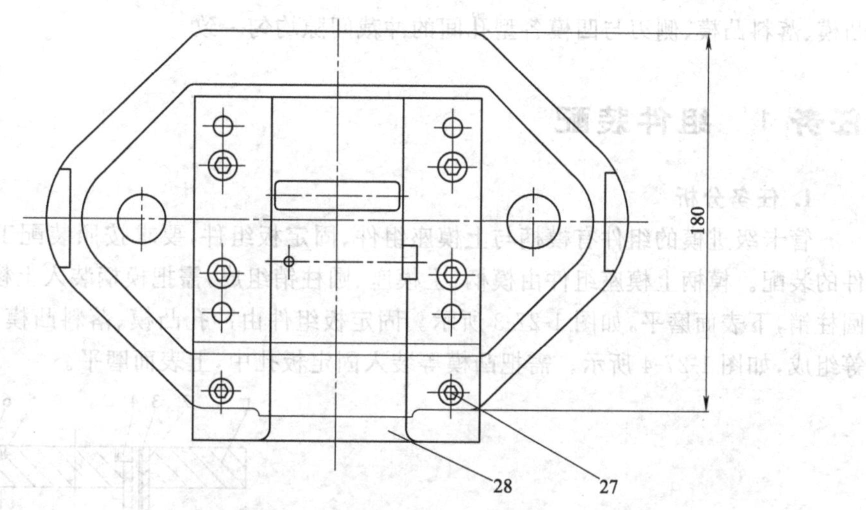

图 1-27-1 管卡级进模

1—下模座；2，24—导柱；3，14，27—内六角螺钉；4—凹模；5，25—导料板；6，23—导套；7—卸料板；8—橡皮；9—上模座；10—导正销；11—固定板；12—垫板；13，16，17，18，26—圆柱销；15—模柄；19—落料凸模；20—侧刃；21—卸料螺钉；22—圆凸模；28—承料板

4，导料板 5、25，承料板 28 等组成。内六角螺钉 3 把导料板、凹模固定在下模座 1 上，圆柱销 26 确定凹模与下模座间的相对位置。

冲裁时，条料放在凹模 4 上，由导料板 5、25 导向，当冲床滑块下降时，冲孔圆凸模 22 在条料上冲出一个孔，同时侧刃 20 冲出一个步距长度的切口；冲床滑块第二次下降时，冲孔圆凸模 22 在条料上又冲出一个孔，侧刃 20 又冲出一个步距长度的切口；冲床滑块第三次下降时，冲孔圆凸模 22 继续在条料上冲出一个孔，侧刃 20 冲出一个步距长度的切口，同时落料凸模 19 冲出一个完整的管卡工件。废料及工件都从凹模孔中落下，冲裁后的条料由卸料板在橡皮的作用下从凸模上推出。从第三步开始，每当条料送上一个步距时，即能冲出一个管卡工件。

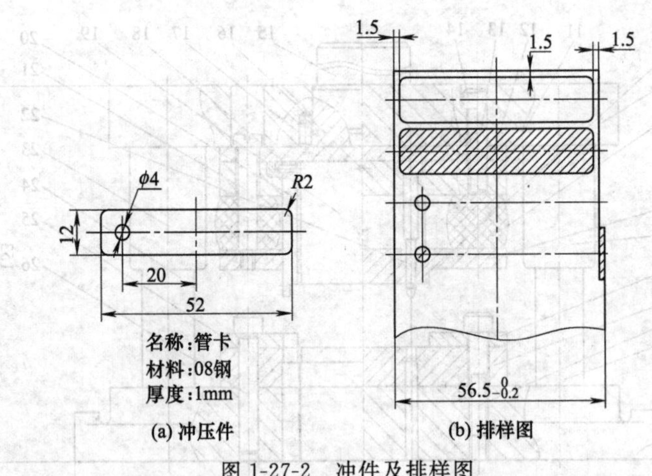

图 1-27-2 冲件及排样图

装配管卡级进模时，应保证冲孔凸模、落料凸模、侧刃零件的装配精度要求，保证冲孔凸模、落料凸模、侧刃与凹模各型孔间的冲裁间隙均匀一致。

任务 1 组件装配

1. 任务分析

管卡级进模的组件有模柄与上模座组件、固定板组件，要求按照装配工艺，完成各组件的装配。模柄上模座组件由模柄、上模座、圆柱销组成，需把模柄装入上模座孔中，装入圆柱销，下表面磨平，如图 1-27-3 所示。固定板组件由冲孔凸模、落料凸模、侧刃、固定板等组成，如图 1-27-4 所示。需把凸模等装入固定板孔中，上表面磨平。

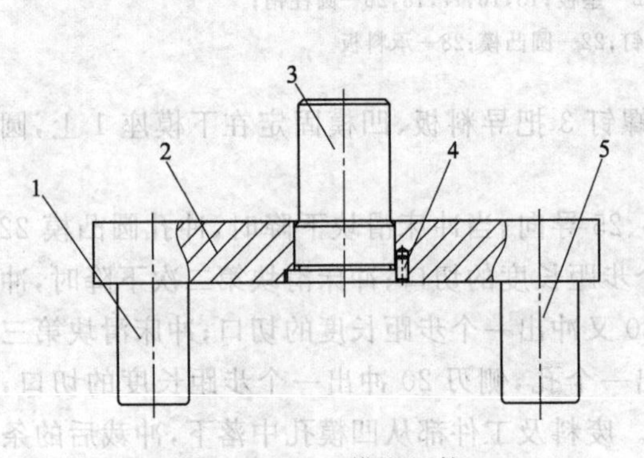

图 1-27-3 上模座组件

1,5—导套；2—上模座；3—模柄；4—圆柱销

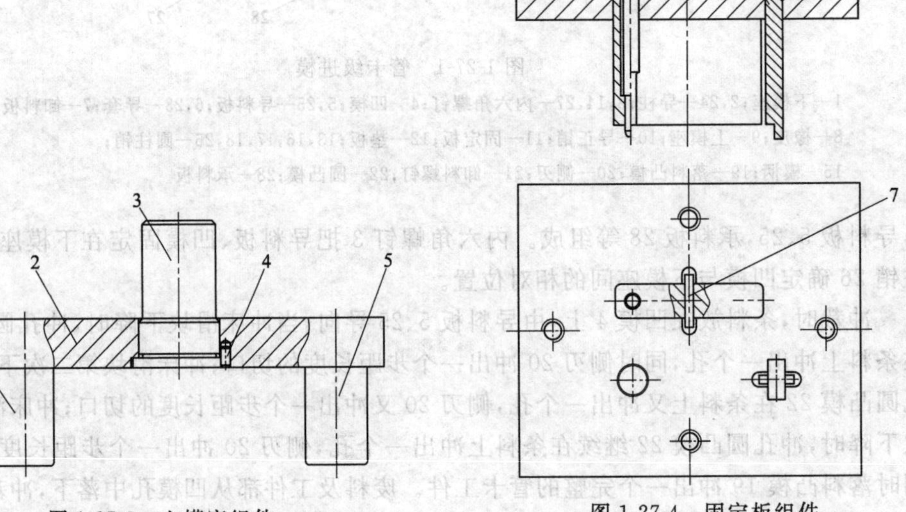

图 1-27-4 固定板组件

1—固定板；2—凸模；3—导正销；4—圆凸模；5—侧刃；6,7—圆柱销

2. 操作步骤

(1) 模柄与上模座组件装配

① 去除模柄、上模座孔边缘毛刺,擦净上油。

② 将模柄用铜棒敲入上模座模柄孔中 2～5mm,检查模柄的垂直度,如垂直,用压力机将模柄压入上模座模柄孔中;如不垂直,敲出重新装配。

③ 在台钻上钻铰 ϕ5mm 防转销孔,用锤敲入防转销。

④ 在磨床上把模柄端面与上模座底面一齐磨平。

(2) 固定板组件装配

① 去除冲孔凸模工艺夹头,两端在砂轮上初步磨平。

② 去除冲孔凸模、落料凸模、侧刃、固定板孔口边缘毛刺,擦净上油。

③ 将冲孔凸模用铜棒敲入固定板孔中 2～5mm,检查冲孔凸模的垂直度,如垂直,将冲孔凸模用铜棒敲入或用压力机压入固定板孔中;如不垂直,敲出重新装配。装配完后再次检查冲孔凸模的垂直度,如不垂直,敲出重新装配。

④ 将圆柱销装入落料凸模尾部销钉孔中,用铜棒将落料凸模敲入固定板孔中 2～5mm,检查落料凸模的垂直度,如垂直,将落料凸模用铜棒敲入或用压力机压入固定板孔中;如不垂直,敲出重新装配。装配完后再次检查落料凸模的垂直度,如不垂直,敲出重新装配。

⑤ 同步骤④装入侧刃。

⑥ 将固定板上的凸模向上,套上凹模,检查间隙情况,如不均匀,作适当调整。

⑦ 装入导正销。

⑧ 在磨床上把凸模尾部端面与固定板上平面一齐磨平;拆下侧刃、导正销后,磨出凸模刀口。

3. 注意事项

(1) 所有零件在装配前应再次检查是否合格,去除毛刺,表面涂上适量润滑油。

(2) 检查模柄垂直度要多个位置检测,垂直度误差≤0.05mm。

(3) 钻防转销孔前,样冲眼不应打在模柄与上模座孔的接缝中,应打在模柄边缘。防转销孔可采用钻、铰或钻、扩加工方法完成。

(4) 检查凸模垂直度要多个位置检测,垂直度误差≤0.03mm。

(5) 如果凸模装入固定板孔内较松,可在凸模四周挤紧,并应检查、保证凸模垂直度。

(6) 把凸模尾部端面与固定板上平面一齐磨平后,在磨凸模刀口前,应拆卸掉导正销、侧刃,然后再磨凸模刀口。

任务2 总装配

1. 任务分析

管卡级进模的总装配图如图 1-27-1 所示。在管卡级进模零件加工完成、组件装配结束之后,即可进行模具总装配。即把凹模、凸模组件、卸料板、垫板、卸料螺钉等所有零部件,按照管卡级进模各零件的装配位置关系,完成模具总装配,达到图样要求。总装配分成下模装配和上模装配。下模装配主要是完成导料板、下模座上的孔加工,并将导料板、凹模、承料板装在下模座上,完成这些零件的装配。上模装配主要是完成固定板、上模座上的孔加工,并完成固定板等零部件在上模座上的装配。

2. 操作步骤

(1) 下模装配

① 把导料板 5、25 初步固定在凹模 4 上,找正位置固定,配作 4 个 ϕ8mm 销钉孔,完成后拆开,把导料板 5 上的孔口倒角。

② 把凹模 4 初步固定在下模座 1 上,找正位置,固定后配作 4 个 ϕ8mm 销钉孔,完成后拆开,把下模座 1 上的孔口倒角。

③ 把下模座 1 放在平板上,装上凹模 4,导料板 5、25,打入圆柱销 26,紧固内六角螺钉 3。

④ 用内六角螺钉 27 紧固承料板 28。下模装配完成。

(2) 上模装配

① 把卸料板 7 套在落料凸模 19 上,与固定板 11 用平行夹头夹住,用 ϕ5mm 钻头从卸料板 7 的 M6 螺纹孔中,向固定板引钻浅坑,确定卸料螺钉孔位置,完成后拆开。

② 将下模部分放在平板上,在导料板 5、25 上垫上平行垫铁,将装入凸模的固定板组件装入在凹模孔中,装上垫板 12、任务 1 装配好的上模部件,用平行夹头将它们初步夹紧,并用"切纸法"找正凸模与凹模间的间隙,夹紧平行夹头,钻、铰 2×ϕ8mm 销钉孔,引钻螺钉孔位置。

③ 拆开上模,分别加工上模座 9、固定板 11 上的螺钉过孔及沉孔、卸料螺钉过孔等,倒角去毛刺。

④ 将上模座放在平行垫铁上,依次装上垫板 12、固定板组件,打入圆柱销 13,紧固内六角螺钉 14。

⑤ 装上橡皮 8,用卸料螺钉 21 固定卸料板 7,上模装配完成。合在下模上,模具总装完成。

3. 注意事项

(1) 装配前应准备好装配中需用的工具、夹具和量具,并对下模座、销钉等标准零件及加工的非标准零件进行检查,合格后才能进行装配。

(2) 所有零件在装配前应去除毛刺,表面涂上适量润滑油。装配时各零件应做好记号,以方便今后拆装。

(3) 配作导料板 5 上的 4 个 ϕ8mm 销钉孔时,位置要找正好,保证条料送料顺畅,侧刃处定位正确。

(4) 紧固内六角螺钉时,应对角均匀拧紧。

(5) 用"切纸法"调整凹模与凸模的间隙,调整时应小心、仔细,凸模与凹模之间间隙应调整均匀一致。敲击模具零件时应用软手锤或铜棒,并且应使凸模进入凹模孔内,避免敲过头而损坏刃口。间隙调整好后方可加工定位销钉孔。

(6) 橡皮的长度、宽度及厚度要适当,保证有足够的卸料力。

(7) 管卡级进模装配完成后,选用合适的冲床,将管卡级进模进行试模,冲压件合格后,管卡级进模装配完成。

(8) 装配时要遵守安全操作规程,确保操作安全、模具质量合格。

项目28

手压阀装配

项目目标

（1）熟悉、了解手压阀的结构。

（2）掌握钳工装配常用工具的使用。

（3）掌握手压阀的装配方法。

项目学习内容

在实施本项目前，应学习第2篇单元10中的相关内容，掌握钳工装配工具使用，并且须阅读手压阀图样，了解、熟悉手压阀的结构。

项目材料准备

在实施本项目前，需准备好手压阀装配所有零件。

项目完成时间

手压阀装配时间为2～3学时。

项目考核标准

手压阀装配的评分标准见表1-28-1。

表 1-28-1　手压阀装配评分表

序号	考 核 项 目	配分	考 核 要 求	配分	得分
1	能看懂图样，认识结构，了解装配过程	10	很快、很好	9～10	
			较快、较好	7～8	
			需要老师指导	0～6	
2	零件补充加工	30	能独立完成任务、加工零件质量合格	20～30	
			在老师的指导下能完成任务、加工零件质量合格	10～0	
			在老师的指导下能完成任务但质量不高或理解、接受能力较差	0～10	

续表

序号	考核项目	配分	考核要求	配分	得分
3	正确装配	30	能够按步骤进行装配，各零件装配位置正确，连接可靠，装配质量合格	20～30	
			在老师的指导下能进行正确装配，质量合格	10～20	
			在老师的指导下能完成任务，理解、接受能力，动手能力较差	0～10	
4	装配工具使用及操作规范	20	能够正确、熟练使用钳工装配工具，操作安全、规范	15～20	
			在老师的指导下能够正确使用钳工装配工具，操作安全、规范	10～15	
			使用钳工装配工具不规范，操作不正确或安全操作不够	0～10	
5	实训态度	10	认真	9～10	
			比较认真	6～8	
			不太认真	0～5	
安全、文明实训			酌情扣分，最多扣10分		
班级		姓名		学号	总分

项目实施

1. 任务分析

手压阀如图1-28-1所示，主要由阀座1、弹簧2、阀杆3、托架4、填料5、填料盖6、压紧螺母7、轴8、开口销9、杠杆10、衬片11、接头12、螺钉13、圆柱销14等组成。装配手压阀时，零件必须正确安装在规定的位置，杠杆10转动应灵活无卡阻，阀杆3与阀座1、接头12与阀座1之间密封好无渗漏。

2. 操作步骤

(1) 零件清洗。

清除各零件表面的防锈油、灰尘、切屑等污物。

(2) 零件补充加工。

把托架4装在阀座1左上部，调整好正确位置，用螺钉13紧固在阀座1上，一起钻、铰销钉孔后拆开，清除零件表面铁屑。

(3) 零件的试装。

把阀杆3与阀座1试装，符合配合要求后拆开。

(4) 装配。

① 把衬片11套在接头12上装配成接头组件，将阀杆3插入阀座1，弹簧2装入阀座1，把带接头12组件拧紧在阀座1上。

② 在阀座1上端塞入填料5，装上填料盖6，拧上压紧螺母7。

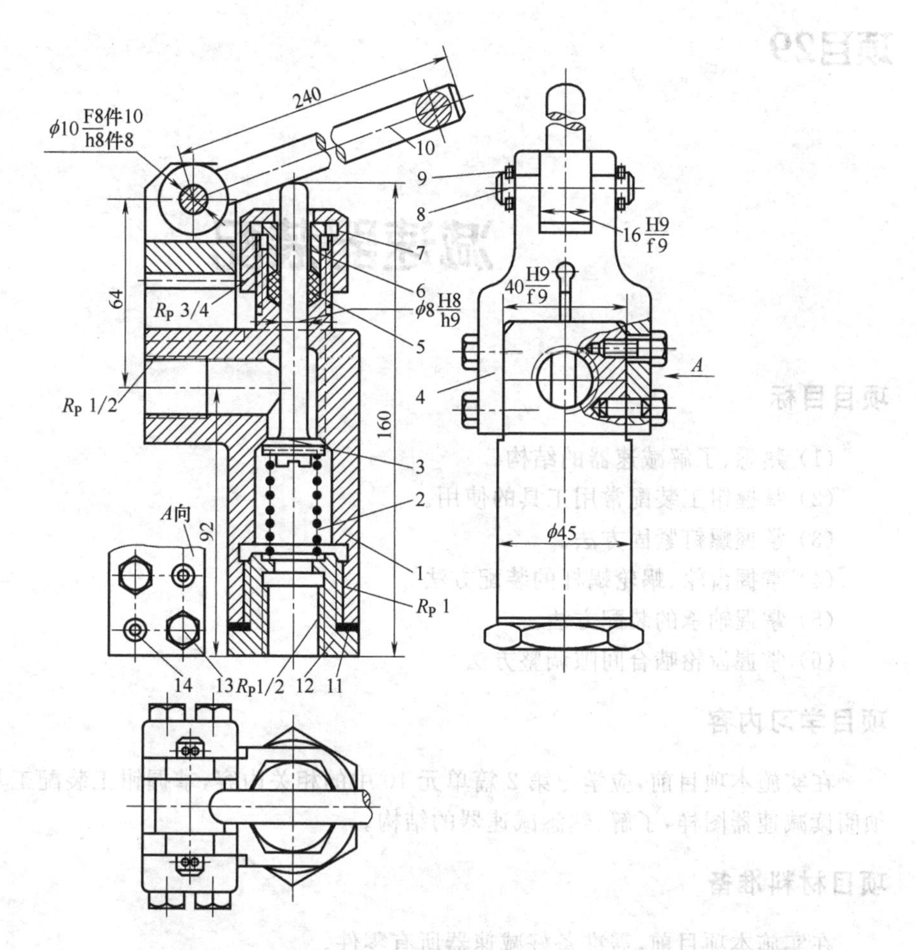

图 1-28-1　手压阀

1—阀座；2—弹簧；3—阀杆；4—托架；5—填料；6—填料盖；7—压紧螺母；8—轴；9—开口销；10—杠杆；11—衬片；12—接头；13—螺钉；14—圆柱销

③ 把杠杆 10 放入托架 4 的槽中，打入轴 8，然后把两个开口销 9 插入轴 8 两端的孔中，使轴 8 轴向固定。

④ 把托架 4 装在阀座 1 的左上部，调整好销钉孔位置，打入圆柱销 14，拧紧螺钉 13。

(5) 检查手压阀是否符合装配要求，如有不符合处，作适当调整。

3. 注意事项

(1) 装配时各活动零件清洗干净后应上些机油，以便装拆。

(2) 密封部位应密封良好无渗漏。阀杆 3 在阀座 1 内滑动应无卡阻现象。

(3) 打入轴 8、圆柱销 14 时应用铜棒。

项目29

减速器装配

项目目标

(1) 熟悉、了解减速器的结构。
(2) 掌握钳工装配常用工具的使用。
(3) 掌握螺钉紧固方法。
(4) 掌握齿轮、蜗轮蜗杆的装配方法。
(5) 掌握轴承的装配方法。
(6) 掌握齿轮啮合间隙调整方法。

项目学习内容

在实施本项目前,应学习第2篇单元10中的相关内容,掌握钳工装配工具使用,并且须阅读减速器图样,了解、熟悉减速器的结构。

项目材料准备

在实施本项目前,需准备好减速器所有零件。

项目完成时间

减速器装配时间为5~8学时。

项目考核标准

减速器装配的评分标准可参见表1-28-1。

项目实施

1. 任务分析

减速器是装在原动机与工作机之间,用来降低转速并相应地改变其输出转矩。减速器的运动由联轴器传来,经蜗杆传至蜗轮,蜗轮的运动通过轴上的平键传给锥齿轮副,最后由安装在锥齿轮轴上的齿轮传出,如图1-29-1所示。减速器由齿轮、蜗轮、蜗杆、轴、轴承、箱体等零件组成。箱体由铸铁制成,上有固定的箱盖,箱盖上有窥视孔,可观察齿轮的啮合情况及向箱体内注入润滑油,上面装有盖板,可防止灰尘和杂物进入箱内。

装配减速器时,零件和组件必须正确安装在规定的位置,不得装入图纸未规定的垫圈、衬套之类的零件;固定连接件必须保证零件或组件连接可靠、牢固;旋转机构必须能灵

活地转动，轴承间隙合适，润滑良好，润滑油不能有渗漏现象；锥齿轮副、蜗杆蜗轮副的啮合必须符合规定的技术要求；传动噪声应小于规定值；部件达到热平衡后，润滑油和轴承的温度和温升值不得超过规定要求。

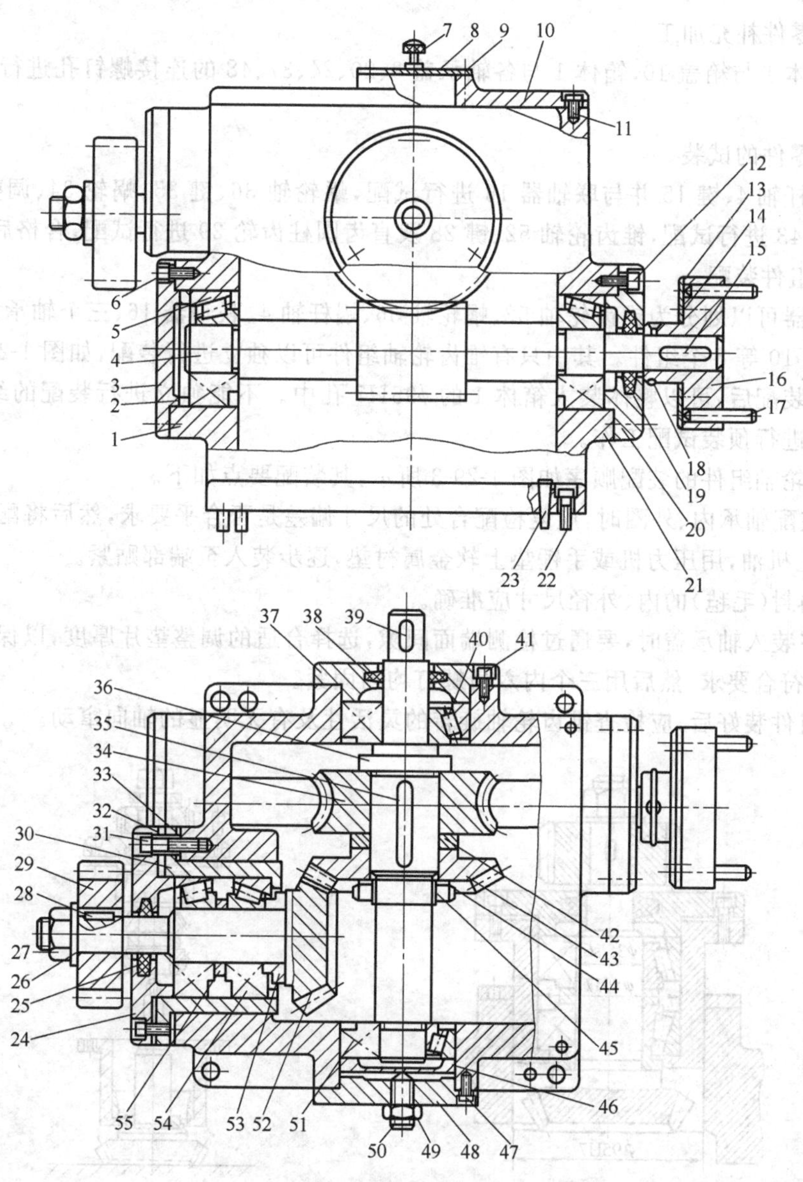

图 1-29-1 减速器

1—箱体；2,32,33,42—调整垫圈；3,20,24,37,48—轴承盖；4—蜗杆轴；5,21,40,51,54—轴承；6,9,11,12,14,22,31,41,47,50—螺钉；7—手把；8—盖板；10—箱盖；13—环；15,28,35,39—键；16—联轴器；17,23—销；18—防松钢丝圈；19,25,38—毛毡；26—垫圈；27,45,49—螺母；29,43,52—齿轮；30—轴承套；34—蜗轮；36—蜗轮轴；44—止动垫圈；46—压盖；53—衬热；55—隔圈

2. 操作步骤

(1) 零件的清洗、整形。

清除零件表面的防锈油、灰尘、切屑等污物。修整箱盖、轴承盖等铸件的不加工表面，使其外形与箱体结合的部位外形一致，修锉零件上的锐角、毛刺和在工序转运中碰撞产生的印痕等。

(2) 零件补充加工。

对箱体 1 与箱盖 10，箱体 1 与各轴承盖 3、20、24、37、48 的连接螺钉孔进行配钻和攻螺纹。

(3) 零件的试装。

对蜗杆轴 4、键 15 并与联轴器 16 进行试配，蜗轮轴 36、键 35、蜗轮 34、调整垫圈 42 及锥齿轮 43 进行试配，锥齿轮轴 52、键 28 及直齿圆柱齿轮 29 进行试配，合格后拆开。

(4) 组件装配。

减速器可以划分为锥齿轮轴 52、蜗轮轴 36、蜗杆轴 4、联轴器 16、三个轴承盖 20、37、48 及箱盖 10 等 8 个组件。其中只有锥齿轮轴组件可以独立进行装配，如图 1-29-2 所示。该组件在装配后，可以整体装入箱体 1 的 ϕ95H7 孔中。不能独立进行装配的组件，在总装前应先进行预装试配工作。

锥齿轮轴组件的装配顺序如图 1-29-3 所示，其装配要点如下。

① 装配轴承内、外圈时，应复检配合处的尺寸偏差是否合乎要求，然后将配合表面揩净，并涂上机油，用压力机或手锤垫上软金属衬垫，逐步装入至端部贴紧。

② 油封(毛毡)的内、外径尺寸应准确。

③ 在装入轴承盖时，要通过检测端面间隙，选择合适的调整垫片厚度，以保证轴承的轴向间隙符合要求，然后用三个内六角螺钉均匀固紧。

④ 组件装好后，应检查锥齿轮轴旋转的灵活性及有无明显的轴向窜动。

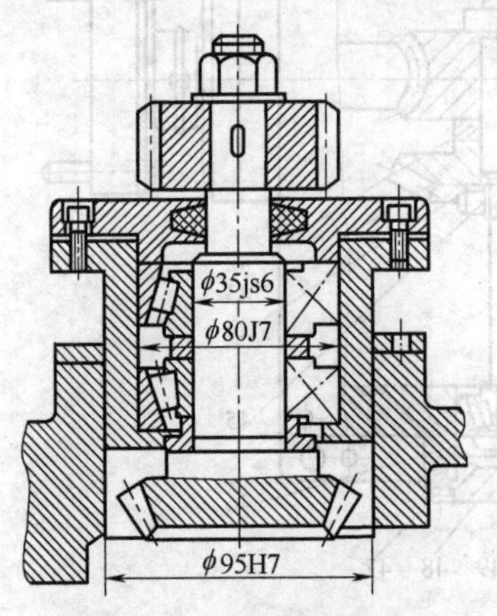

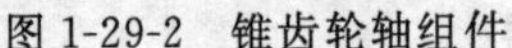

图 1-29-2 锥齿轮轴组件

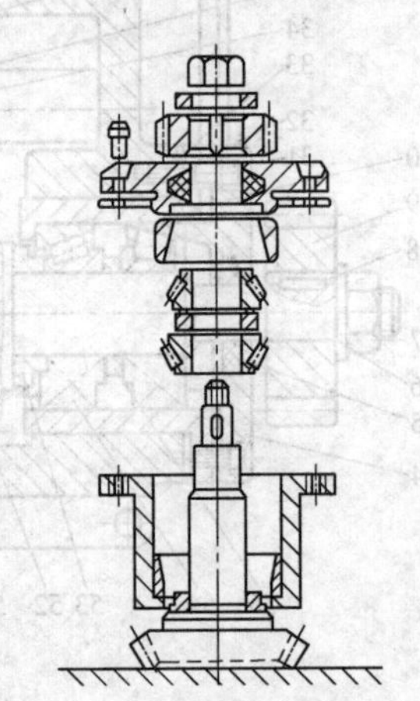

图 1-29-3 锥齿轮轴组件的装配顺序

(5) 减速器的总装配与调整。

在完成减速器各组件装配工作后，即可进行总装配。总装从基准零件——箱体开始。根据该减速器的结构特点，采用先装蜗杆轴，后装蜗轮的装配顺序。

① 装配蜗杆轴。将蜗杆组件(蜗杆 4 与两轴承 5 内圈的组合)首先装入箱体 1，然后从箱体孔的两端装入两轴承 5 外圈，再装上右端轴承盖 20 组件，并用螺钉 12 拧紧。这时可轻轻敲击蜗杆轴 4 左端，使右端轴承 5 消除间隙并贴紧轴承盖 20，再装入左端调整垫

圈2和轴承盖3,用塞尺测量间隙,以确定蜗杆轴4轴向间隙符合要求时,调整垫圈2厚度的修整量,并加以修整,然后将上述零件装入,用螺钉6固紧。最后用百分表在轴的伸出端,检查实际的轴向间隙,如图1-29-4所示,以便作进一步的修整。

② 试装蜗轮轴及确定蜗轮的轴向位置。试装蜗轮轴,确定蜗轮轴向的正确位置,如图1-29-5所示。装配后应满足两个基本要求:蜗轮轮齿的对称平面应与蜗杆轴线重合,以保证正确啮合;锥齿轮的轴向位置正确,以保证与另一锥齿轮的正确啮合。试装时先将轴承7的内圈装入蜗轮轴的大端,然后将轴通过箱体孔,装上已试配好的蜗轮、锥齿轮、轴承外圈以及工艺套3(为了调整时拆卸方便,暂以工艺套代替小端的轴承),然后移动轴,使蜗轮与蜗杆达到正确的啮合位置,即使蜗轮轮齿的对称中心平面与蜗杆轴线重合,用深度游标卡尺测量尺寸H,并修整轴承盖1的台阶尺寸至$H_{-0.02}^{\ 0}$。

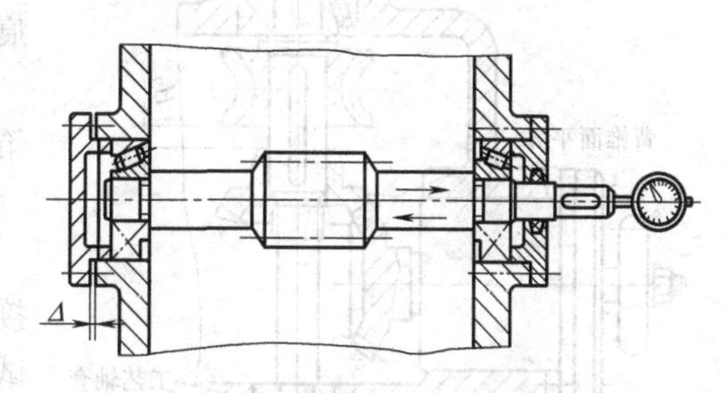

图1-29-4 检查蜗杆轴的轴向间隙

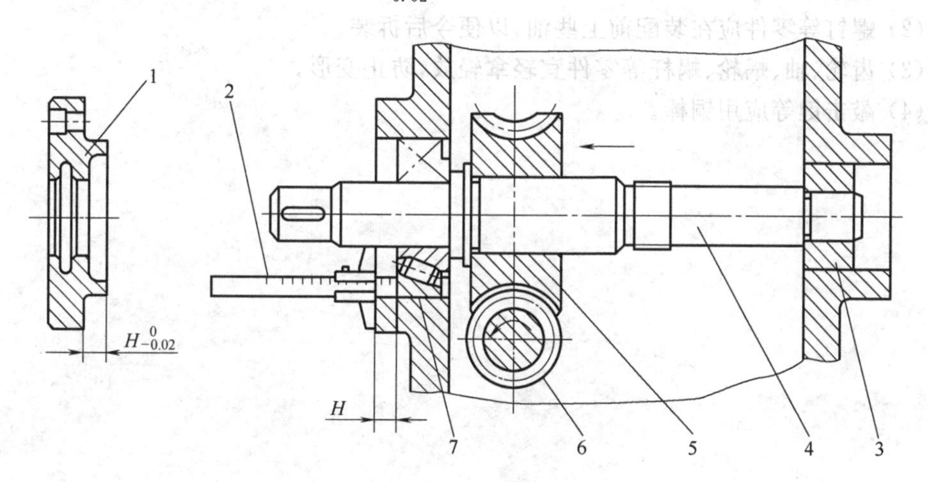

图1-29-5 调整蜗轮轴向位置

1—轴承盖;2—深度游标卡尺;3—工艺套;4—轴;5—蜗轮;6—蜗杆;7—轴承

③ 试装锥齿轮轴组件。试装锥齿轮轴组件,确定两锥齿轮的轴向正确装配位置,如图1-29-6所示。先调整好蜗轮轴轴承的轴向间隙,再装入锥齿轮轴组件,调整两锥齿轮的轴向位置,使其达到两锥齿轮的背锥面平齐,轮齿啮合正确,然后分别测量出应放置的调整垫圈(片)的尺寸H_1和H_2,修整好垫圈(片)尺寸,然后卸下各零件。

④ 装配蜗轮与锥齿轮轴组件。

a. 从大轴承孔方向将蜗轮轴36装入,同时依次将键35、蜗轮34、调整垫圈42、锥齿轮43、止动垫圈44和圆螺母45装在轴上,然后从箱体1轴承孔的两端分别装入滚动轴承40、51及轴承盖37、48,用螺钉41、47固紧并调整好轴承间隙。装好后,用手转动蜗杆轴4时,应灵活无阻滞现象。

b. 将锥齿轮轴组件与调整垫圈33一起装入箱体1,用螺钉31固紧,复验齿轮啮合侧

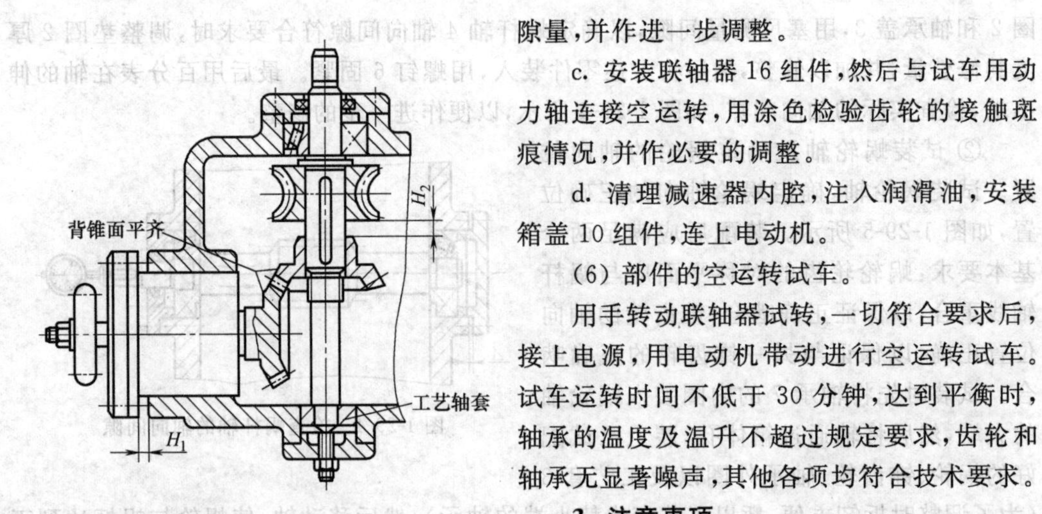

图 1-29-6　调整两锥齿轮的位置

隙量，并作进一步调整。

c. 安装联轴器 16 组件，然后与试车用动力轴连接空运转，用涂色检验齿轮的接触斑痕情况，并作必要的调整。

d. 清理减速器内腔，注入润滑油，安装箱盖 10 组件，连上电动机。

(6) 部件的空运转试车。

用手转动联轴器试转，一切符合要求后，接上电源，用电动机带动进行空运转试车。试车运转时间不低于 30 分钟，达到平衡时，轴承的温度及温升不超过规定要求，齿轮和轴承无显著噪声，其他各项均符合技术要求。

3. 注意事项

(1) 装配前应认真阅读图纸，严格按图纸要求进行装配。

(2) 螺钉等零件应在装配前上些油，以便今后拆装。

(3) 齿轮、轴、蜗轮、蜗杆等零件宜轻拿轻放，防止变形。

(4) 敲击键等应用铜棒。

项目30

车床挂轮箱齿轮拆装

项目目标

(1) 熟悉、了解车床挂轮箱齿轮的结构。

(2) 掌握钳工装配常用工具的使用。

(3) 会拆装车床挂轮箱齿轮,并会调整齿轮啮合间隙。

项目学习内容

在实施本项目前,应学习第2篇单元10中的相关内容,掌握相关工具使用,并且须阅读车床说明书,熟悉、了解车床挂轮箱齿轮的结构。

项目材料准备

在实施本项目前,需准备好CW6136车床。

项目完成时间

车床挂轮箱齿轮拆装时间为1~2学时。

项目考核标准

车床挂轮箱齿轮拆装的评分标准见表1-30-1。

表1-30-1 车床挂轮箱齿轮拆装评分表

序号	考核项目	配分	考核要求	配分	得分
1	能认识挂轮箱结构,了解拆装过程	10	很快、很好	9~10	
			较快、较好	7~8	
			需要老师指导	0~6	
2	正确拆卸	30	能够按步骤进行正确拆卸,拆下各零件放置规范	20~30	
			在老师的指导下能正确拆卸、拆下各零件放置规范	10~20	
			在老师的指导下能完成拆卸,但接受能力较差	0~10	

续表

序号	考核项目	配分	考核要求	配分	得分
3	正确装配	30	能够按步骤进行装配，装配位置正确，方法正确	20～30	
			在老师的指导下能进行装配，方法正确	10～20	
			在老师的指导下能完成装配，理解接受能力、动手能力较差	0～10	
4	钳工装配工具规范使用	20	能够正确、熟练使用钳工装配工具，操作安全、规范	15～20	
			在老师的指导下能够正确使用钳工装配工具，操作安全、规范	10～15	
			使用钳工装配工具不规范，操作不正确或安全操作不够	0～10	
5	实训态度	10	认真	9～10	
			比较认真	6～8	
			不太认真	0～5	
安全、文明实训			酌情扣分，最多扣10分		
班级		姓名	学号		总分

项目实施

1. 任务分析

挂轮箱装在车床床身的左侧面，打开挂轮箱盖就能看到内部构造。它的主要作用是安装挂轮机构，连接主轴箱和进给箱，把主轴箱传出的动力和运动传给进给箱。变换挂轮箱内齿轮，可以改变传动比，车削各种不同螺距的螺纹。图1-30-1所示为CW6136车床的挂轮箱，通过轴1、轴2、轴3上的齿轮，把主轴的旋转运动传给进给箱。本项目通过拆装挂轮箱上的齿轮，掌握钳工装配工具的使用方法及调整齿轮啮合间隙的方法。

图1-30-1 挂轮箱

1—轴1；2—轴2；3—轴3；4—螺母；5—挂轮架

2. 操作步骤

(1) 拆卸齿轮。

① 把主轴箱上的变速手柄挂在空挡。

② 拧松螺母4，转动图1-30-1所示挂轮架5，使轴2、轴3上的齿轮脱开。

③ 拆下轴1、轴3齿轮上的弹簧挡圈。

④ 在轴1、轴3齿轮上，拧出如图1-30-2

所示孔中的螺钉，拆下孔中定位用的弹簧、钢珠。

图 1-30-2　双联齿轮上的螺钉

图 1-30-3　拆下零件后的挂轮箱

⑤ 分别拆下轴 1、轴 2、轴 3 上的弹簧挡圈。

⑥ 分别拆下轴 1、轴 3 上的双联齿轮，轴 2 上的一只垫圈、两只齿轮及一只花键套。拆下齿轮等零件后的挂轮箱如图 1-30-3 所示，拆下的齿轮等零件如图 1-30-4 所示。

图 1-30-4　拆下齿轮等的零件

图 1-30-5　装上花键套、大齿轮

(2) 装配齿轮。

① 在图 1-30-1 所示的轴 2 上装上花键套、大齿轮，如图 1-30-5 所示。

② 在轴 3 上装上双联齿轮，注意方向，如图 1-30-6所示。装上定位用的钢珠、弹簧、螺钉。

③ 在轴 1 装上双联齿轮，注意方向，装上定位用的钢珠、弹簧、螺钉。

④ 在轴 2 上装上小齿轮、垫圈。

⑤ 分别在轴 1、轴 2、轴 3 上装上弹簧挡圈。

⑥ 装上轴 1、轴 3 齿轮上的弹簧挡圈。

(3) 调整齿轮啮合间隙。反向转动图 1-30-1 所示挂轮架 5，调整轴 2、轴 3 上的齿轮啮合间隙至合理值，拧紧螺母 4。

图 1-30-6　装上双联齿轮

3. 注意事项

(1) 挂轮箱齿轮拆卸时，应按操作步骤进行，以免先后倒置，或贪图省事猛拆猛敲，造成零件的损伤或变形。

(2) 拆卸时，使用的工具必须保证对零件不会发生损伤，严禁用手锤直接在零件的工作表面上敲击。

(3) 拆卸弹簧挡圈时，外挡挡圈钳应正确使用。

(4) 拆下的齿轮等零件必须有次序、有规则地放好。

(5) 装配的顺序与拆卸的顺序相反。装配轴 1、轴 3 上的双联齿轮时，应注意方向，安装定位用的螺钉、弹簧、钢珠的孔，要对正花键轴上的凹坑。

(6) 装配时各零件要擦拭干净，加上适量的润滑油。

第2篇

学习内容

单元1

钳工基础知识

学习目标

（1）了解钳工在工业生产中的工作任务。
（2）认识、了解钳工实训场地的主要设备。
（3）认识、了解钳工实训常用工量具。
（4）了解钳工实训的安全知识。

1.1 钳工概述

1. 钳工的主要工作任务

使用钳工工具或设备，对零件进行加工、修整，对机械设备等进行装配、调试和修理的工种称为钳工。

在现代工业生产中，钳工工作范围广，灵活性大，适用性强，是机械制造业中不可缺少的工种。

钳工的主要工作任务如下。

① 零件加工。一些采用机械方法不适宜或不能解决的加工，都可由钳工来完成。如零件加工过程中的划线、小批量零件加工、零件精密加工、检验及修配等。

② 装配。把零件按机械设备的装配技术要求进行组件、部件装配和总装配，并经过调整、检验和试车等，使之成为合格的机械设备。

③ 设备维修。当机械设备在使用过程中产生故障，出现损坏或长期使用后精度降低，影响使用时，通过钳工进行维护和修理。

④ 工装夹具的制造和修理。制造和修理各种工具、量具、夹具和模具等专业设备。

2. 钳工技能的学习要求

现代机械制造业中，钳工的工作广泛、复杂，分工细，如分成装配钳工、工具钳工、机修钳工、模具钳工等。不论哪种钳工，要胜任本职工作，首先应掌握好钳工的基本操作技能，然后再根据分工不同，进一步学习掌握好钳工的专业技能。

钳工的基本操作技能包括：划线、錾削、锯削、锉削、钻孔、扩孔、锪孔、铰孔、攻螺纹、套螺纹、刮削、研磨，以及装配、调试、基本测量和简单的热处理等。

要学好钳工操作技能，必须做到以下几点。

① 要自觉遵守实训规章制度，服从老师安排、指导。

② 要有认真细致的工作作风和吃苦耐劳的工作精神。

③ 要严格按照每个项目要求进行练习，操作规范，多练多思，掌握操作技巧。

④ 学习技能不能急躁，必须由易到难，由简单到复杂，循序渐进，按要求一步一步地练习好每项操作技能。

⑤ 严格遵守各项安全操作规程，养成安全文明操作的习惯，加强质量意识、职业道德意识。

1.2 钳工常用设备及工具简介

1. 钳工常用设备

(1) 钳台

钳台又称钳桌或钳桌台，是钳工专用的工作台。台面上装有台虎钳、安全网，也可放置平板、钳工工具、工件和图纸等，如图 2-1-1 所示。

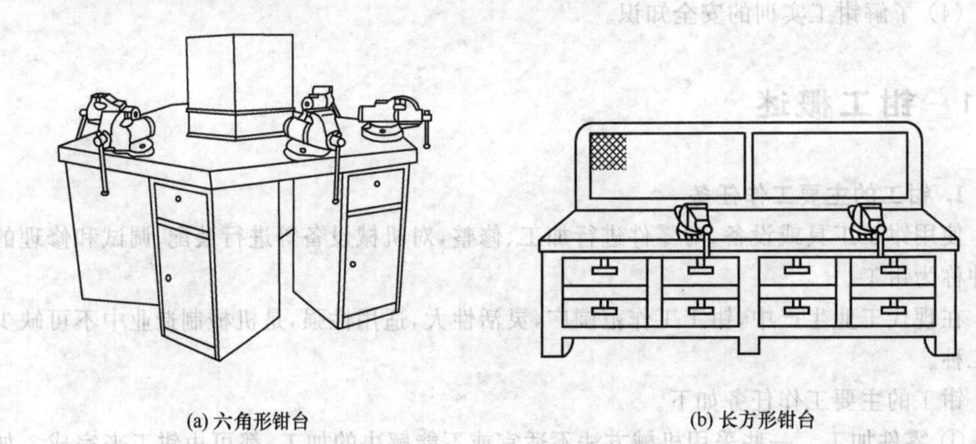

(a) 六角形钳台　　(b) 长方形钳台

图 2-1-1 钳台

钳台一般为铁木结构，台面上铺有一层软橡皮。其高度为 800～900mm，长度和宽度可根据工作需要而定。装上台虎钳后，操作者工作时的高度应合适，一般多以钳口高度恰好等于人的手肘高度为宜，如图 2-1-2 所示。

图 2-1-2 钳台及台虎钳的合适高度

(2) 台虎钳

台虎钳一般由 3 个紧固螺栓固定在钳台上，用来夹持工件。其规格以钳口的宽度来表示，常用的有 100mm、125mm、150mm 等。

台虎钳有回转式和固定式两种，如图 2-1-3 所示。图2-1-3(a)使用较方便，应用较广，它由手柄 1、丝杠 2、活动钳身 3、固定钳身 5、转盘座 8 等组成。操作时，顺时针转动手柄 1，可带动活动钳身 3 向内移动，将工件夹紧；反之，将工件松开。

使用台虎钳时应注意以下几点。

① 安装台虎钳时，应使固定钳身的钳口工作面露出钳台的边缘，方便夹持长条形的工件。

② 台虎钳固定必须牢靠，工作时不能松动，以免影响使用。

③ 夹持工件时，只能用手臂的力量来扳动手柄，不允许用锤子敲击手柄或用管子接长手柄夹紧，以免损坏台虎钳。

④ 在台虎钳上进行錾削等强力作业时，作用力应朝向固定钳身。

⑤ 台虎钳除砧座上可用手锤轻击作业外，其他部位不能作敲击作业。

⑥ 台虎钳应保持清洁，丝杠等运动部位应经常加油润滑，以便操作省力，防止生锈。

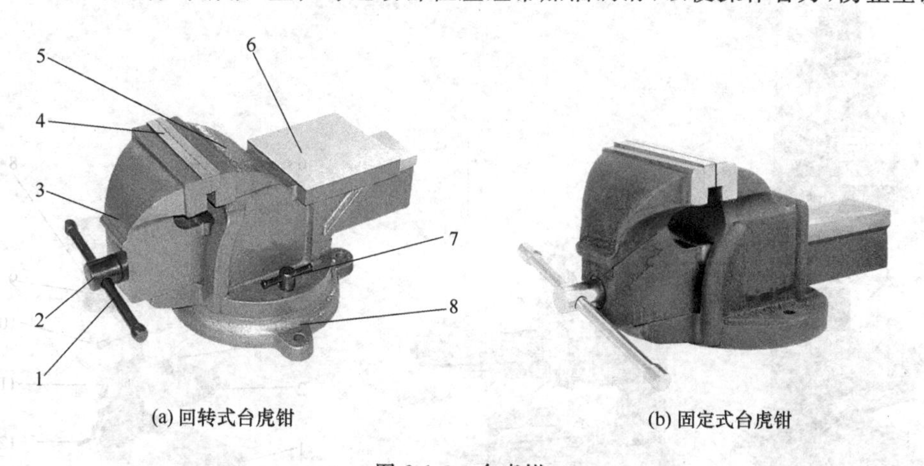

(a) 回转式台虎钳　　(b) 固定式台虎钳

图 2-1-3　台虎钳

1—手柄；2—丝杆；3—活动钳身；4—钳口；5—固定钳身；6—砧座；7—夹紧手柄；8—转盘座

(3) 砂轮机

砂轮机主要用来刃磨錾子、钻头、刀具等工具，也可用来磨去工件或材料上的毛刺、锐边等。砂轮机主要由砂轮 1、电动机 2、防护罩 3、托架 4 和砂轮机座 5 等组成，如图 2-1-4 所示。

砂轮由磨料与粘结剂等粘结而成，质地硬而脆，工作时转速较高，因此使用砂轮机时应遵守安全操作规程，以防发生砂轮碎裂和人身事故。

操作时应注意以下几点。

① 砂轮的旋转方向应正确，要与砂轮罩上的箭头方向一致，使磨屑向下方飞离砂轮与工件。

② 砂轮启动后，要稍等片刻，待砂轮转速进入正常状态后再进行磨削。

③ 操作者应站在砂轮的侧面，严禁站立在砂轮的正面操作，以防砂轮片飞出伤人。

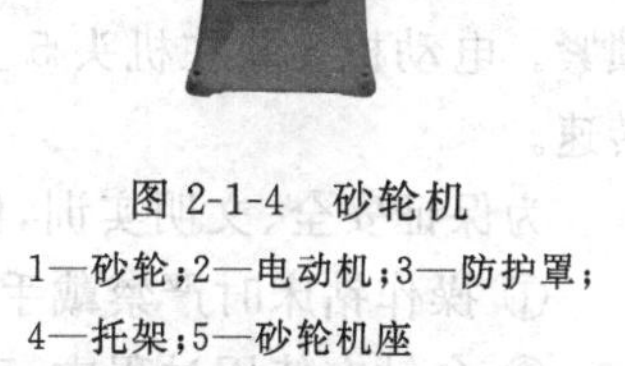

图 2-1-4　砂轮机

1—砂轮；2—电动机；3—防护罩；4—托架；5—砂轮机座

④ 磨削刀具时，不能对砂轮施加过大的压力，并严禁刀具对砂轮产生冲击，以免砂轮碎裂。

⑤ 砂轮机的托架与砂轮间的距离应保持在 3mm 以内，间距过大容易将刀具或工件挤入砂轮与托架之间，造成事故。

⑥ 砂轮正常旋转时应平稳,无振动。砂轮外缘跳动较大时,应停止使用,修整砂轮。

⑦ 使用砂轮机时,应戴好防护眼镜。同一片砂轮只能一人使用;使用时禁止与他人谈话;严禁围着砂轮机谈笑打闹。砂轮机上禁止磨削实训工件。

⑧ 使用过程中如发现异常现象,应立即停机。使用完毕,应及时切断电源。

(4) 钻床

钳工常用的钻床有立式钻床、摇臂钻床、台式钻床等,如图 2-1-5~图 2-1-7 所示。本书项目所用钻床为台式钻床。

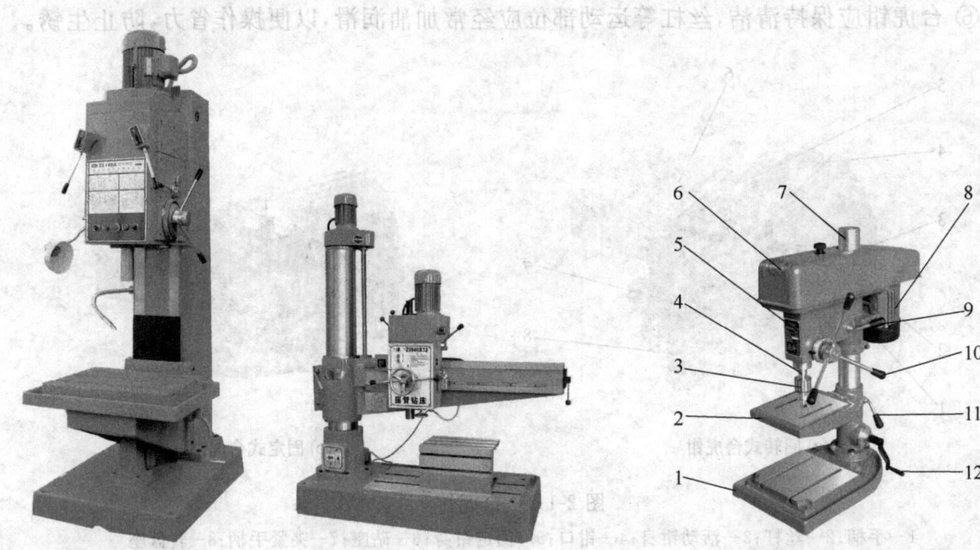

图 2-1-5 立式钻床

图 2-1-6 摇臂钻床

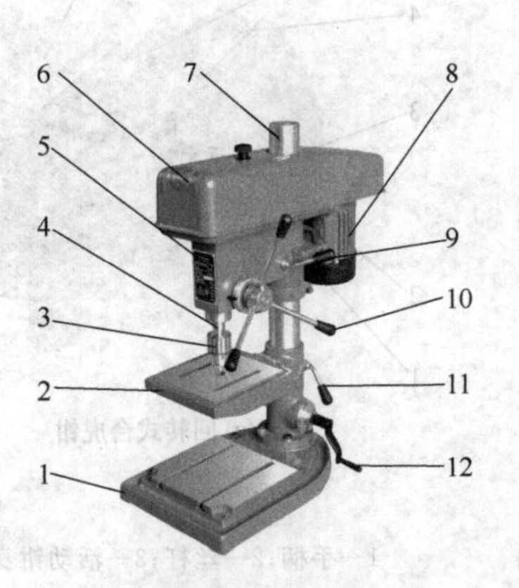

图 2-1-7 台式钻床

1—底座;2—工作台;3—钻夹头;4—主轴;5—机头;6—罩壳;7—立柱;8—电动机;9,11—锁紧手柄;10—进给手柄;12—升降手柄

台式钻床是一种安放在工作台上、主轴垂直于工作台的小型钻床,简称台钻。一般用来加工小型工件上直径不大于 13mm 的孔。台钻主轴转速较高,常用皮带传动,由五级带轮变换转速。台式钻床主轴的进给只有手动进给,一般都具有表示或控制钻孔深度的装置,如刻度盘、刻度尺、定位装置等。钻孔后,主轴能在弹簧的作用下自动上升复位。

Z4012 型台式钻床是钳工常用的一种台钻,如图 2-1-7 所示。机头 5 套在立柱 7 上,摇动升降手柄 12 可作上下移动,并可绕立柱中心转动,调整到适当位置后用锁紧手柄 9 锁紧。电动机 8 装在机头 5 上,通过罩壳 6 内的 5 级皮带轮可使主轴 4 获得 5 种不同的转速。

为保证安全、文明实训,使用台式钻床时,必须严格遵守钻床安全操作规程。

① 操作钻床时严禁戴手套,女同学必须戴好工作帽。

② 台钻在使用过程中,工作台面必须保持清洁,禁止堆放物件。

③ 进行装卸工件、装卸钻头、检测工件等操作时,必须停车。用钻夹头装夹麻花钻时,若要松开或夹紧钻头,只能用钻夹头钥匙,不得用其他工具代替。

④ 钻削时，必须用夹具夹持工件，禁止用手拿，钻通孔时必须使钻头能通过工作台面上的让刀孔，或在工件下面垫上垫铁，以免钻坏工作台面。

⑤ 进行变换转速时，必须断开电源，注意操作安全，不能让皮带夹住手指。

⑥ 发现工件不稳、钻头松动、进给异常时，必须停车检查，消除故障后，方可继续。

⑦ 清扫切屑时应该用毛刷，禁止用嘴吹或用手直接清除。

⑧ 台钻的转速较高，一般只能用来钻孔，不宜用来锪大孔、铰孔和攻螺纹操作。

⑨ 操作者离开钻床时，必须停车。使用完毕后，及时切断电源。实训结束时，必须将机床打扫干净；定期对钻床加注润滑油。

⑩ 发现异常情况，先关闭电源，并及时报告老师。

2. 钳工常用工具及量具

钳工常用工具有划线用的划针、划线盘、划规（圆规）、中心冲（样冲）和平板（平台），錾削用的手锤和各种錾子，锉削用的各种锉刀，锯削用的钢锯，孔加工用的各类钻头、锪钻和铰刀，攻、套螺纹用的各种丝锥、板牙和铰杠，刮削用的平面刮刀和曲面刮刀以及各种扳手和旋具等。

钳工常用量具有钢直尺、刀口尺、游标卡尺、千分尺、90°角尺、万能角度尺、塞尺、百分表等。

钳工常用工量具的使用方法详见后面各单元。

1.3 钳工实训安全技术

钳工实训主要安全操作规程如下。

① 实训时个人防护用品要齐全。如穿工作服、戴套袖、女同学戴工作帽，切屑飞溅处要戴防护眼镜等。

② 工件、刀具、锤头与锤柄的安装必须牢固，防止飞出伤人。搬运重物要稳妥，防止砸伤。

③ 设备上的安全装置必须完好有效。使用的机床、工具要经常检查，发现损坏应及时上报，在未修复前不得使用。

④ 手和身体要远离设备的运动部件，不准用手去阻止部件运动。设备开动时，不能装卸、测量工件，也不可用手去摸工件表面。

⑤ 切屑要用钩子清出或用刷子清扫，不得用手直接清除或用嘴吹。要注意用电安全，防止触电，使用完毕后应及时切断电源。发现故障或意外应及时报告实训指导老师。

⑥ 操作时，必须精力集中，不得擅自离开设备或做与操作无关的事。两人以上同时操作一台设备时，要分工明确，配合协调，防止失误。离开设备，须切断电源。

⑦ 严格遵守设备安全操作规程和钳工各项操作的安全操作规程，遵守实训纪律，严守工作岗位。不准擅自动用不熟悉的电器、工具、设备。

⑧ 工具箱内应保持清洁，工件、工量具堆放应整齐。做好实训场地卫生打扫，保持实训场所整洁。

单元2

常用量具

学习目标

(1) 了解钳工实训常用量具的种类，了解游标卡尺、千分尺、万能角度尺的读数原理。

(2) 会正确使用游标卡尺、千分尺、百分表、万能角度尺、刀口尺、直角尺、塞规、R 规、塞尺等常用量具。

量具是测量零件的尺寸、角度等所用的工具。由于零件有各种不同的形状和精度要求，因此，量具也有各种不同类型和规格。

2.1　游标卡尺

游标卡尺是一种测量外径、内径、长度、宽度、厚度、深度和孔距等的量具，常见的规格有 0～125mm、0～150mm、0～200mm、0～300mm、0～500mm 等。

1. 游标卡尺的结构

图 2-2-1 所示的游标卡尺，由尺身 1、内量爪 2、外量爪 7、尺框 3、游标 6 和深度尺 5 等组成。外量爪 7 用来测量外形尺寸，内量爪 2 用来测量内孔尺寸，深度尺 5 可测量孔深。

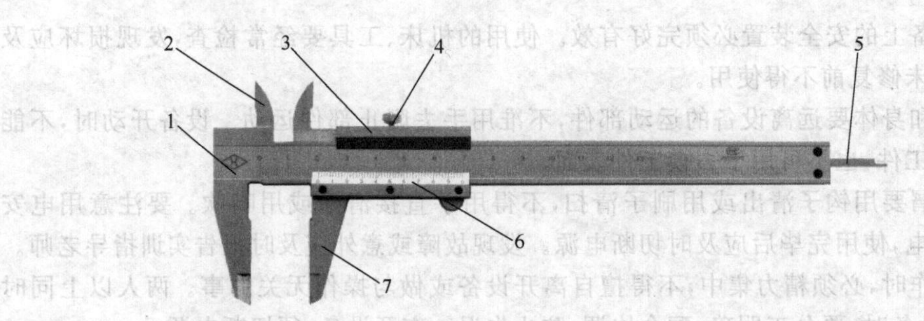

图 2-2-1　0.02mm 游标卡尺

1—尺身；2—内量爪；3—尺框；4—紧固螺钉；5—深度尺；6—游标；7—外量爪

2. 游标卡尺的读数值及读法

游标卡尺的读数值就是测量的精确度，有 0.02mm、0.05mm、0.1mm 三种，常用的是 0.02mm，表示测量的示值总误差为±0.02mm。

0.02mm 游标卡尺，尺身上每小格为 1mm。当两量爪合并时，游标上的 50 格等于尺身上的 49mm，如图 2-2-2 所示。因此，游标上每格为 49mm÷50＝0.98mm，尺身与游标每格相差为 1mm－0.98mm＝0.02mm，此即游标卡尺的读数值。

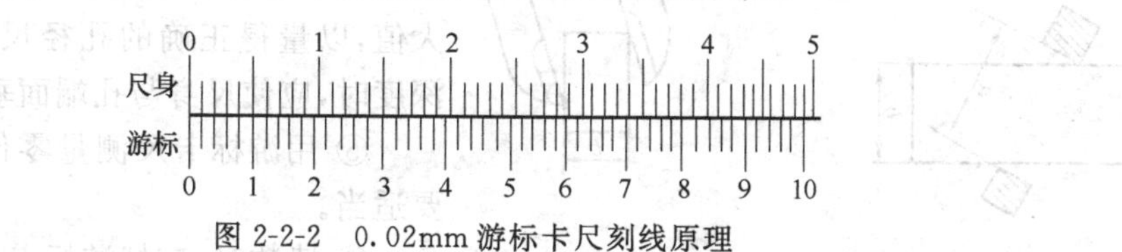

图 2-2-2 0.02mm 游标卡尺刻线原理

游标卡尺测量值的读法：

① 读出游标卡尺上游标左面零线在尺身上对应的毫米整数值。

② 在游标上找出与尺身刻线对齐的那一条刻线，读出尺寸的毫米小数值。

③ 将尺身上读出的整数和游标上读出的小数相加，即得测量值。

图 2-2-3 为游标卡尺读数方法示例，图 2-2-3(a)读数为 10mm＋0.1mm＝10.1mm，图 2-2-3(b)读数为 27mm ＋ 0.94mm ＝ 27.94mm，图 2-2-3(c)读数为 21mm ＋ 0.5mm＝21.5mm。

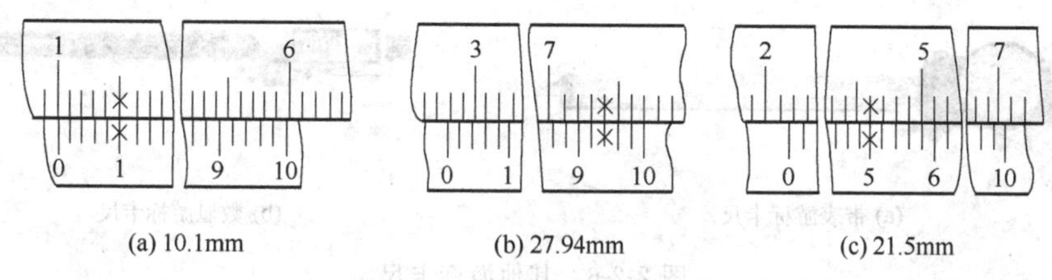

图 2-2-3 游标卡尺读数方法

3. 游标卡尺的使用方法

游标卡尺的使用方法及注意事项如下。

① 游标卡尺是一种中等精确度的量具，只适用于尺寸公差等级为 IT10～IT16 的测量检验。不允许用游标卡尺测量铸、锻件毛坯尺寸，否则容易损坏量具。

② 测量前，应检查校对游标卡尺零位的准确性。擦净量爪两测量面，并将两测量面接触贴合，如无透光现象(或有极微的均匀透光)且尺身与游标的零线正好对齐，说明游标卡尺零位准确。否则，说明游标卡尺的两测量面已有磨损，测量的示值不准确，必须对读数加以相应的修正。

③ 测量外形时，应将两量爪张开到略大于被测尺寸，将固定量爪的测量面贴靠着工件，然后轻轻移动游标，使活动量爪的测量面也紧靠工件，如图 2-2-4 所示，然后把紧固螺钉拧紧，即可读出读数。测量时测量面的连线垂直于被测表面，不可处于如图 2-2-5 所示的歪斜位置。

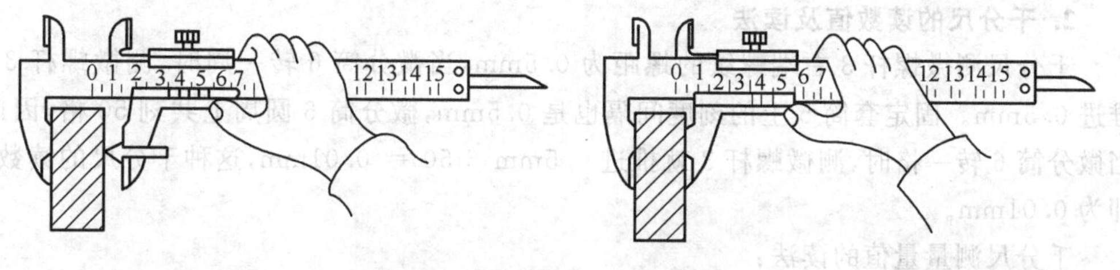
图 2-2-4 测量时量爪的动作

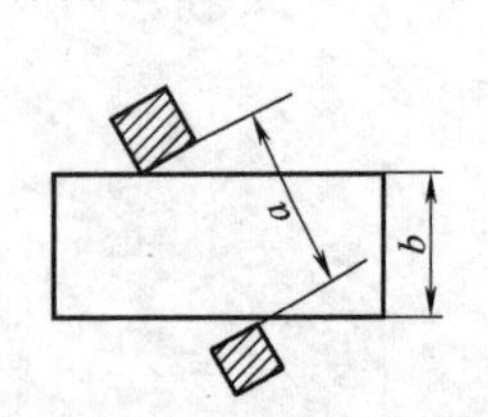
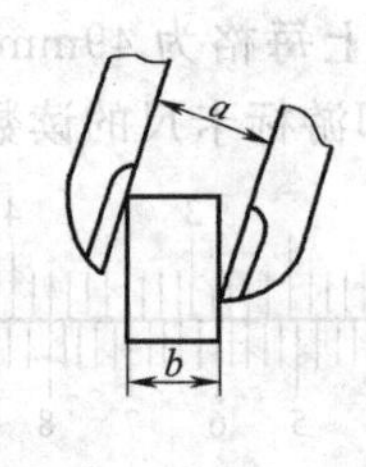

图 2-2-5　游示卡尺测量面与工件的错误接触

④ 测量内孔孔径时，应做一个量爪接触孔壁不动，另一个量爪微微摆动，取其最大值，以量得正确的孔径尺寸。测量孔的深度时，应使尺身与孔端面垂直。

⑤ 用游标卡尺测量零件时，施加压力要适当。

⑥ 读数时，应把游标卡尺水平拿着，在光线明亮的地方，视线垂直于刻度表面，避免由斜视造成的读数误差。

⑦ 游标卡尺使用时应轻拿轻放，用完后应擦干净，放入专用的盒中。

4. 其他游标卡尺

除了上面介绍的游标卡尺外，常见的还有带表游标卡尺、数显游标卡尺，如图 2-2-6 所示，使用方法同上。

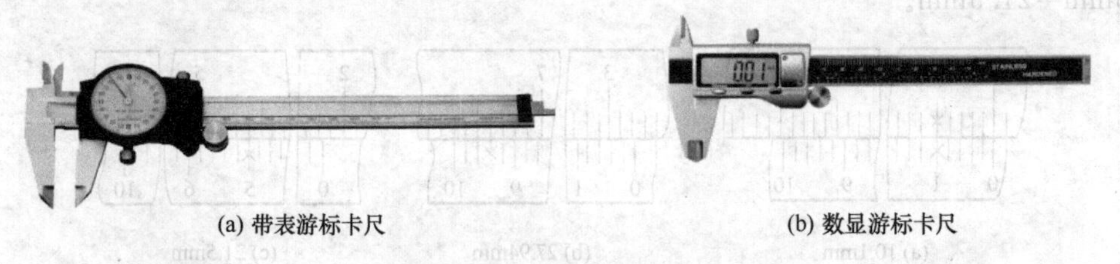

(a) 带表游标卡尺　　(b) 数显游标卡尺

图 2-2-6　其他游标卡尺

2.2　千分尺

千分尺也是一种中等测量精确度的量具，它的测量精度比游标卡尺高。普通千分尺的测量精确度为 0.01mm。因此，常用来测量加工精确度要求较高的零件尺寸。

千分尺的规格按测量范围划分，在 500mm 以内，每 25mm 为一挡，如 0～25mm、25～50mm、50～70mm 等；在 500～1000mm，每 100mm 为一挡，如 500～600mm、600～700mm 等。

1. 千分尺的结构

如图 2-2-7 所示是测量范围为 0～25mm 的千分尺，由尺架 1、测微螺杆 3、测力装置 7 等组成。

2. 千分尺的读数值及读法

千分尺测微螺杆 3 右端螺纹的螺距为 0.5mm，当微分筒 6 转一周时，测微螺杆 3 就推进 0.5mm。固定套筒 5 上的刻度间隔也是 0.5mm，微分筒 6 圆周上共刻 50 格，因此，当微分筒 6 转一格时，测微螺杆 3 就推进 0.5mm ÷50 ＝ 0.01mm，这种千分尺的读数值即为 0.01mm。

千分尺测量量值的读法：

① 读出微分筒边缘在固定套筒上的尺寸值(即毫米或半毫米值)。

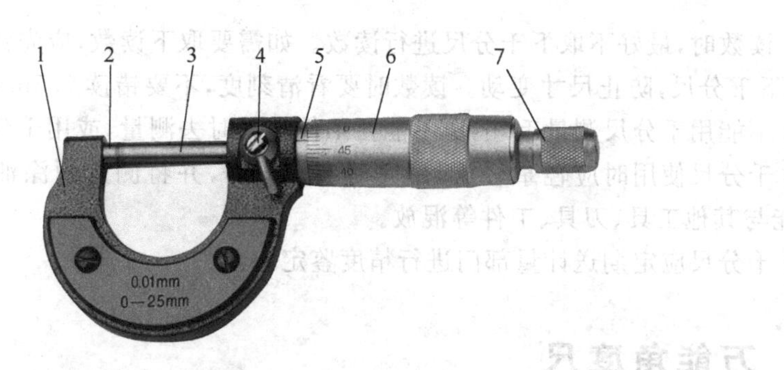

图 2-2-7　千分尺

1—尺架；2—测砧；3—测微螺杆；4—锁紧装置；5—固定套筒；6—微分筒；7—测力装置

② 读出微分筒与固定套筒上基准线对齐处的尺寸值(即 0.××mm)。

③ 将两个读数值相加，即为所测零件的尺寸值。

图 2-2-8 为千分尺的读数方法示例，图 2-2-8(a)读数为 6mm ＋ 0.05mm ＝ 6.05mm，图 2-2-8(b)读数为 35.5mm ＋ 0.12mm ＝ 35.62mm。

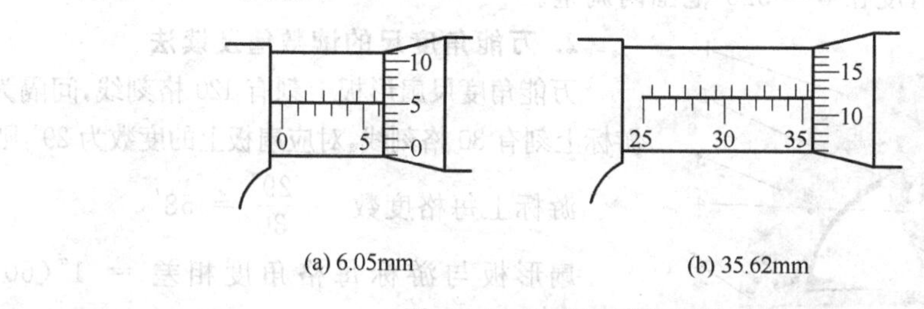

(a) 6.05mm　　(b) 35.62mm

图 2-2-8　千分尺读数方法

3. 千分尺的使用方法

千分尺的使用方法及注意事项如下。

① 千分尺的测量面应保持干净，使用前应检查零位的准确性。对 0～25mm 的千分尺，首先应使两测量面接触，检查微分筒上的零线是否与固定套筒上的基准线对齐。如果没有对齐，则应先进行校准。对 25～50mm 以上的千分尺可用量具盒内附的校正杆来校准。

② 测量时，千分尺的测量面和零件的被测表面应擦拭干净，以保证测量准确。千分尺要放正，先转动微分筒，当测量面接近工件时，改用测力装置，至测力装置内棘轮发出吱吱声音时为止。测量方法如图 2-2-9 所示，其中图 2-2-9(a)为单手握尺测量，可用大拇指和食指握住微分筒，小指将尺架压向手心即可测量。图 2-2-9(b)为双手握尺测量。

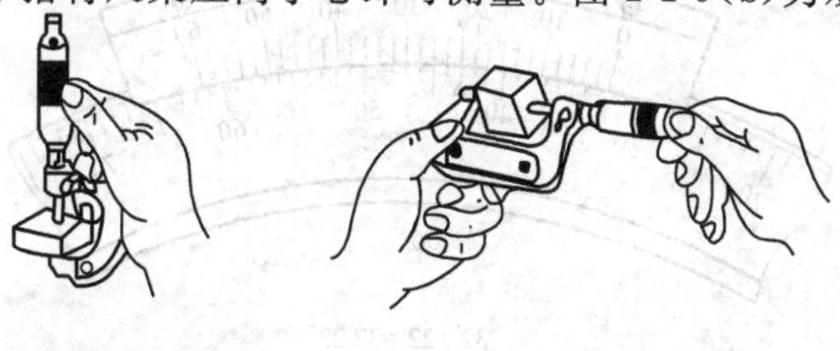

(a) 单手握尺测量　　(b) 双手握尺测量

图 2-2-9　千分尺测量方法

③ 读数时，最好不取下千分尺进行读数。如需要取下读数，应先锁紧测微螺杆，然后轻轻取下千分尺，防止尺寸变动。读数时要看清刻度，不要错读 0.5mm。

④ 不能用千分尺测量毛坯，更不能在工件转动时去测量，或用千分尺敲击工件。

⑤ 千分尺使用时应轻拿轻放，用完后应擦干净，并将测量面涂油防锈，放入专用盒内，不能与其他工具、刀具、工件等混放。

⑥ 千分尺应定期送计量部门进行精度鉴定。

2.3 万能角度尺

万能角度尺是用来测量工件或样板内外角度的一种游标量具，按其测量精度分有 2′和 5′两种，测量范围为 0°～320°。

1. 万能角度尺的结构

图 2-2-10 所示是读数值为 2′的万能角度尺。扇形板 3 上刻有间隔 1°的刻线，游标 1 固定在底板 4 上，它可以沿着扇形板转动。用夹紧块 8 可以把角尺 6 和直尺 7 固定在底板 4 上，可使测量角度在 0°～320°范围内调整。

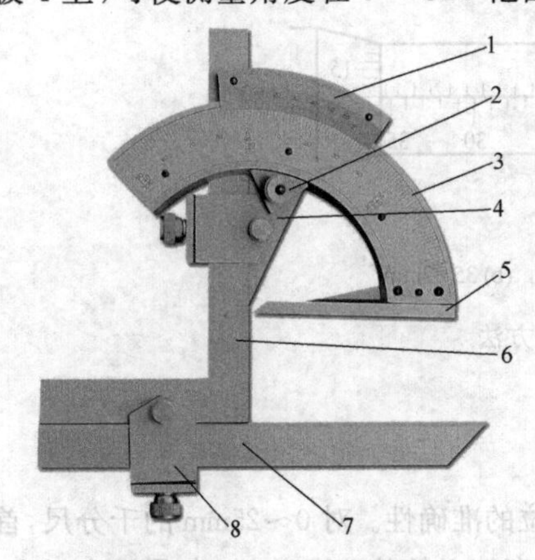

图 2-2-10 2′万能角度尺

1—游标；2—制动器；3—扇形板；4—底板；5—基尺；6—角尺；7—直尺；8—夹紧块

2. 万能角度尺的读数值及读法

万能角度尺扇形板上刻有 120 格刻线，间隔为 1°。游标上刻有 30 格刻线，对应扇板上的度数为 29°，则

$$游标上每格度数 = \frac{29°}{30} = 58'$$

扇形板与游标每格角度相差 = 1°(60′)－58′＝2′。

这种万能角度尺的读数值即为 2′。

万能角度尺测量值的读数方法：

① 读出游标上零线所对应的扇形板上所测角度的整数“度”数。

② 在游标上找出与扇形板上刻线对齐的那一条刻线，读出所测角度“分”数。

③ 将整数“度”数与“分”数相加，即为测量角度值。

如图 2-2-11 所示，测量角度值为 32°＋ 22′＝ 32°22′。

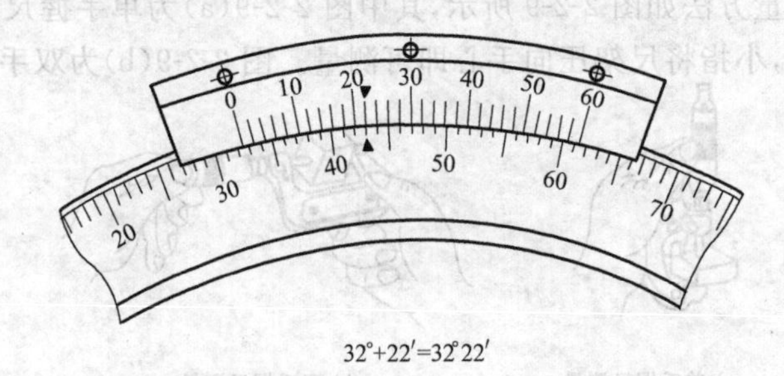

图 2-2-11 万能角度尺的读数法

3. 万能角度尺的使用方法

万能角度尺的使用方法及注意事项如下。

① 使用前应检查零位。

② 测量时，应使万能角度尺的两个测量面与被测件表面在全长上保持良好接触，然后拧紧制动器上的螺母即可读数。

③ 测量角度在0°～50°范围内，应装上角尺和直尺；在50°～140°范围内，应装上直尺；在140°～230°范围内，应装上角尺；在230°～320°范围内，不装角尺和直尺，这4种情况如图2-2-12所示。

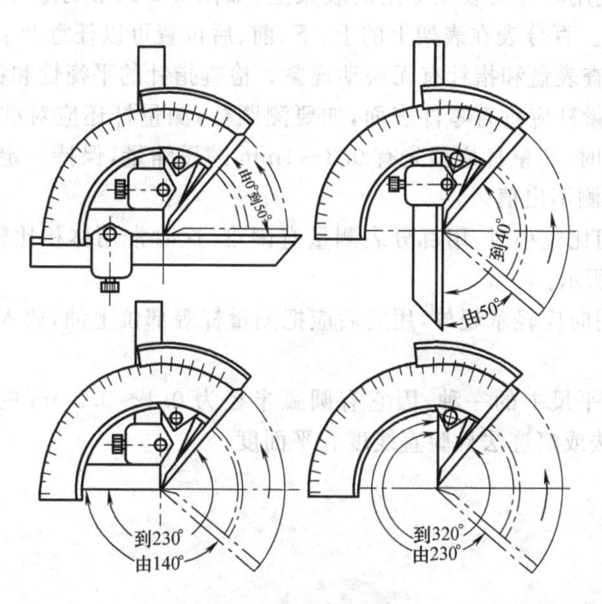

图 2-2-12 万能角度尺的使用

④ 万能角度尺使用时应轻拿轻放，用完后应擦净上油，放入专用盒内保管。

2.4 其他常用量具

1. 百分表

百分表（千分表）是一种精密量具，它可用于机械零件的长度尺寸、形状和位置偏差的绝对值测量或相对值测量，也可用来检验机床设备的几何精度或调整工件的装夹位置。

图2-2-13所示的百分表主要由测量头6、测量杆5、表盘1、长指针2、短指针3等组成。百分表的表盘上均匀地刻有100条刻线，每一小格0.01mm。

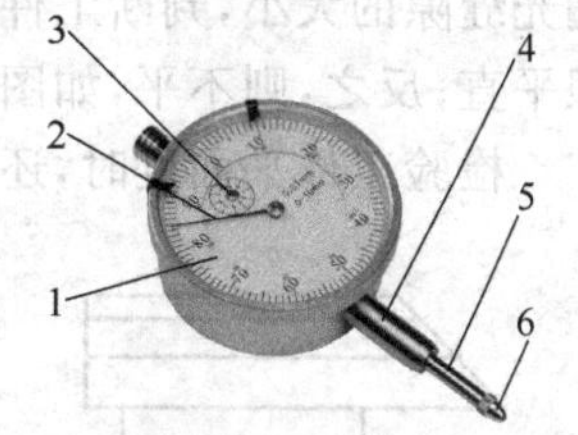

图 2-2-13 百分表

1—表盘；2—长指针；3—短指针；4—轴套；5—测量杆；6—测量头

测量时，百分表上的长指针转过一格刻度时，表示测量杆移动0.01mm，即零件尺寸变化0.01mm。当长指针转动一圈，即短指针转动一格时，表示测量杆移动1mm，即零件尺寸变化1mm。被测零件尺寸（偏差）等于短指针旋转的整格数

(mm)，加上长指针旋转的整格数(0.××mm)。

千分表的读数值(即分度值)是 0.001mm，其基本结构与百分表相似，读数与使用方法基本相同。

百分表的测量范围一般有 0～3mm；0～5mm 与 0～10mm 三种，精度分为 0 级和1 级两种，0 级精度较高。一般用于校正和检验 IT6～IT9 级零件；而读数值为 0.001mm 的千分表则用于校正和检验 IT5～IT8 级零件。

百分表的使用方法及注意事项如下。

① 百分表在使用时应安装在专用的表架上，如图 2-2-14 所示。表架安置在平板上，或某一平整位置上。百分表在表架上的上、下、前、后位置可以任意调节。

② 测量前，检查表盘和指针有无松动现象。检查指针的平衡性和稳定性。

③ 测量时，测量杆应垂直零件表面，如要测圆柱，测量杆还应对准圆柱轴中心，测量头与被测表面接触时，测量杆应预先有 0.3～1mm 的压缩量，保持一定的初始测力，以免由于存在负偏差而测不出值。

④ 当测量空间比较小时，用百分表测量有困难，这时常用体积比较小的杠杆百分表测量，如图 2-2-15 所示。

⑤ 百分表使用时应轻拿轻放，用完后应把测量杆等部位上油，放入专用盒内保管。

2. 刀口尺

刀口尺是样板平尺中的一种，因它有圆弧半径为 0.1～0.2mm 的棱边，如图 2-2-16 所示，故可用漏光法或痕迹法检验直线度和平面度。

图 2-2-14　百分表的安装方法

图 2-2-15　杠杆百分表

图 2-2-16　刀口尺

检查工件直线度时，面对光源，把刀口尺的测量棱边紧靠在工件的被测表面上，观察漏光缝隙的大小，判断工件表面是否平直，如透过均匀而微弱的光线时，则表示被测表面很平直；反之，则不平，如图 2-2-17 所示。

检验工件平面度时，还应沿对角线等多个位置测量。

图 2-2-17　用刀口尺检验直线度

3. 直角尺

直角尺用来检验工件相邻两个表面的垂直度。钳工常用的直角尺有宽座直角尺和样板直角尺(刀口直角尺)两种,如图 2-2-18 所示。

测量时,用直角尺检验零件外角度时,使用直角尺的内边;检验零件的内角度时,使用直角尺的外边。直角尺的一边应轻轻压住零件基准表面,另一边与零件被测表面接触,根据漏光的缝隙判断零件相互垂直面的垂直精度。直角尺的放置位置不能歪斜,否则测量不正确,如图 2-2-19 所示。

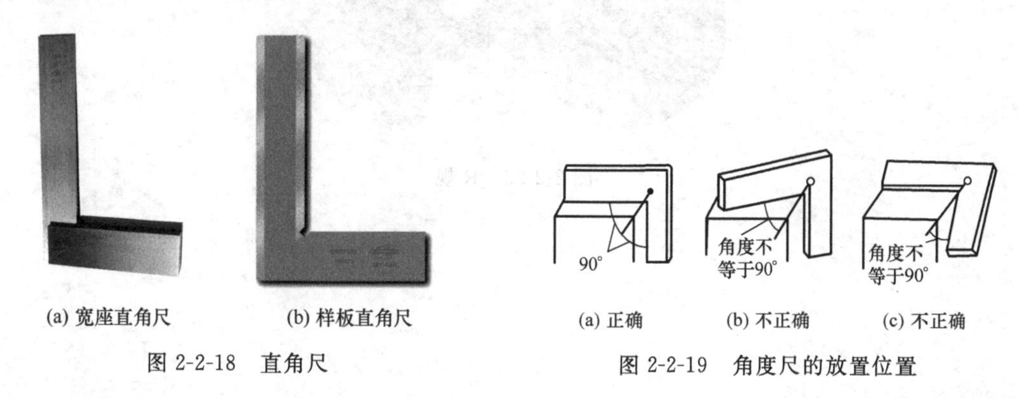

(a) 宽座直角尺　(b) 样板直角尺

图 2-2-18　直角尺

(a) 正确　(b) 不正确　(c) 不正确

图 2-2-19　角度尺的放置位置

4. 塞规

塞规一般用来测量孔径,形状如图 2-2-20 所示。它由两个测量端组成,尺寸小的一端在测量内孔或内表面时应能通过,称为通端,它的尺寸是按被测面的最小极限尺寸制作的。尺寸大的一端在测量工件时应不通过,称为止端,它的尺寸是按被测面的最大极限尺寸制作的。

用塞规检验工件时,如通端能通过,止端不能通过,即表示此工件为合格品,否则为不合格品。

5. 塞尺

塞尺又叫厚薄规,如图 2-2-21 所示,用于检验两个接触面之间的间隙大小。塞尺有两个平行的测量平面,其长度有 50mm、100mm、200mm 等几种。测量厚度为 0.02～0.1mm 的,中间每片相隔为 0.01mm;测量厚度为 0.1～1mm 的,中间每片相隔为 0.05mm。

使用时,根据零件尺寸的需要,可用一片或数片重叠在一起塞入间隙内。如用 0.03mm 能塞入,0.04mm 不能塞入,说明间隙在 0.03～0.04mm 之间。

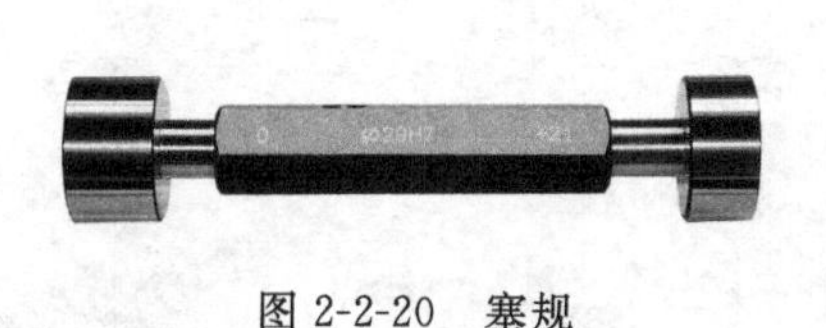

图 2-2-20　塞规

图 2-2-21　塞尺

6. R规

R规是利用光隙法测量圆弧半径的工具，也叫R样板，如图2-2-22所示。测量时，必须使R规的测量面与工件的圆弧面紧密接触，当测量面与工件的圆弧面完全吻合时，被测圆弧的半径即为所用样板的数值。

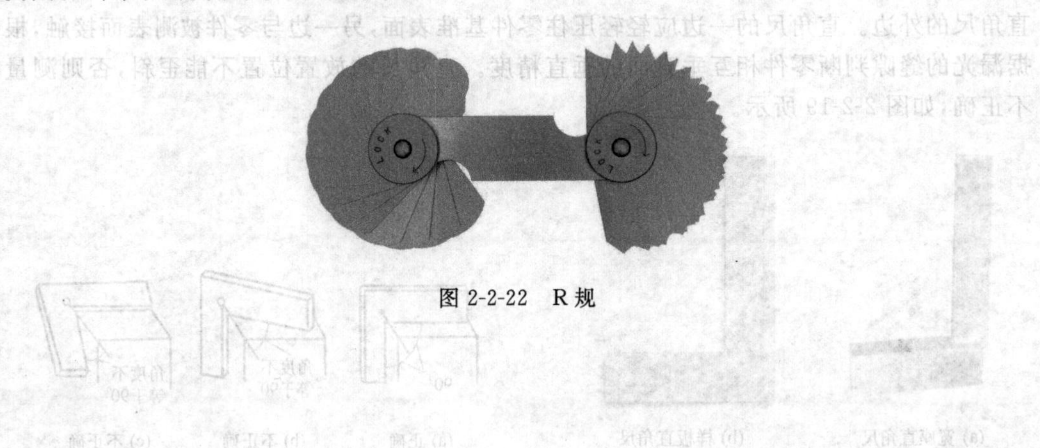

图 2-2-22　R规

单元3

划　线

学习目标

（1）会正确使用划线工具。
（2）掌握划线基准的选择方法。
（3）掌握划线的基本操作方法，能正确地按图划线，会打样冲眼。

根据图纸要求，用划线工具在毛坯或半成品上划出加工界线，或划出作为基准的点、线的操作过程称为划线。划线可分为平面划线和立体划线。在工件一个平面上划线，就能明确表示加工界线的划线，称为平面划线。需要同时在工件几个不同方向的表面上（通常是工件的长、宽、高方向上）划线，才能明确表示加工界线的，称为立体划线。划线的尺寸精度一般为0.25～0.5mm。

划线能确定工件上各加工面的加工位置和加工余量，能及时地发现和处理不合格的毛坯，便于复杂工件在机床上加工时找正、定位和夹紧，也可通过“借料”方法补救某些有缺陷的毛坯。因此，划线是机械加工的重要工序之一，广泛用于单件或小批量零件的生产，是钳工应该掌握的一项重要操作技能。

3.1　划线工具及其使用

1. 划线平台

划线平台（又称划线平板）由铸铁制成，工作表面经过精刨或刮削加工，作为划线时的基准平面，如图2-3-1所示。划线平台一般用铁架搁置，水平放置。划线平台使用时应保持清洁；工件和工具在平台上都要轻拿、轻放；不可在平台上进行敲击作业，以免损伤其工作表面；用后要擦拭干净，并涂上机油防锈。

图2-3-1　划线平台

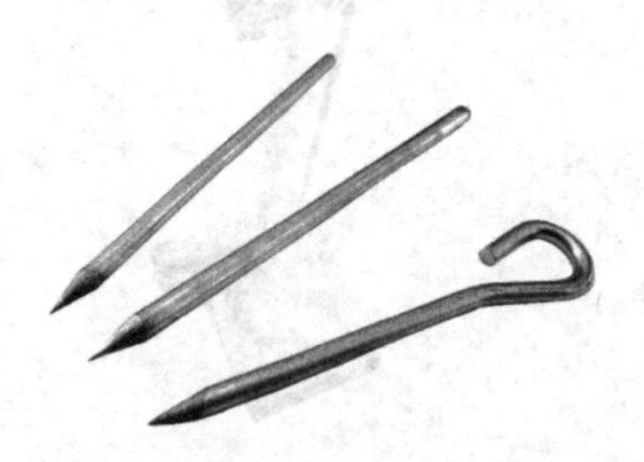

图2-3-2　划针

2. 划针

划针是用来在工件上划线条的工具，形状如图 2-3-2 所示。它由弹簧钢丝或高速钢制成，有的划针在尖端部位焊有硬质合金，耐磨性更好。直径一般为 3～5mm，尖端磨成 15°～25°的尖角，并经热处理淬火硬化。

划线时，划针的针尖要紧靠导向工具的边缘，上部向外倾斜 15°～20°，向划针移动方向倾斜 45°～75°，如图 2-3-3 所示。针尖要保持尖锐，划线要尽量一次划成，使划出的线条既清晰又准确。

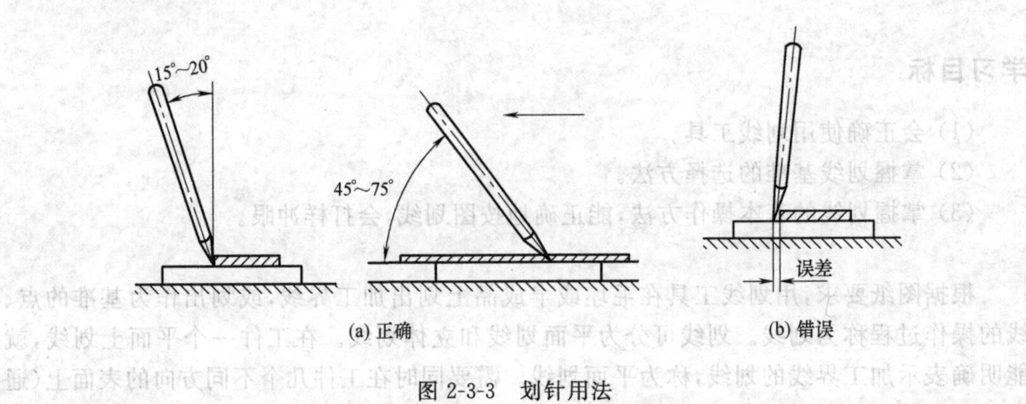

图 2-3-3 划针用法

3. 划线盘

划线盘（又称划针盘）如图 2-3-4 所示，通常用来在划线平台上对工件进行划线或找正工件在平台上的正确安放位置。

4. 高度游标卡尺

图 2-3-5 为高度游标卡尺，它一般附有带硬质合金的划针脚，能直接表示出高度尺寸，其读数精度一般为 0.02mm，划线精度可达 0.1mm 左右。高度游标卡尺一般可用来在平台上测量工件高度或划线。

高度游标卡尺使用注意要点：

① 在划线方向上，划线脚与工件划线表面之间应成 45°左右的夹角，以减小划线阻力。

图 2-3-4 划线盘

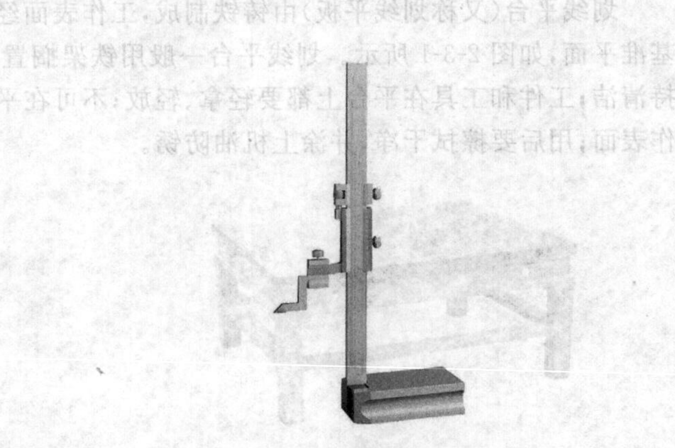

图 2-3-5 高度游标卡尺

② 高度游标卡尺底面与平台接触面都应保持清洁，以减小阻力；拖动时底座应紧贴平台工作面，不能摆动、跳动。

5. 划规

划规（又称圆规）如图 2-3-6 所示，用来画圆和圆弧、等分线段、等分角度以及量取尺寸等。划规的脚尖应保持尖锐，用划规划圆时，应把压力加在作旋转中心的那个脚上。

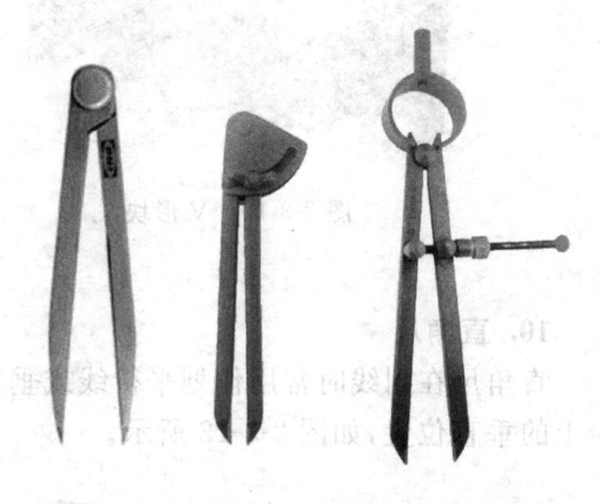

图 2-3-6 划规

6. 样冲

样冲用工具钢制成并淬硬，一端磨成 60°左右尖角，如图 2-3-7 所示。样冲用来在已划好的线上打上样冲眼，这样，当所划的线条模糊后，仍能找到原线的位置。用划规划圆和定钻孔中心时，需先打样冲眼。

打冲眼时，先将样冲外倾，使尖端对准线或线条交点，然后再将样冲立直冲眼，如图 2-3-8 所示。冲眼的位置要准确，不可偏离线条。在曲线上冲眼距离可短些，在直线上冲眼距离可长些，但短直线至少有 3 个冲点。在线条的交叉转折处必须冲眼。在圆周线上，一般应打上 4 个以上冲眼。冲眼的深浅要掌握适当，在薄壁上或光滑表面上冲眼要浅，粗糙表面上要深些。

7. 方箱

方箱是用铸铁制成的空心立方体，六面都经过加工，互成直角，如图 2-3-9 所示。方箱用于夹持较小的工件划线或用作薄板工件划线的靠铁。

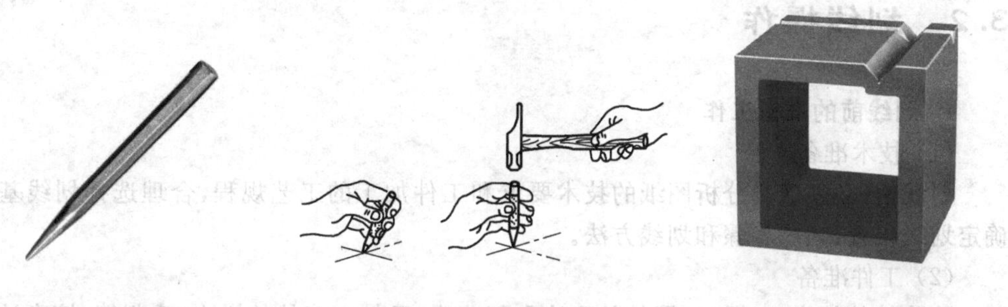

图 2-3-7 样冲　　图 2-3-8 冲眼方法　　图 2-3-9 方箱

8. V 形块

V 形块又称 V 形架或 V 形铁，用钢或铸铁制成，如图 2-3-10 所示。它主要用于放置圆柱形类工件，以便找中心和划出中心线。V 形块通常是一副两块，两块 V 形块的平面、V 形槽是在一次安装中磨出的，因此，在使用时不必调节高低。精密的 V 形块各相邻平面均互相垂直，故也可作为方箱使用。

9. 千斤顶

千斤顶如图 2-3-11 所示。对较大毛坯件划线时，常用 3 个千斤顶把工件支撑起来。千斤顶高度可以调整，以便找正工件位置。

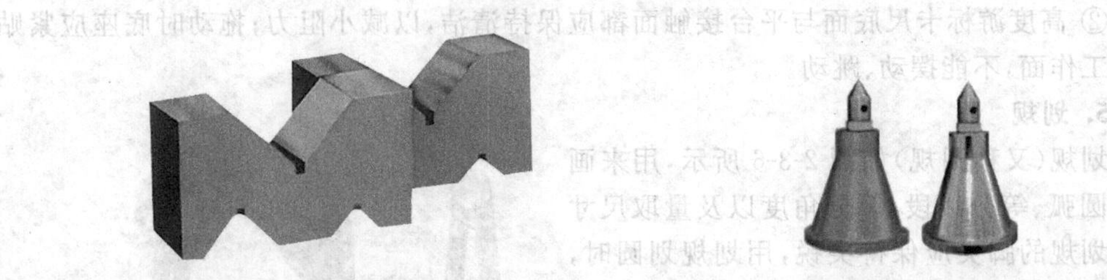

图 2-3-10　V形块

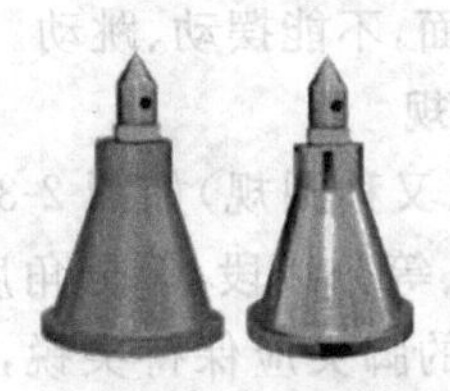

图 2-3-11　千斤顶

10. 直角尺

直角尺在划线时常用作划平行线或垂直线的导向工具，也可用来找正工件在划线平台上的垂直位置，如图 2-3-12 所示。

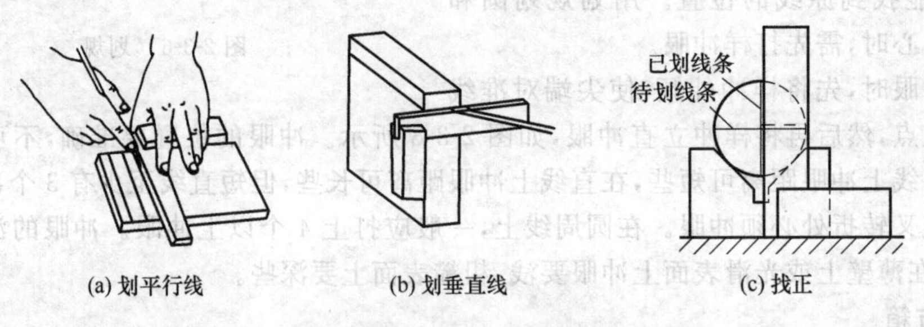

(a) 划平行线　(b) 划垂直线　(c) 找正

图 2-3-12　直角尺的使用

3.2　划线操作

1. 划线前的准备工作

(1) 技术准备

划线前，必须认真分析图纸的技术要求和工件加工的工艺规程，合理选择划线基准，确定划线位置、划线步骤和划线方法。

(2) 工件准备

清除铸件的浇口、冒口，锻件的飞边和氧化皮，已加工工件的锐边、毛刺等，擦净油污。对有孔的工件，如需要找出孔的中心用划规划圆，则在孔中要装入中心塞块，如图 2-3-13 所示。小孔常用木塞块或铅塞块，大孔用可调节塞块。

(3) 划线表面涂色

为了使划出的线条清楚，一般都要在工件的划线部位涂上一层薄而均匀的涂料。一般粗糙的铸、锻件毛坯常用石灰水（常在其中加入适量的牛皮胶来增加附着力）；已加工表面的划线，常用蓝油（在酒精中加漆片和蓝色颜料配成）或硫酸铜溶液。

2. 划线基准的选择

基准就是工件上用来确定其他点、线、面位置的依据。划线时，一般都要遵守从基准开始的原则，即首先要选择和确定基准线或基准平面，然后根据它划出其余的线。一般可选用图纸上的设计基准、重要孔的中心线为划线基准或选加工过的平面为基准。常见的

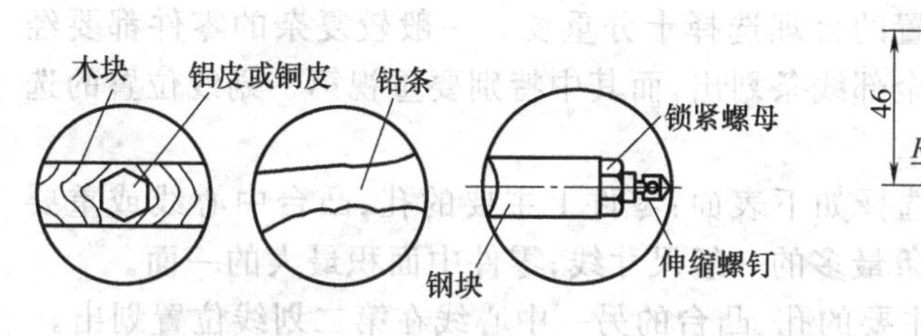

图 2-3-13　中心塞块

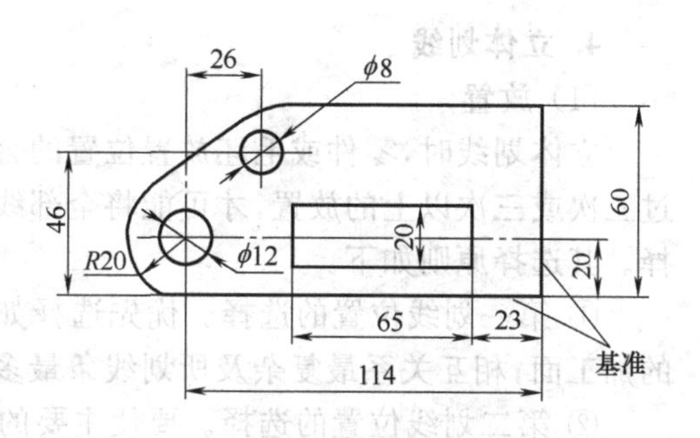

图 2-3-14　二平面为基准

划线基准有三种。

① 以两个相互垂直的平面为基准。如图 2-3-14 所示工件的尺寸是以两个相互垂直的平面为设计基准。因此，划线时应以这两个平面为划线基准。

② 以一条中心线和与它垂直的平面为基准。如图 2-3-15 所示的工件，其设计基准是底平面以及中心线。因此，在划高度尺寸线时应以底平面为划线基准；划宽度尺寸线时应以中心线为划线基准。

③ 以两条互相垂直的中心线为基准。如图2-3-16所示工件，其设计基准为两条互相垂直的中心线，因此在划线时应选择中心十字线为划线基准。

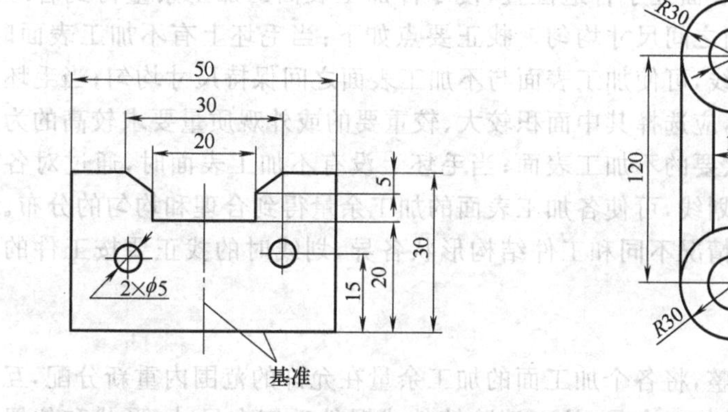

图 2-3-15　一中心线和一平面为基准

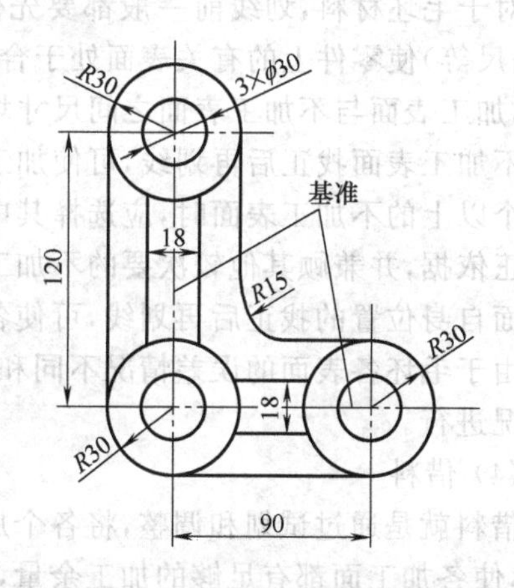

图 2-3-16　二中心线为基准

3. 平面划线

(1) 样板划线

样板划线是先加工好一块划线样板，根据划线样板，在零件表面上仿划出零件的加工界线，如图2-3-17所示。常用于各种平面形状复杂、批量大而精度要求一般的零件划线，以便节省划线时间、提高划线效率。

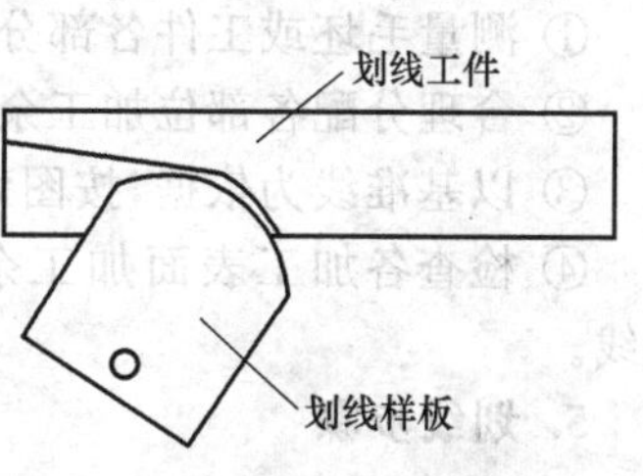

图 2-3-17　样板划线

(2) 几何划线

几何划线法是根据零件图的要求，直接在毛坯或零件上利用平面几何作图的方法划出加工界线的方法，其划线方法都和平面几何作图方法一样，这里不再赘述。

4. 立体划线

（1）放置

立体划线时，零件或毛坯放置位置的合理选择十分重要。一般较复杂的零件都要经过三次或三次以上的放置，才可能将全部线条划出，而其中特别要重视第一划线位置的选择。其选择原则如下。

① 第一划线位置的选择。优先选择如下表面：零件上主要的孔、凸台中心线或重要的加工面；相互关系最复杂及所划线条最多的一组尺寸线；零件中面积最大的一面。

② 第二划线位置的选择。要使主要的孔、凸台的另一中心线在第二划线位置划出。

③ 第三划线位置的选择。通常选择与第一和第二划线位置相垂直的表面，该面一般是次要的、面积较小的、线条关系较简单且线条较少的表面。

（2）基准

立体划线的每一划线位置都需有一个划线基准，选择原则如上面所述，一般划线是从这一划线基准开始。此外，根据毛坯的不同，选择基准时还应该考虑：尽量与设计基准重合；对称形状的零件，应以对称中心线为划线基准；有孔或凸台的零件，应以主要的孔或凸台的中心线为划线基准；未加工的毛坯件，应以主要的、面积较大的不加工面为划线基准；加工过的零件，应以加工后的较大表面作划线基准。

（3）找正

对于毛坯材料，划线前一般都要先做好找正工作。找正就是利用划线工具（如划线盘、角尺等）使零件上的有关表面处于合适位置，使零件加工表面的加工余量得到合理的分布，加工表面与不加工表面之间尺寸均匀。找正要点如下：当毛坯上有不加工表面时，应按不加工表面找正后再划线，可使加工表面与不加工表面之间保持尺寸均匀；当毛坯上有两个以上的不加工表面时，应选择其中面积较大、较重要的或外观质量要求较高的为主要找正依据，并兼顾其他较次要的不加工表面；当毛坯上没有不加工表面时，通过对各加工表面自身位置的找正后再划线，可使各加工表面的加工余量得到合理和均匀的分布。

由于毛坯各表面的误差情况不同和工件结构形状各异，划线时的找正要按工件的实际情况进行。

（4）借料

借料就是通过试划和调整，将各个加工面的加工余量在允许的范围内重新分配，互相借用，使各加工面都有足够的加工余量，从而消除铸件或锻件毛坯在尺寸、形状和位置上的某些误差和缺陷。当铸、锻件毛坯在形状、尺寸和位置上的误差缺陷，用找正后的划线方法不能补救时，就要用借料的方法来解决。划线时找正和借料这两项工作是密切结合进行的，找正和借料必须相互兼顾。对一般较复杂的工件，往往要经过多次试划，才能最后确定合理的借料方案。借料的一般步骤是：

① 测量毛坯或工件各部分尺寸，找出偏移部位和偏移量。

② 合理分配各部位加工余量，确定借料方向和大小，划出基准线。

③ 以基准线为依据，按图划出其余各线。

④ 检查各加工表面加工余量，若发现余量不足，则应调整各部位加工余量，重新划线。

5. 划线步骤

划线步骤如下。

① 熟悉图纸，详细分析工件上需要划线的部位，明确工件及其有关划线部分的作用和要求，了解有关的加工工艺。

② 选定划线基准。

③ 根据图纸，检查毛坯工件是否符合要求。

④ 清理工件后，涂色。

⑤ 选用划线工具，正确安放工件。

⑥ 划线。

⑦ 对图形、尺寸复检核对，详细检查划线的准确性以及是否有线条漏划。

⑧ 在线条上及孔中心打上必要的冲眼。

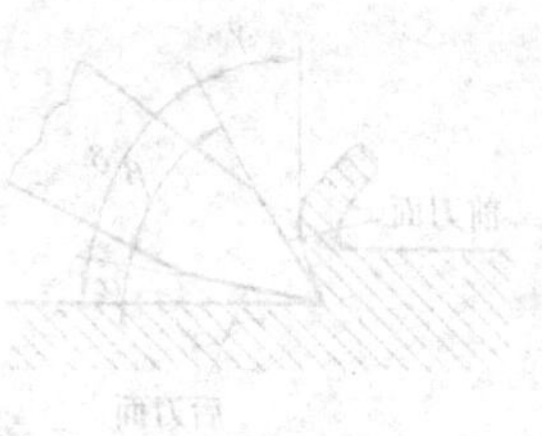

单元4

錾　　削

学习目标

(1) 掌握錾子和手锤的正确握法及锤击动作。
(2) 能根据加工材料的不同,正确刃磨錾子的几何角度。
(3) 掌握平面錾削方法及操作技能,了解錾削的安全知识。

用手锤打击錾子对金属工件进行切削加工的操作称为錾削。

4.1　錾削工具

1. 錾子

(1) 錾子的构造

錾子是用碳素工具钢锻造而成的,经淬硬及刃磨后方可使用。錾子由切削部分、斜面、柄和头部等组成,如图 2-4-1 所示。錾身一般制成八棱形,便于控制錾刃方向。头部做成圆锥形,顶部略带球面,使锤击时的作用力易于和刃口的錾切方向一致。切削部分由前刀面、后刀面和切削刃组成。

(2) 錾子切削部分的几何角度

錾子切削部分的几何角度如图 2-4-2 所示。

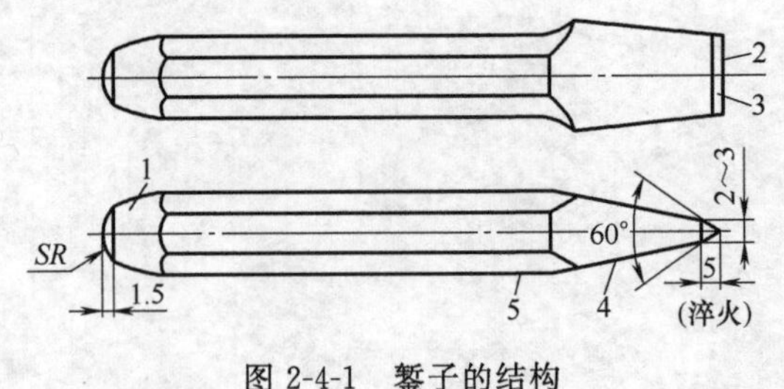

图 2-4-1　錾子的结构

1—头部;2—切削刃;3—前(后)刀面;4—斜面;5—柄

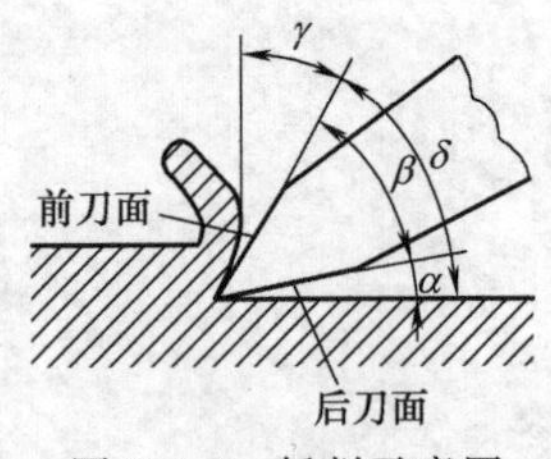

图 2-4-2　錾削示意图

① 楔角(β)。錾子前刀面与后刀面之间的夹角称为楔角。它是决定錾子切削性能和强度的主要参数,楔角越大,切削性能越差,切削部分的强度越高。錾削硬钢或铸铁等材料时,楔角 β 取 60°～70°;錾削一般钢料或中等硬度材料时,楔角(β)取 50°～60°;錾削铜或铝等软材料时,楔角 β 取 30°～50°。

② 后角(α)。錾子的后角以5°～8°为宜。后角太大，会使錾子切入工件表面过深，錾削困难；后角太小，会造成錾子滑出工件表面，不易切入。

③ 前角(γ)。錾子的前角是錾子的前刀面与基面之间的夹角。其作用是减少錾削时切屑变形，使切削省力。錾子的前角越大，切削越省力。当α一定时，γ由β的大小决定。

(3) 錾子分类

根据錾子用途的不同，常见的有扁錾、狭錾、油槽錾三种，如图2-4-3所示。扁錾切削刃较长，略带圆弧，两斜面较扁平，用途最广，常用于錾削平面、切割、去凸缘、等。狭錾的切削刃较短，两个侧面由切削刃向錾身逐渐狭小，以减小錾削时的阻力，常用于錾沟槽、分割曲面等。油槽錾的切削刃很短，两切削面呈弧形，用于錾削油槽。

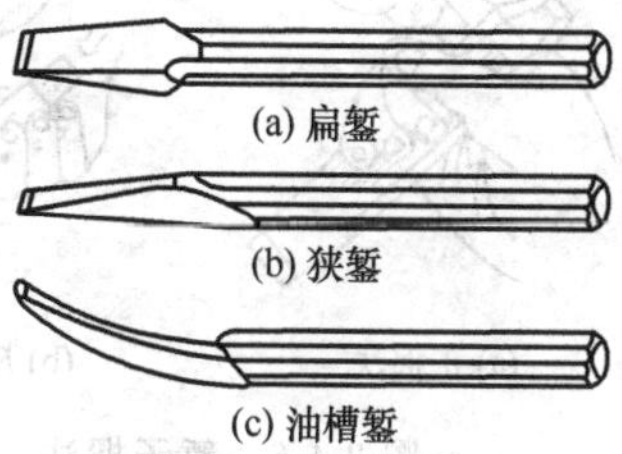

(a) 扁錾

(b) 狭錾

(c) 油槽錾

图2-4-3 錾子的种类

(4) 錾子的刃磨

刃磨錾子时，楔角的大小应按錾削工件的软硬来选择，切削刃的长度应根据錾子的种类及使用来决定。扁錾的切削刃稍长并略带弧形，前刀面和后刀面应光洁、平整，必要时可在油石上作最后精磨、修整；狭錾的切削刃长度应与錾削槽的宽度相适应，并与錾身的几何中心线垂直；油槽錾的切削刃长度及形状应与油槽的宽度及断面形状相符合，前、后两弧面应光洁、圆滑。

錾子的刃磨操作方法如图2-4-4所示。双手握住錾子，使錾子切削刃略高于砂轮中心，在砂轮的轮缘全宽上左、右平稳移动，压力不要过大，控制好錾子的方向、位置，并经常蘸水冷却，保证磨出的楔角、刃口形状和长度正确，切削刃锋利。

2. 手锤

手锤是钳工常用的敲击工具，由锤头和木柄组成，如图2-4-5所示。锤头一般用工具钢制成，并经热处理淬硬。木柄用比较坚韧的木材制成，如白蜡木、檀木等。木柄装入锤孔后用楔子楔紧，以防锤头脱落。

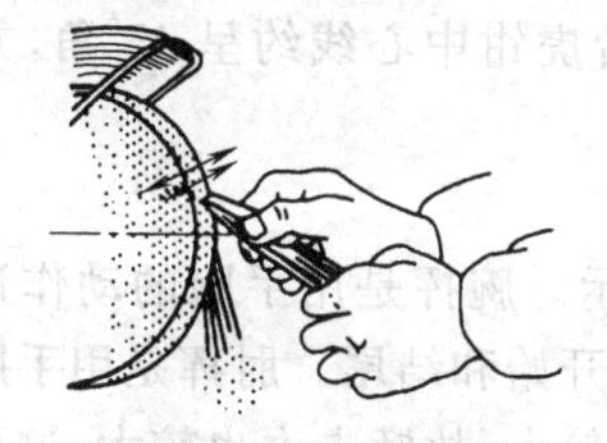

图2-4-4 錾子的刃磨

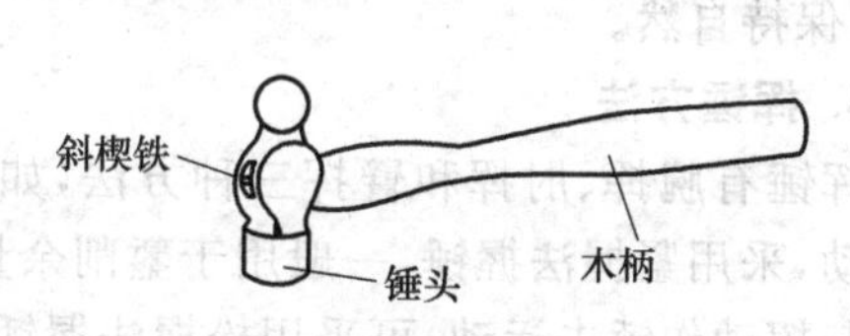

图2-4-5 手锤

手锤的规格用锤头的重量来表示，有0.25kg、0.5kg、1kg等几种。常用的手锤为0.5kg，柄长约350mm。

4.2 錾削操作

1. 錾子的握法

(1) 正握法

手心向下，腕部伸直，用中指、无名指握住錾子，小指自然合拢，食指和大拇指自然伸直地松靠，錾子头部伸出约 20mm，如图 2-4-6(a)所示。

(2) 反握法

手心向上，手指自然捏住錾子，手掌悬空，如图 2-4-6(b)所示。

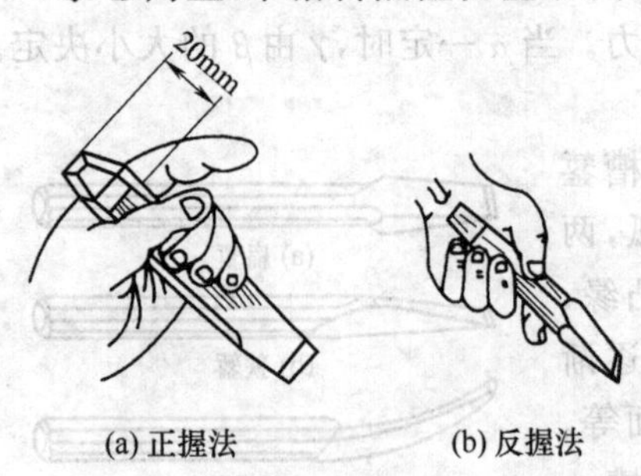

(a) 正握法　(b) 反握法

图 2-4-6　錾子握法

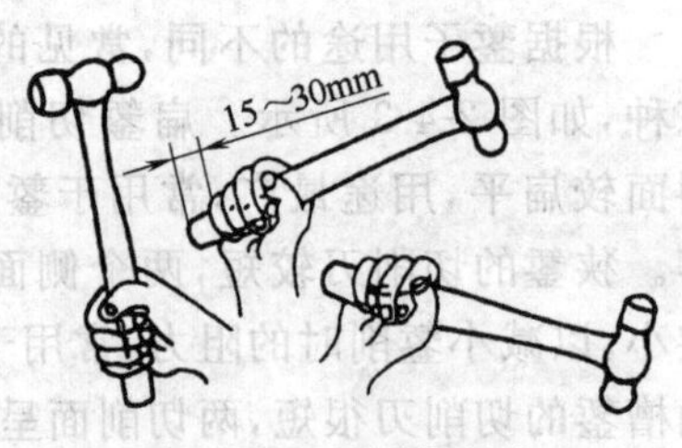

图 2-4-7　手锤紧握法

2. 手锤的握法

(1) 紧握法

用右手五指紧握锤柄，大拇指合在食指上，虎口对准锤头方向，木柄尾端露出 15～30mm。在挥锤和锤击过程中，五指始终紧握，如图 2-4-7 所示。

(2) 松握法

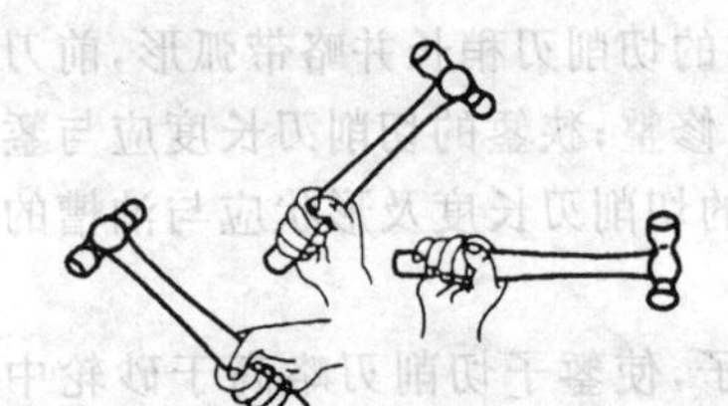

图 2-4-8　手锤松握法

只用大拇指和食指始终握紧锤柄。在挥锤时，小指、无名指、中指则依次放松；在锤击时，又以相反的次序收拢握紧，如图 2-4-8 所示。这种握法的优点是手不易疲劳，且锤击力大。

3. 站立姿势

錾削时，身体在台虎钳的左侧，左脚跨前半步与台虎钳中心线呈 30°角，左腿膝盖略弯曲，右脚习惯站立，一般与台虎钳中心线约呈 75°角，两脚相距 250～300mm，如图 2-4-9 所示。右腿要站稳、伸直，不要过于用力。此时身体与台虎钳中心线约呈 45°角，并略向前倾，保持自然。

4. 挥锤方法

挥锤有腕挥、肘挥和臂挥三种方法，如图 2-4-10 所示。腕挥是用手腕的动作进行锤击运动，采用紧握法握锤，一般用于錾削余量较少及錾削开始和结尾。肘挥是用手腕和肘部一起挥动作锤击运动，可采用松握法握锤，因挥动幅度较大，故锤击力也较大，这种方法最常用。臂挥是手腕、肘和全臂一起挥动，其锤击力较大，用于需要大力錾削的工件。

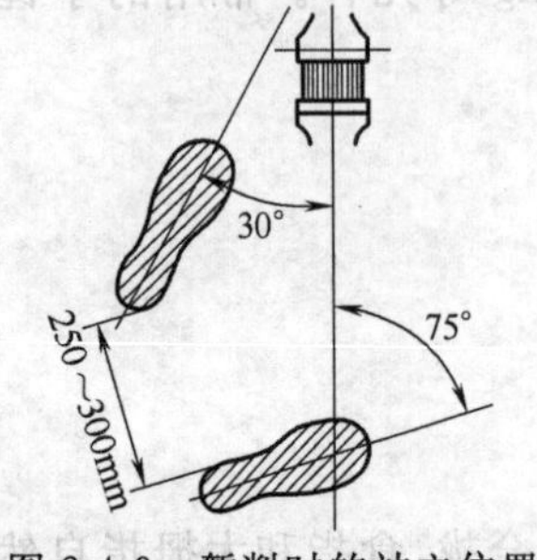

图 2-4-9　錾削时的站立位置

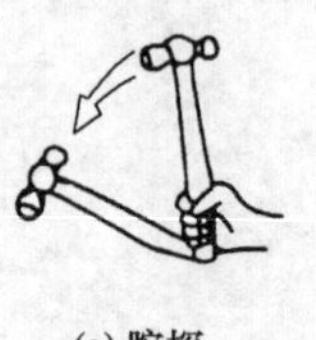

(a) 腕挥

(b) 肘挥

(c) 臂挥

图 2-4-10　挥锤方法

锤击时，眼睛要看在錾子刀刃处，锤头在右上方划弧形作上下运动，敲下去应有加速度，增加锤击的力量，保证錾削质量。锤击要稳、准、狠，其动作要一下一下有节奏地进行。锤击的速度，一般肘挥时40次/分钟左右，腕挥时50次/分钟左右。

5. 安全注意事项

錾削要注意以下几点。

① 工件下面应垫上垫块，要装夹牢固，防止击飞伤人。

② 锤头、锤柄要装牢，防止锤头飞出伤人；操作时不准戴手套，木柄上不应蘸油。

③ 錾子尾部的毛刺和卷边应及时磨掉，錾子刃口要经常修磨锋利，避免打滑。

④ 拿工件时要小心，防止錾削面锐角划伤手指。

⑤ 錾削的前方应加安全网，防止铁屑伤人。

⑥ 清除铁屑应用刷子，不得用手擦或用嘴吹。

4.3 平面錾削

1. 起錾方法

起錾方法有斜角起錾和正面起錾两种，如图2-4-11所示。錾削平面时，常采用斜角起錾的方法，即先在工件的边缘尖角处，将錾子放成$-\theta$角，錾出一个斜面，然后按正常的錾削角度逐步向中间錾削。在錾削槽时，则必须采用正面起錾，即起錾时全部刀刃贴住工件錾削部位的端面，錾出一个斜面，然后按正常角度錾削。

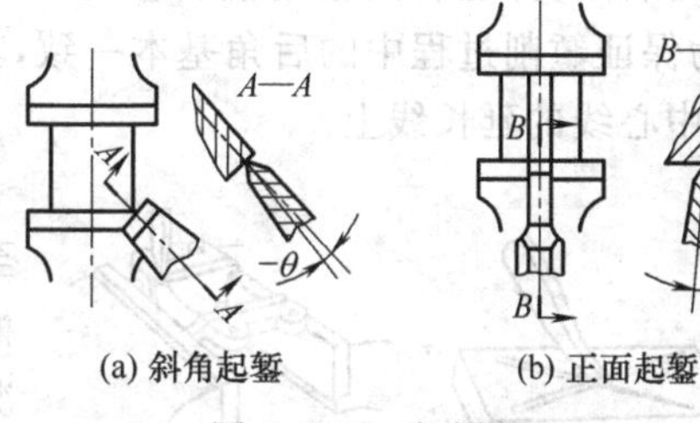

图2-4-11 起錾方法

2. 正常錾削

錾削时，左手握稳錾子，眼睛注视刀刃处，右手挥锤锤击。一般应使后角α在5°～8°之间，且保持不变。后角过大，錾子易向工件深处扎入；后角过小，錾子易从錾削部位滑出。錾削的切削深度，每次选取0.5～2mm为宜。如錾削余量大于2mm，可分几次錾削。一般每錾削一小段(3～5mm)后，可将錾子退回一些，作一次短暂的停顿，然后将刀刃顶住錾削处继续錾削。这样，既可随时观察錾削表面的平整情况，又可使手臂肌肉有节奏地得到放松。

3. 尽头錾削

在一般情况下，当錾削接近尽头约10mm时，必须调头錾去余下的部分。当錾削脆性材料，例如錾削铸铁和青铜时更应如此，否则，尽头处就会崩裂。

4. 窄平面錾削

在錾削较窄平面时，錾子的切削刃最好与錾削前进方向倾斜一个角度，而不是保持垂直位置，使切削刃与工件有较多的接触面，如图2-4-12所示。

5. 宽平面錾削

当錾削较宽平面时，由于切削面的宽度超过錾子的宽度，錾子切削部分的两侧被工件材料卡住，錾削十分费力，錾出的平面也不会平整。所以一般应先用狭錾间隔开槽，然后用扁錾錾去剩余部分，如图2-4-13所示。

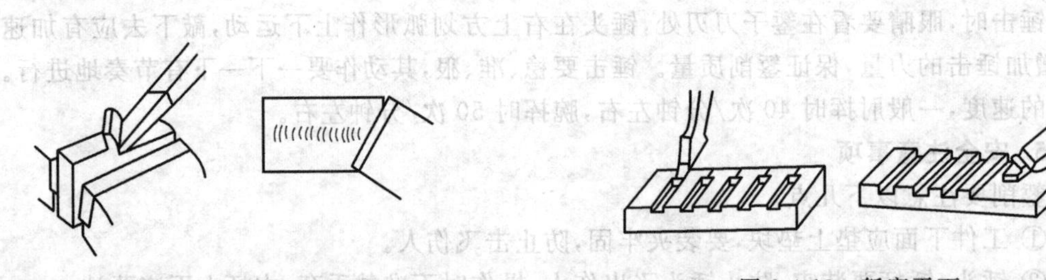

图 2-4-12 錾窄平面

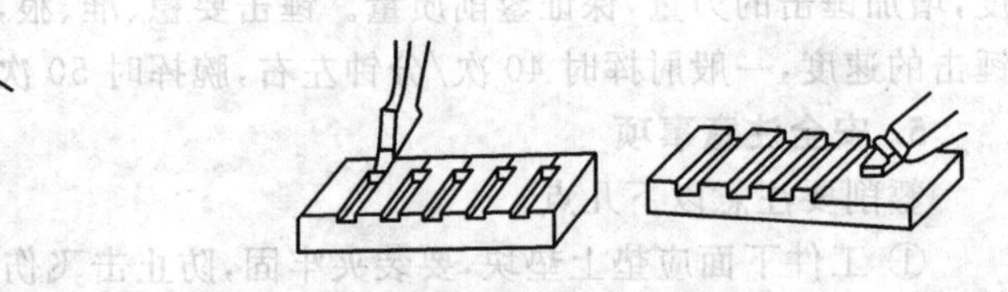

图 2-4-13 錾宽平面

4.4 其他錾削

1. 錾削油槽

油槽錾切削刃的形状应和图样上油槽断面形状刃磨一致,其楔角大小应根据被錾材料的硬度而定。錾子的后面,其两侧应逐步向后缩小,保证錾削时切削刃上各点都能形成一定的后角,并且后面应用油石修光,以使錾出的油槽表面光洁。在曲面上錾油槽的錾子,为保证錾削过程中的后角基本一致,其錾子前部应锻成弧形,圆弧刃口的中心点应在錾子中心线的延长线上。

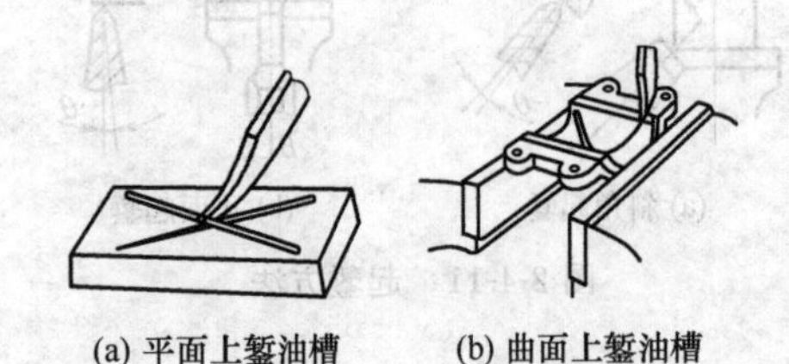

(a) 平面上錾油槽 (b) 曲面上錾油槽

图 2-4-14 錾油槽

在平面上錾油槽,起錾时錾子要慢慢地加深至尺寸要求,錾到尽头时刃口必须慢慢翘起,保证槽底圆滑过渡。在曲面上錾油槽,錾子的倾斜情况应随着曲面而变动,使錾削时的后角保持不变,如图 2-4-14 所示。油槽錾好后,再修去槽边毛刺。

2. 板料錾切

錾切厚度在 2mm 以下的板料,可装在台虎钳口进行,如图 2-4-15(a)所示。錾切时,板料按划线与钳口平齐夹紧,用扁錾沿着钳口约倾斜 45°,对着板料自右至左錾切。

厚度在 4mm 以下的较大型板材,可在铁砧上垫上软铁后錾切,如图 2-4-15(b)所示。此时,錾切用錾子的切削刃应磨有适当的弧形,使前后錾痕便于连接齐整,如图 2-4-15(c)、图 2-4-15(d)、图 2-4-15(e)所示。图 2-4-16 为錾切形状复杂的工件,应先沿轮廓线钻排孔后,然后用扁錾或狭錾逐步錾切。

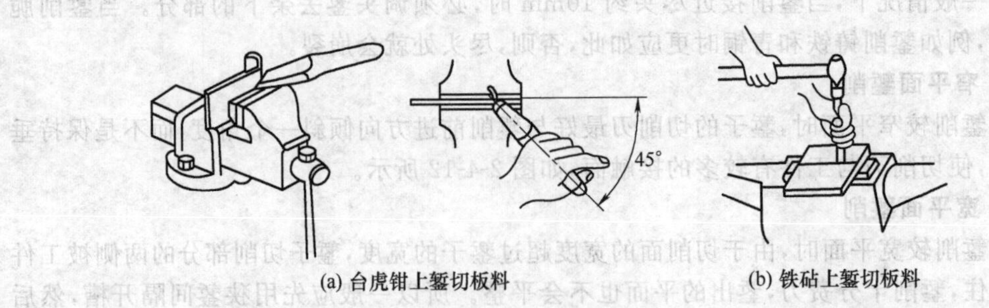

(a) 台虎钳上錾切板料 (b) 铁砧上錾切板料

图 2-4-15 錾切板料方法

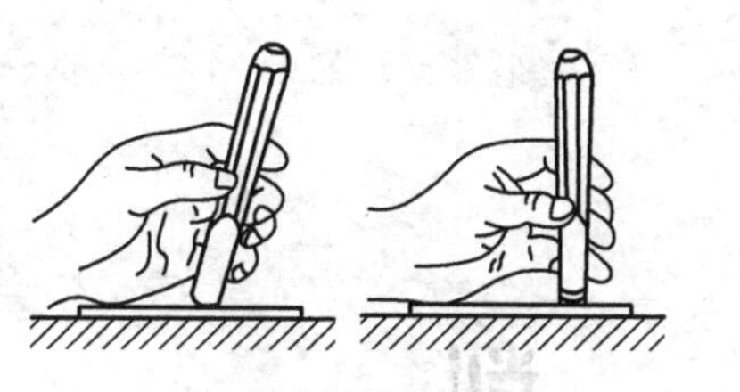

(c) 铁砧上鏨切板料

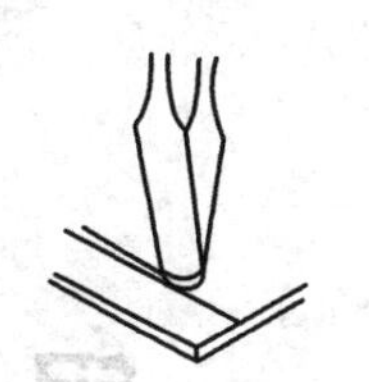

(d) 鏨子头部带弧形

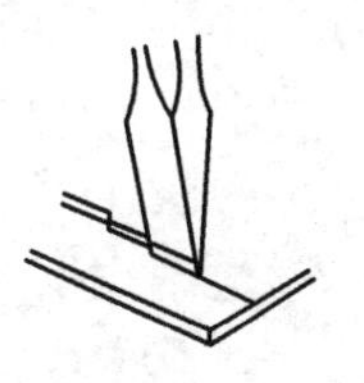

(e) 鏨痕连接要齐整

图　2-4-15(续)

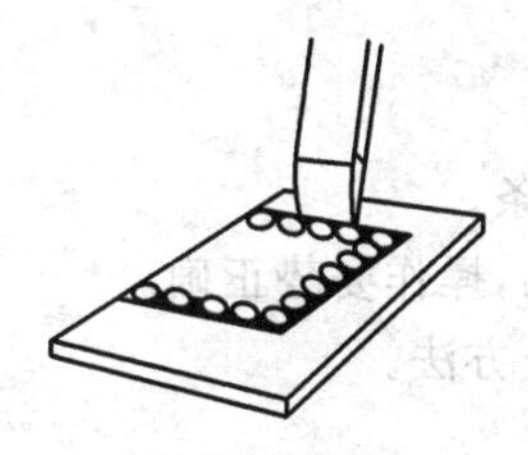

(a) 鏨切直线形

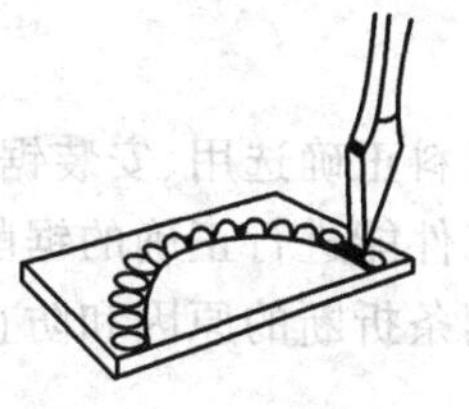

(b) 鏨切弧形

图 2-4-16　鏨切复杂或厚板料

单元5

锯 削

学习目标

(1) 会根据不同材料正确选用、安装锯条。
(2) 对各种形状工件能进行正确的锯削,操作姿势正确。
(3) 了解锯削时锯条折断的原因和防止方法。

用手锯把材料或工件进行分割或切槽等的操作称为锯削。

5.1 手锯

手锯(又称钢锯)由锯弓和锯条构成,如图 2-5-1 所示。

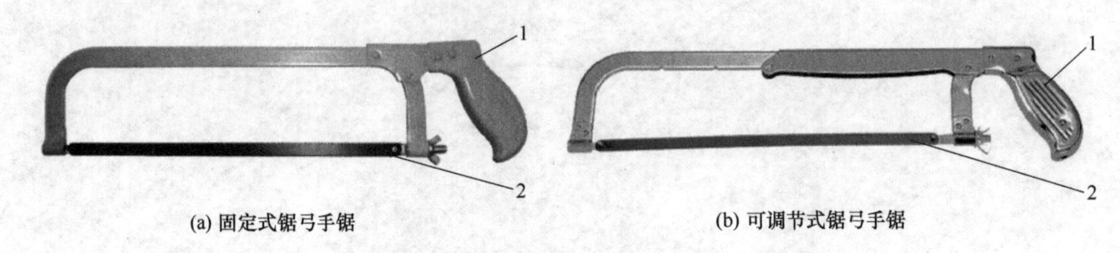

(a) 固定式锯弓手锯　　(b) 可调节式锯弓手锯

图 2-5-1　手锯

1—锯弓;2—锯条

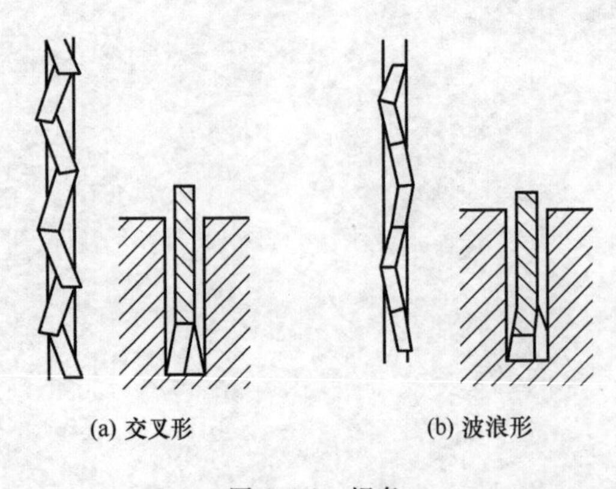

(a) 交叉形　　(b) 波浪形

图 2-5-2　锯条

1. 锯弓

锯弓是用来安装锯条的,它有固定式和可调节式两种。固定式锯弓只能安装一种长度的锯条;可调节式锯弓通过调整可以安装不同长度的锯条,所以目前被广泛使用。

2. 锯条

锯条一般由渗碳钢冷轧后淬硬而成,其切削部分是由许多锯齿组成的,按齿距大小的不同,分成粗齿、中齿和细齿三种。常用锯条的粗齿、中齿和细齿的齿距为

1.8mm、1.4mm 和 1.1mm。锯条的锯齿按交叉形或波浪形相互错开，称为锯路。锯条有了锯路，锯削时，工件上的锯缝宽度略大于锯条背部的宽度，使锯条与锯缝两侧的摩擦力减小，便于排屑，减少锯条的磨损或折断，避免夹锯，如图 2-5-2 所示。锯条的长度是以两端安装孔的中心距来表示的，常用的手锯锯条长度为 300mm。

使用锯条时，应根据所锯材料的软硬和厚薄来选用锯条粗细。一般锯削较软材料或较厚的材料（如铜、铝、铸铁、低碳钢等）时，应选用粗齿锯条；锯削较硬或较薄的材料（如高碳钢、薄钢板、管子、角钢等）时，应选用细齿锯条。

5.2　锯削操作

1. 工件装夹

工件一般装夹在台虎钳上，锯削位置线要与钳口垂直。

2. 锯条的安装

锯条应安装在锯弓两端夹头的销钉上，锯条的一侧面应紧贴在夹头平面上，旋紧蝶形螺母，拉紧锯条。锯削时，手锯向前推进，锯条起切削作用，反之，则不起切削作用，因此，锯条的锯齿齿尖方向应向前，如图 2-5-3 所示。锯条安装时，不可装得过紧或过松。过紧锯条受力过大，锯削时用力稍有不当，就会折断；过松锯条容易扭曲，也易折断，而且锯出的锯缝容易歪斜。一般用手拨动锯条时，手感硬实并略带弹性，则锯条松紧适宜。锯条装好后，不能扭曲，如有扭曲，则需校正。方法是把蝶形螺母顺时针再旋紧些，然后逆时针回旋一些来消除扭曲现象。

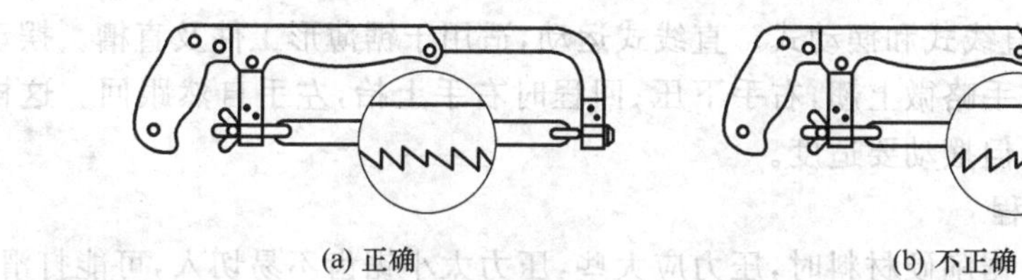

(a) 正确　　(b) 不正确

图 2-5-3　锯条的安装

3. 站立姿势

锯削时的站立位置和身体姿势与錾削基本相同，摆动要自然。

4. 握锯

右手握住锯柄，大拇指压在食指上面，左手轻扶在锯弓前端，双手将手锯扶正，放在工件上锯削，如图 2-5-4 所示。

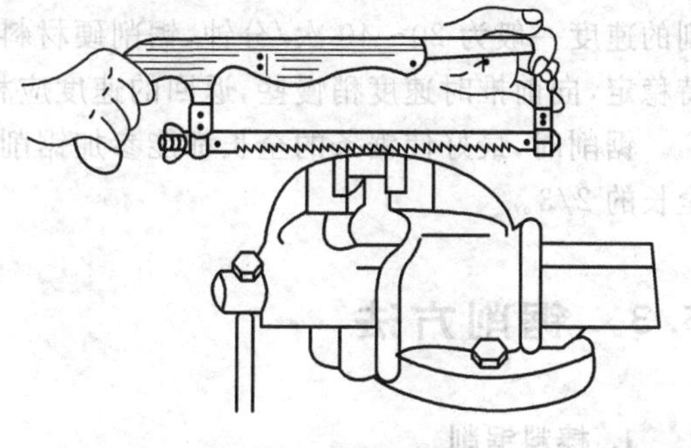

图 2-5-4　握锯方法

5. 起锯

起锯时，将左手拇指按在锯削的位置上，使锯条侧面靠住拇指，如图 2-5-5(a)所示。起锯角约 15°，推动手锯，此时行程要短，压力要小，速度要慢。当锯齿切入工件 2～3mm 时，左手拇指离开工件，放在手锯前端，慢慢扶正手锯，进入正常的切削状态。起锯的方法有两种:一种是远起锯,在远离操作者一端起锯,如图 2-5-5(b)所示;另一种是近起锯,在靠近操作者一端的工件上起锯,如图 2-5-5(c)所示。前者起锯方便,起锯角容易掌握,锯齿能逐步切入工件中,是常用的一种起锯方法。

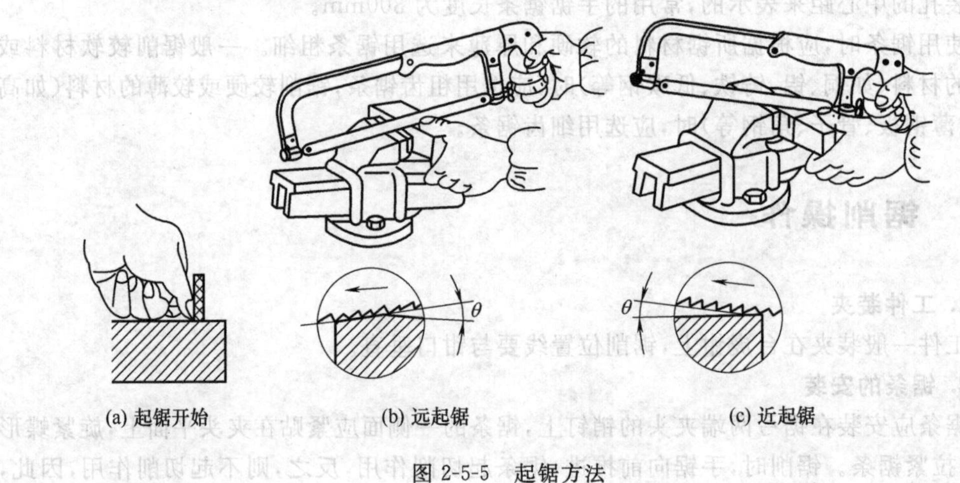

(a) 起锯开始　(b) 远起锯　(c) 近起锯

图 2-5-5　起锯方法

6. 锯削

锯削时,向前的推力和压力大小主要由右手掌握,左手配合右手扶正锯弓,压力不要过大,否则容易引起锯条折断。推锯时,身体略向前倾,双手同时对锯弓加推力和压力,回程时不可加压力,并将锯弓稍微抬起,以减少锯齿的磨损。当工件将被锯断时,应减轻压力,放慢速度,并用左手托住锯断掉下一端,防止锯断部分落下摔坏或砸伤脚。

手锯方式有两种,直线式和摆动式。直线式运动,适用于锯薄形工件及直槽。摆动式运动,即手锯推进时,左手略微上翘,右手下压;回程时右手上抬,左手自然跟回。这样锯削不易疲劳,且效率高,但摆动要适度。

7. 压力、速度和行程

锯削压力应适当。锯削硬材料时,压力应大些,压力太小锯齿不易切入,可能打滑,并使锯齿钝化。锯削软材料时,压力应小些,压力太大会使锯齿切入过深而产生咬住现象。手锯在朝前推时施加压力,而往后退时不施加压力,还应略微抬起,以减少锯条磨损。锯削的速度一般为 20～40 次/分钟,锯削硬材料时慢些,锯削软材料时快些。锯削速度应保持稳定,向前推时速度稍慢些,返回的速度应相对快些。

锯削时,最好使锯条的全长都能参加锯削,一般应使手锯往复行程的长度不小于锯条全长的 2/3。

5.3　锯削方法

1. 棒料锯削

如果锯削的断面要求平整,则应从开始连续锯到结束。若锯出的断面要求不高,则可改变棒料的位置,转过一定角度分几个方向锯削。这样锯削,由于锯削面变小而容易锯入,可提高工作效率。

2. 管材锯削

锯削管材前，可在管材的表面上划出锯削位置线。锯削时必须把管材夹正，对于薄壁管材和精加工过的管材，应夹在带有V形槽的两木块之间，以防将管材夹扁和夹坏表面。

锯削薄壁管材时不可在一个方向从开始连续锯削到结束，否则锯齿易被管壁钩住而崩裂。正确的方法应是：先在一个方向锯到管子内壁处，锯穿为止，然后把管子向推锯方向转过一定角度，并连接原锯缝再锯到管子的内壁处，如此不断转锯，直到锯断为止，如图 2-5-6所示。

3. 板料锯削

锯削时尽可能从宽面上锯下去。当只能在板料的狭面上锯狭去时，可用两块木板夹持，连木块一起锯下，避免锯齿钩住，同时也增加了板料的刚度，使锯削时不发生颤动，如图 2-5-7 所示。

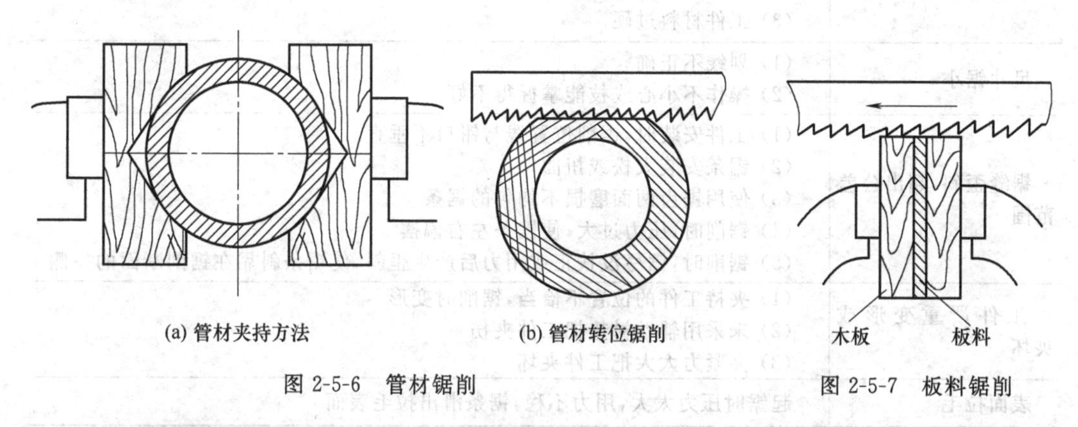

(a) 管材夹持方法　(b) 管材转位锯削

图 2-5-6　管材锯削

图 2-5-7　板料锯削

4. 深缝锯削

当锯缝的深度超过锯弓的高度时，应将锯条转过 90°重新装夹，使锯弓转到工件的旁边，也可把锯条装夹成使锯齿朝向锯内进行锯削，如图 2-5-8 所示。

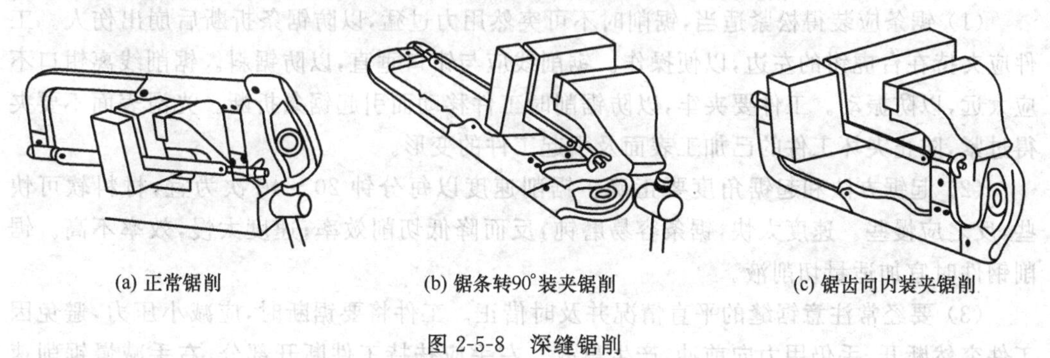

(a) 正常锯削　(b) 锯条转90°装夹锯削　(c) 锯齿向内装夹锯削

图 2-5-8　深缝锯削

5.4　锯削时常见缺陷和安全操作

1. 锯削时常见缺陷分析

锯削时常出现锯条损坏和零件报废等缺陷，其原因见表 2-5-1。

表 2-5-1　锯削时常见缺陷分析

缺　陷	分　析
锯条折断	(1) 锯条装得过松或过紧 (2) 压力太大，或用力偏离锯缝方向 (3) 工件没有夹紧，锯削受力后产生松动 (4) 锯缝产生歪斜后强行借正 (5) 新换锯条在旧锯缝中被卡住而折断 (6) 工件锯断时没有及时掌握好，使手锯与台虎钳等相撞而折断锯条
锯齿崩裂	(1) 锯条选择不当，如锯薄板、管子时用粗齿锯条 (2) 起锯时角度太大，锯削时锯齿被卡住后，仍用力推锯 (3) 锯削速度过快，锯齿受到过猛的撞击
锯齿很快磨损	(1) 冷却不够 (2) 锯削时速度太快 (3) 工件材料过硬
尺寸锯小	(1) 划线不正确 (2) 操作不小心或技能掌握得不好
锯缝歪斜，超出公差范围	(1) 工件安装时，锯削位置线与钳口不垂直 (2) 锯条安装太松或扭曲 (3) 使用锯齿两面磨损不均匀的锯条 (4) 锯削时，压力过大，使锯条左右偏摆 (5) 锯削时，锯弓没扶正或用力后产生歪斜，使锯条斜靠在锯削断面的一侧
工件严重变形或夹坏	(1) 夹持工件的位置不恰当，锯削时变形 (2) 未采用辅助衬垫把工件夹伤 (3) 夹紧力太大把工件夹坏
表面拉毛	起锯时压力太大，用力不稳，锯条滑出拉毛表面

2. 安全操作及注意事项

锯削时需注意如下几点。

(1) 锯条应装得松紧适当，锯削时不可突然用力过猛，以防锯条折断后崩出伤人。工件应夹持在台虎钳的左边，以便操作。锯削线应与钳口垂直，以防锯斜。锯削线离钳口不应太远，以防振动。工件要夹牢，以防锯削时工件移动而引起锯条折断。光滑表面不要夹得过紧，防止夹坏工件的已加工表面及引起工件的变形。

(2) 起锯方法和起锯角度要正确。锯削速度以每分钟 20～40 次为宜，材料软可快些，反之应慢些。速度太快，锯条容易磨钝，反而降低切削效率；速度太慢，效率不高。锯削钢件时宜加适量切削液。

(3) 要经常注意锯缝的平直情况并及时借正。工件将要锯断时，应减小压力，避免因工件突然断开，手仍用力向前冲，产生事故。左手应扶持工件断开部分，右手减慢锯削速度逐渐锯断，避免工件掉下砸伤脚。

(4) 锯削完毕，应将锯弓上蝶形螺母拧松些，但不要拆下锯条，以免零件散落，并妥善放好。

单元6

锉　削

学习目标

(1) 熟悉锉刀的种类及应用,能根据工件形状和要求,正确选用锉刀。
(2) 了解锉刀的正确使用和保养。
(3) 掌握锉削方法及锉削技能。
(4) 能正确使用量具检验锉削面质量。

用锉刀进行切削加工,使工件达到所要求的精度,这种操作称为锉削。

锉削可用来加工工件的外表面、内孔、沟槽、曲面和各种形状复杂的表面。锉削常用于装配过程中个别零件的修理、修整,小批量生产条件下某些复杂形状的零件修整加工,以及样板、模具等的修整加工。

6.1　锉刀

1. 锉刀构造

锉刀材料是由碳素工具钢(T12A、T13A)制成的,经过淬硬处理,硬度可达 62~67HRC,是专业厂生产的一种标准工具。

锉刀如图 2-6-1 所示,由锉身(工作部分)和锉刀舌两部分组成,锉身上两大面为锉刀面,是锉刀的主要工作面,该面上有经铣齿或剁齿后形成的许多小楔形刀头,称为锉齿。锉刀边即锉刀的两个侧面,有的没有锉齿,有的其中一个边有锉齿。没有锉齿的边称为光边,锉削内直角的一边时不会碰伤相邻的面。锉刀舌指锉身以外的部分,用以装入木柄内,便于握持,传递推力。

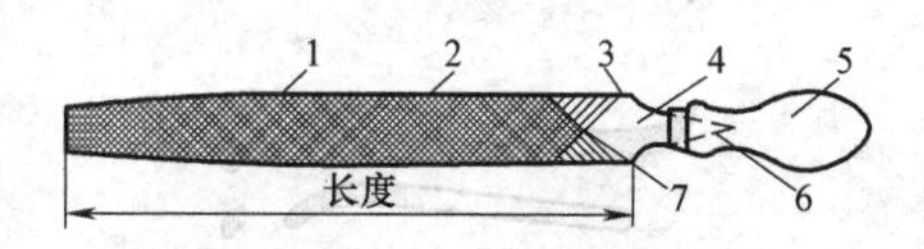

图 2-6-1　锉刀结构

1—锉刀面;2—锉刀边;3—底齿纹;4—锉刀尾;5—柄;6—舌;7—面齿纹

2. 锉刀的种类及选择

(1) 锉刀的种类

锉刀按齿纹可分为单齿纹和双齿纹。

单齿纹锉刀的齿纹是按一个方向排列的,适用于锉削铝、锡等软金属,如图 2-6-2 所示。双齿纹锉刀的齿纹是按两个方向交叉排列的,先剁出的浅齿纹叫底齿纹,后剁出的深齿纹叫面齿纹,面齿纹覆盖在底齿纹上,使锉齿间断,如图 2-6-3 所示。底齿纹和面齿纹与锉刀中心线的夹角不同，以保证锉齿排列不平行于锉刀中心线，这样，锉削时锉痕不会重叠，锉出的表面比较光滑，锉齿交错切削，切削量小，锉削省力，应用广泛。

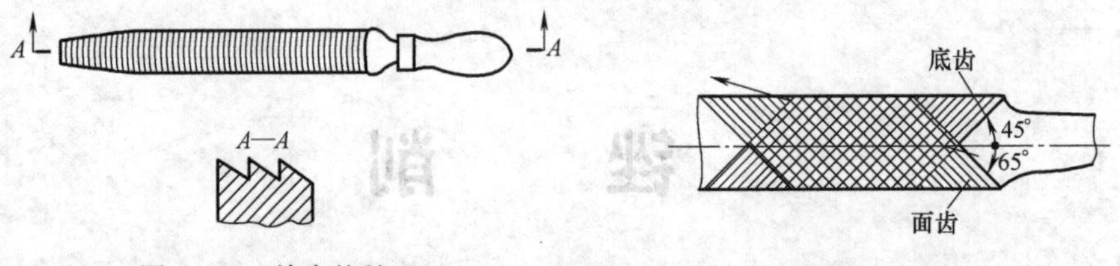

图 2-6-2　单齿纹锉刀　　图 2-6-3　双齿纹锉刀

锉刀按用途可分为钳工锉、异形锉、整形锉等。

钳工锉又称普通锉，用于修锉零件的各种表面及倒角。按断面形状不同，钳工锉又可分为平锉、半圆锉、三角锉、方锉和圆锉，如图 2-6-4 所示。钳工锉以锉身的长度表示，有 100mm、150mm、200mm、250mm、300mm、350mm 等规格。圆锉的规格也以直径表示，方锉的规格以方形尺寸表示。

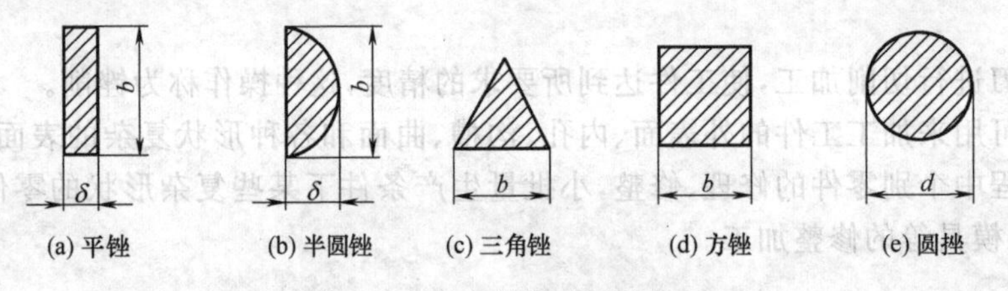

图 2-6-4　锉刀的横截面形状

异形锉又称特种锉，如图 2-6-5 所示。用于对机械、模具等零件的特殊表面进行精细加工。由各种不同断面形状、相同长度的异形锉组合为一套。

整形锉又称什锦锉，是用于修整零件上细小部位尺寸的各种形式的锉刀，如图 2-6-6 所示。按材质又可分为普通整形锉和人造金刚石整形锉。整形锉每套一般为 5 支、8 支、10 支和 12 支。

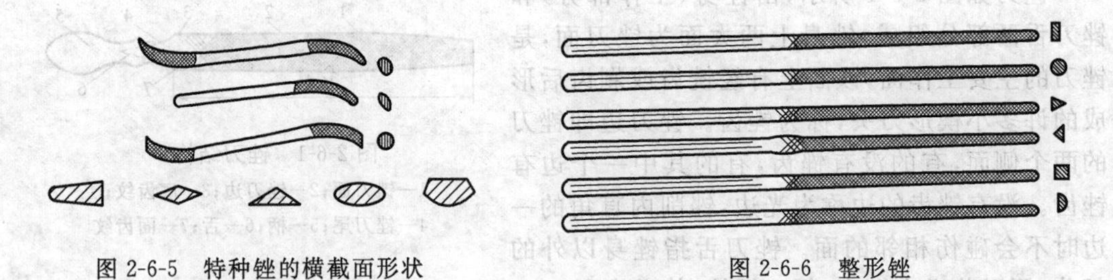

图 2-6-5　特种锉的横截面形状　　图 2-6-6　整形锉

（2）锉刀的规格

锉刀的规格是按锉刀齿纹的齿距大小来表示的。齿纹粗细等级分为 5 种。

1 号锉纹：粗齿锉刀，齿距为 2.3～0.83mm，加工余量大于 0.5～1.0mm 选用。

2 号锉纹：中齿锉刀，齿距为 0.77～0.42mm，加工余量 0.2～0.5mm 选用。

3 号锉纹：细齿锉刀，齿距为 0.33～0.25mm，加工余量 0.1～0.2mm 选用。

4 号锉纹：双细锉刀，齿距为 0.25～0.2mm，加工余量 0.05～0.1mm 选用。

5 号锉纹：油光锉刀，齿距为 0.2～0.16mm，加工余量 0.02～0.05mm 选用。

(3) 锉刀的选择

① 锉刀断面形状的选择取决于工件加工面形状，使两者的形状相适应。

② 锉刀长度规格的选择取决于工件锉削面积的大小。加工面积大时，要选用大尺寸规格的锉刀，反之要选用短尺寸规格的锉刀。

③ 锉刀锉齿粗细的选择取决于工件加工余量大小、精度等级和表面粗糙度要求。粗齿锉刀适用于加工大余量、尺寸精度低、表面粗糙度大、材料软的工件，反之应选择细齿锉刀，见表 2-6-1。

表 2-6-1 锉齿粗细的选择

锉 刀	适合场合		
	加工余量/mm	尺寸精度/mm	表面粗糙度 $Ra/\mu m$
粗齿锉刀	>0.5	0.2～0.5	10～25
中齿锉刀	0.2～0.5	0.05～0.2	12.5～6.3
细齿锉刀	0.05～0.2	0.01～0.05	3.2～6.3

3. 锉刀柄装拆

普通锉刀必须装上木柄后才能使用。锉刀柄安装前要加箍，然后用左手扶住柄，右手将锉刀舌插入锉刀柄孔内，再在虎钳上或工作台上镦紧或用锤敲紧，如图 2-6-7(a)所示。拆卸锉刀柄可在虎钳上进行，如图 2-6-7(b)所示，也可在工作台边轻轻撞击取下。

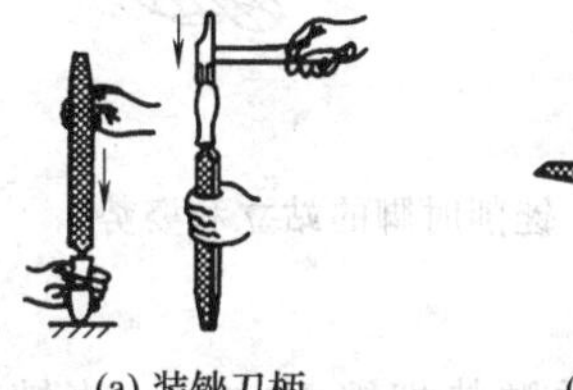

(a) 装锉刀柄

(b) 卸锉刀柄

图 2-6-7 锉刀柄的安装和拆卸

6.2 锉削操作

1. 锉刀握法

较大锉刀的握法如图 2-6-8 所示。锉刀柄的圆头端顶在右手心，大拇指压在锉刀柄的上部位置，自然伸直，其余四指向手心弯曲紧握锉刀柄；左手放在锉刀的另一端。当使用长锉刀、锉削余量较大时，可用左手手掌压在锉刀的另一端部，四指自然向下弯，用中指和无名指握住锉刀，协同右手引导锉刀，使锉刀平直运行。

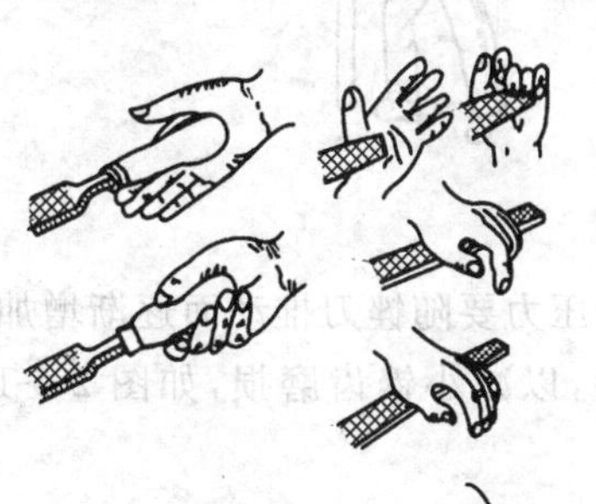

图 2-6-8 较大锉刀的握法

中、小型锉刀，由于其尺寸小，锉刀本身的强度较低，在锉刀上施加的压力和推力也应小于大锉刀，因此，在握法上也与大锉刀有所区别，常见的握法如图 2-6-9所示。

2. 锉削姿势

锉削姿势正确与否对锉削质量、锉削力的运用和

图 2-6-9　中、小型锉刀的握法

发挥以及操作者的疲劳强度，都起着决定性的作用。锉削时人的站立位置与錾削时相似，如图 2-6-10 所示。

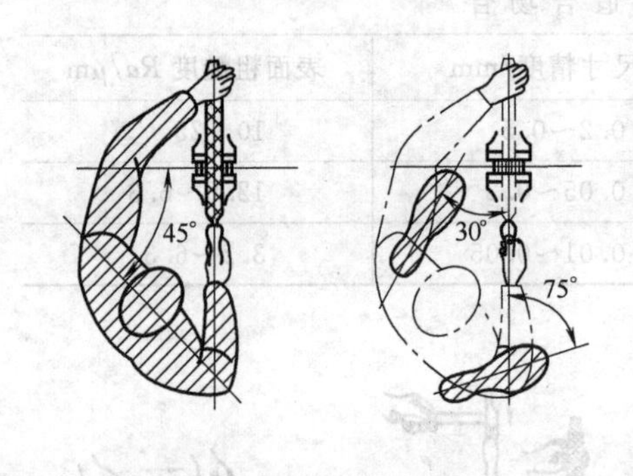

图 2-6-10　锉削时脚的站立和姿势

锉削时，身体的重心要落在左脚上，右膝伸直，左膝随锉削时的往复运动而屈伸。把锉刀放在工件上面，左臂弯曲，小臂与工件锉削面的左右方向保持基本平行，右小臂要与工件锉削面的前后方向保持基本平行，动作要自然。在锉刀向前锉削的动作过程中，身体和手臂的运动情况如图 2-6-11所示。开始时，身体与锉刀一起向前运动，右腿伸直并且稍向前倾，重心在左脚，当锉刀的行程达到总行程的 3/4 时，身体应停止前进，两臂则继续将锉刀推至行程结束，在 3/4 行程位置时，左腿自然伸直，把整个身体的重心后移，使身体恢复原位，并顺势把锉刀收回。当锉刀收回将近结束时，身体又开始先于锉刀前倾，开始第二次锉削的向前运动。

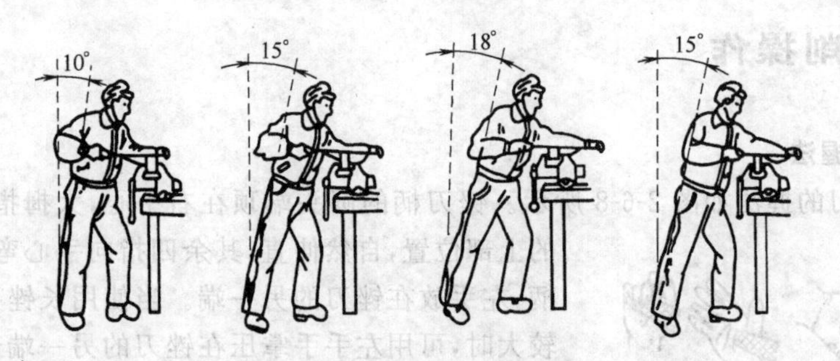

图 2-6-11　锉削时身体的运动

锉刀的运动必须保持直线运动。为此，锉削时右手的压力要随锉刀推动而逐渐增加，左手的压力要随锉刀推动而逐渐减小。回程时不加压力，以减小锉齿磨损，如图 2-6-12 所示。

锉削的速度一般应在 40 次/分左右，推出时稍慢，回程时稍快，动作要自然协调。

3. 锉削操作注意事项

锉削时应注意以下几点。

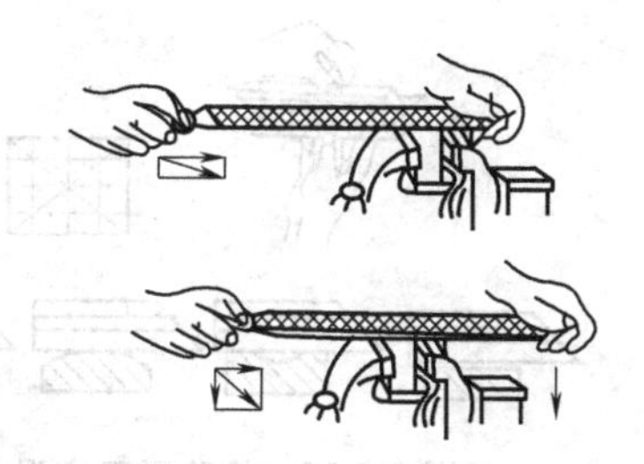

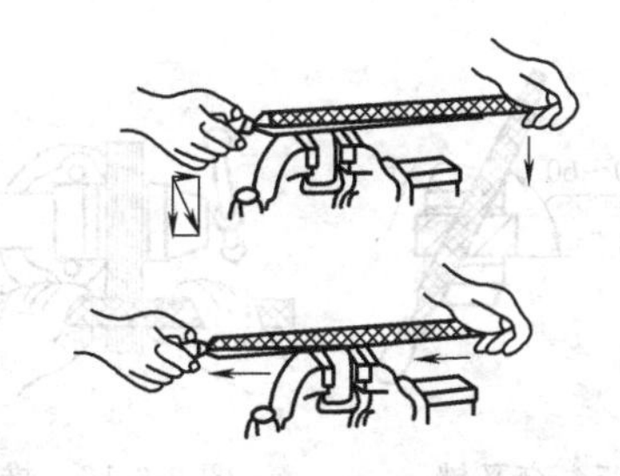

图 2-6-12 锉削时力的控制

① 新锉刀要先使用一面，用钝后再使用另一面；应充分使用锉刀的有效全长，避免锉齿局部磨损；不可锉毛坯件的硬皮及经过淬硬的工件。

② 锉刀上不可沾油和沾水。沾水后锉刀易生锈，沾油后锉刀锉削时易打滑。嵌入齿缝内的切屑必须及时进行清除，如图2-6-13所示，以免切屑刮伤已加工面。

(a) 用划针剔除切屑

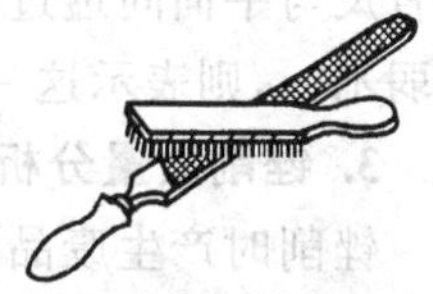

(b) 用铜丝刷清除切屑

图 2-6-13 清除切屑的方法

③ 锉削时不使用无柄或裂柄锉刀，柄要装牢，防止锉刀从锉柄中滑脱出伤人。

④ 清除锉屑要用毛刷，不允许用嘴吹锉屑，避免锉屑飞入眼内。

⑤ 锉刀是右手工具，应放在台虎钳右侧的钳台上，锉刀柄不可露在钳台外面，以免锉刀掉落砸伤腿脚。锉刀不能撬、击东西，防止锉刀折断、碎裂伤人。

⑥ 锉刀使用完毕必须清刷干净，以免生锈。放置锉刀时要避免锉刀与硬物接触，锉刀之间不能重叠堆放。

6.3 平面锉削方法

1. 平面锉削方法

锉削平面最常用的方法有顺向锉、交叉锉和推锉 3 种。

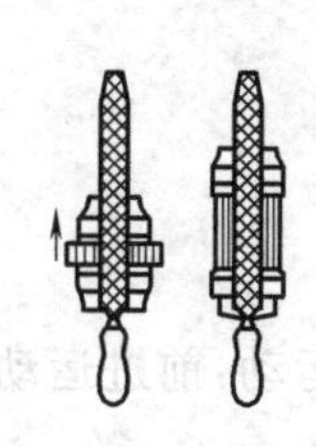

图 2-6-14 顺向锉

顺向锉如图 2-6-14 所示。锉削时锉刀运动方向与工件夹持方向始终一致，在每锉完一次返回时，将锉刀横向适当移动，再作下一次锉削。这种锉削方法锉纹均匀一致，是最基本的一种锉削方法，常用于精锉。

交叉锉如图 2-6-15 所示。锉削时，锉刀运动方向与工件装夹表面成 30°～40°夹角。这种锉削方法锉纹交叉，锉刀与工件接触面积大，锉刀容易掌握平稳，易锉平，常用于粗加工。

推锉如图 2-6-16 所示。推锉时双手握在锉刀的两端，左、右手大拇指压在锉刀的边上，自然伸直，其余四指向手心弯曲，握紧锉身，工作时双手推、拉锉刀进行锉削加工。推锉的切削量很小，能获得较平、光滑的平面，适用于锉削狭长平面或精加工。

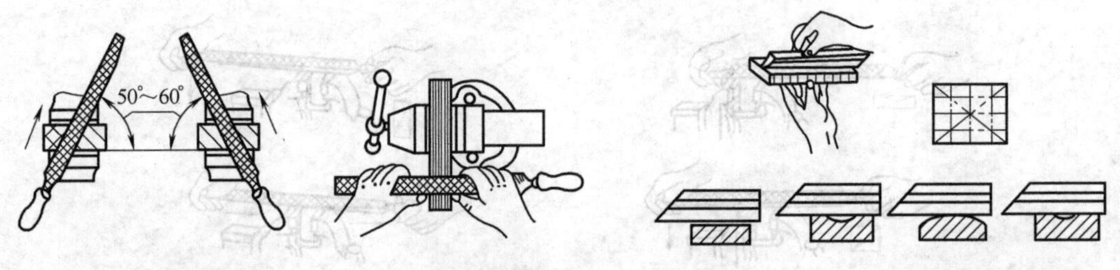

图 2-6-15　交叉锉　　图 2-6-16　推锉　　图 2-6-17　检验平面度误差

2. 锉削平面检验

平面锉削时，常需检验其平面度误差。一般可用钢直尺或刀口尺以透光法来检验其质量，如图 2-6-17 所示。

刀口尺应沿工件加工面的纵向、横向和对角线方向多次进行。如果检查部位在刀口形直尺与平面间透过的光线微弱而均匀，表示此处较平直；如果检查的部位透过来的光线强弱不一，则表示这一部位有高低不平，光线强的地方较凹。

3. 锉削质量分析

锉削时产生废品的原因分析见表 2-6-2。

表 2-6-2　锉削时产生废品的原因

废品形式	产生原因
零件表面夹伤或变形	(1) 台虎钳未装软钳口 (2) 夹紧力过大
零件尺寸偏小	(1) 划线不正确 (2) 未及时测量或测量不正确
零件平面度超差	(1) 选用锉刀不当或锉刀面中凹 (2) 锉削时双手推力、压力应用不协调 (3) 未及时检查平面度或检测不正确
零件表面粗糙度超差	(1) 锉刀齿纹选用不当 (2) 锉纹中间嵌有锉屑 (3) 加工余量选择不当

6.4　其他锉削

1. 曲面锉削方法

(1) 外圆弧面的锉削方法

锉削外圆弧面所用的锉刀多为平板锉，锉削时锉刀要同时完成两个运动：前进运动和锉刀绕工件圆弧中心的转动，其方法有滚锉和横锉两种，如图 2-6-18 所示。

滚锉又称为顺着圆弧面锉。锉削时，锉刀向前，右手下压，左手随着上提，如图 2-6-18(a)所示。这种方法能使圆弧面锉削光滑，但锉削位置不易掌握且效率不高，故适用于精锉圆弧面。

横锉又称为对着圆弧面锉。锉削时，锉刀作直线运动，并不断随圆弧面摆动，如图 2-6-18(b)所示。这种方法锉削效率高且便于按划线均匀锉近弧线，但只能锉成近似圆弧面的多棱形面，故适用于圆弧面的粗加工。

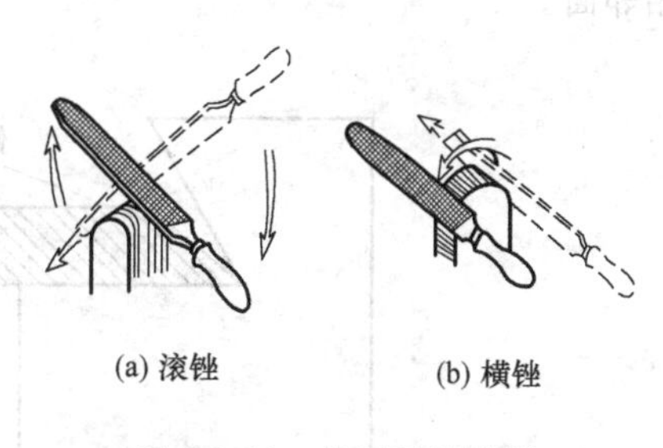
(a) 滚锉　(b) 横锉

图 2-6-18　外圆弧的锉削

(2) 内圆弧面的锉削方法

锉削内圆弧面时，常用圆锉和半圆锉。圆锉用于锉削半径小的内圆弧面，半圆锉用于锉削半径大的内圆弧面。锉削方法有横锉、转动锉和推锉三种。

横锉。锉削时锉刀横着内圆弧面作顺向切削，锉刀只作直线运动。这种锉削方法锉削效率高，要求技术水平低，工件加工精度低，锉削后呈多棱边的内圆弧面。

转动锉。锉削时锉刀要同时完成三个运动，即锉刀的推进运动，沿着内圆弧面的左、右摆动，绕锉刀中心线转动，如图 2-6-19 所示。这三个运动协调配合，才能保证锉削出光滑、精确的内圆弧面。这种锉削方法要求技术水平较高，适用于精加工。

推锉。锉削时，双手握住锉刀两端，将锉刀平放在工件上，双手推动锉刀沿工件表面做曲线运动，在工件的整个加工面上锉削去一层极薄的金属，如图 2-6-20 所示。这种锉削方法，锉刀在工件上容易平衡，切削力小，操作省力，容易获得光滑、准确的内圆弧面，适用于较狭长的内圆弧面的精加工。

(3) 曲面轮廓度的检查方法

圆弧面质量一般包括轮廓尺寸精度、形状精度和表面粗糙度等内容。当轮廓度要求不高时，可用圆弧样板透光法检查，如图 2-6-21 所示。如果圆弧样板与工件接触面间的缝隙均匀、透光微弱，则曲面轮廓尺寸、形状精度合格。若圆弧样板与圆弧接触缝隙不匀，仅有几个点接触，说明圆弧轮廓度太低，呈多棱形的圆弧。

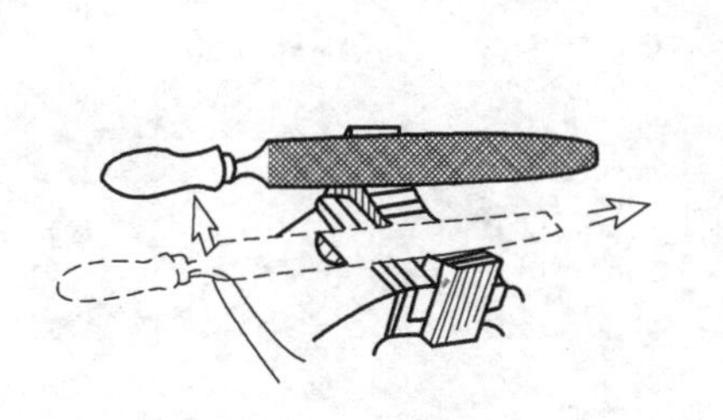

图 2-6-19　转动锉

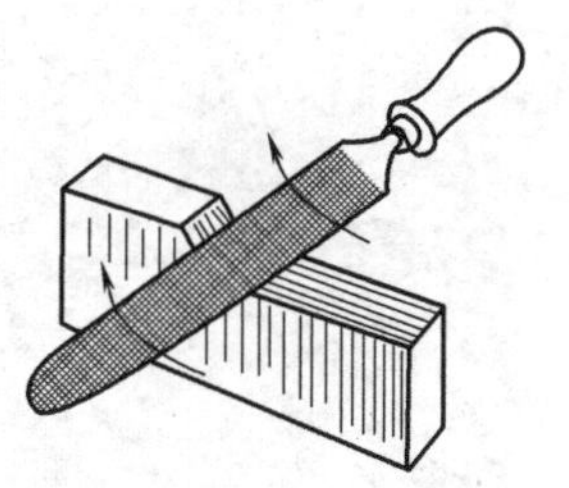

图 2-6-20　推锉

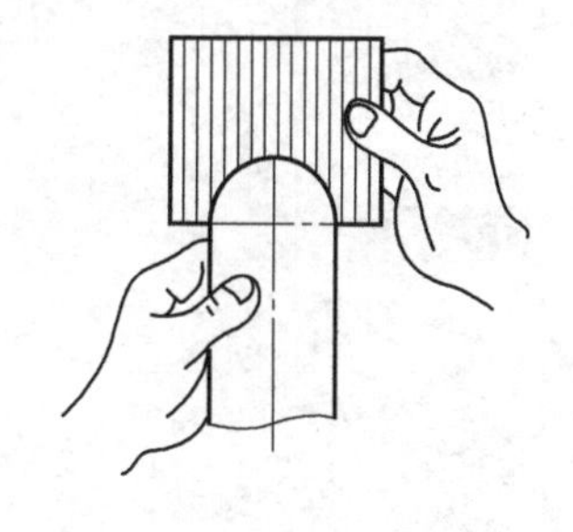

图 2-6-21　曲面轮廓的检查

2. 平面与曲面连接的锉削方法

平面与外曲面连接时，一般应先锉削平面，后锉削曲面，这样能使曲面与平面的连接比较圆滑。平面与内曲面连接时，一般应先锉削曲面而后锉削平面。

3. 内角度面锉削

锉削内角度面时，应修磨平板锉锉刀边或三角锉的一个锉刀面，与锉刀面成小于角度面的夹角，如图 2-6-22 所示。锉削时，通常先锉好一个面，以这个面作基准，再锉削另一相邻面。

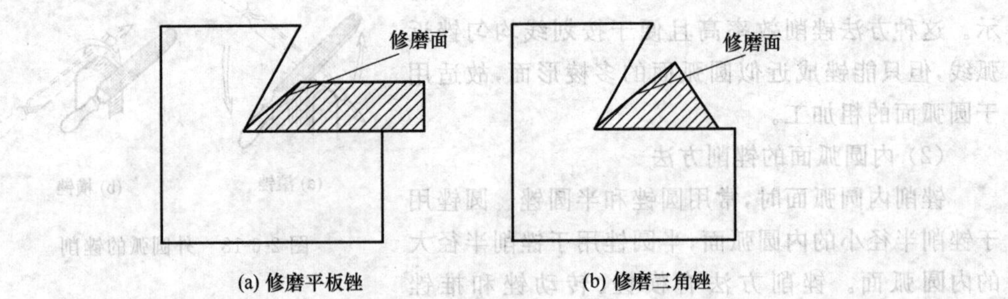

图 2-6-22　内角度面锉削

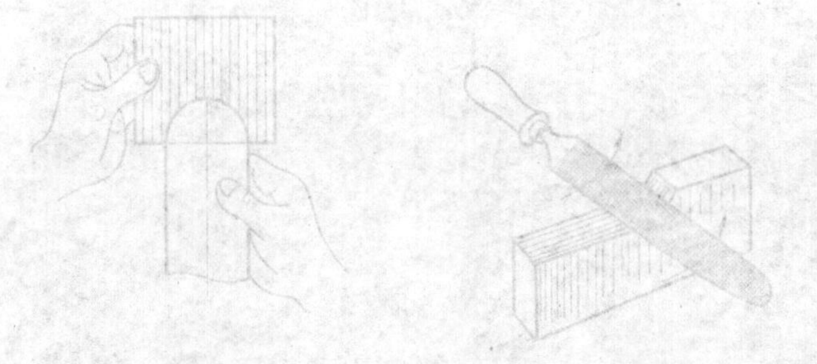

单元7

刮削和研磨

学习目标

（1）了解刮刀种类，掌握平面刮刀的刃磨。

（2）掌握平面、曲面刮削方法及显示剂的使用。

（3）了解磨料及研磨工具，熟悉常用的研磨方法。

（4）会研磨平面。

7.1 刮削

用刮刀刮除金属工件表面薄层的加工方法称为刮削。它是工装制造中常见的一种精加工方法。

1. 刮削工具

（1）刮刀

刮刀是刮削的主要工具。刮刀一般采用碳素工具钢或滚动轴承钢锻制而成。刮刀分平面刮刀和曲面刮刀两大类。

平面刮刀用来刮削平面和外曲面，可分为普通刮刀和活头刮刀两种，如图 2-7-1 所示。曲面刮刀用来刮削内曲面，常见的有三角刮刀和蛇头刮刀，如图 2-7-2 所示。

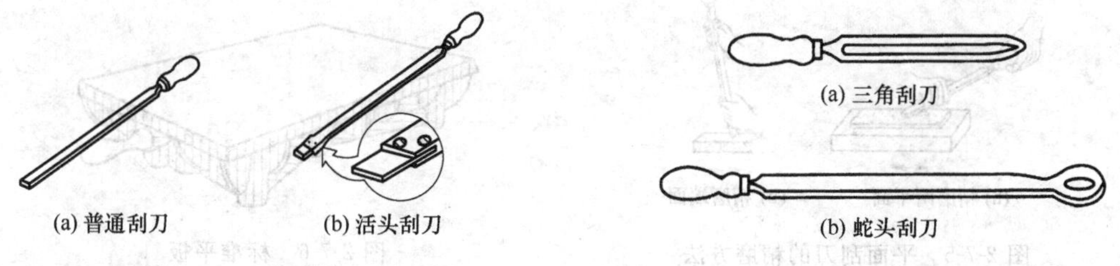

图 2-7-1　平面刮刀　　　　图 2-7-2　曲面刮刀

平面刮刀由刀头、刀身和柄部组成。平面刮刀的规格是以刮刀刀身长度来表示的，常用的规格有 400mm、450mm、480mm 等几种。

平面刮刀的头部形状和角度按粗、细、精刮的要求而定，如图 2-7-3 所示。粗刮刀 β 为 90°～92.5°，刀刃平直；细刮刀 β 为 95°左右，刀刃稍带圆弧；精刮刀 β 为 97.5°左右，刀刃带圆弧。刮韧性材料的刮刀可磨成正前角，但这种刮刀只适用于粗刮。

平面刮刀的刃磨分粗磨和精磨两种。

① 粗磨。刮刀粗磨的方法如图 2-7-4 所示。粗磨两平面：分别将刮刀两平面贴在砂轮侧面上，开始时应先接触砂轮边缘，再慢慢平放在侧面上，不断前后移动进行刃磨，使两面都达到平整且基本平行。粗磨顶端面：把刮刀的顶端放在砂轮轮缘上平稳地左右移动刃磨，要求端面与刀身中心线垂直，磨时应先以一定倾斜度与砂轮接触，再逐步按图示箭头方向转动至水平。如直接按水平位置靠上砂轮，刮刀会颤抖，不易磨削，甚至会出事故。

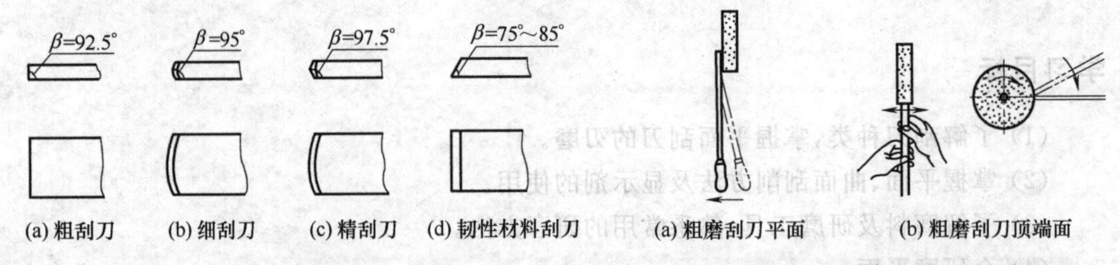

(a) 粗刮刀　(b) 细刮刀　(c) 精刮刀　(d) 韧性材料刮刀

图 2-7-3　刮刀切削部分的角度

(a) 粗磨刮刀平面　(b) 粗磨刮刀顶端面

图 2-7-4　平面刮刀的粗磨方法

② 精磨。刮刀精磨需在油石上进行，如图 2-7-5 所示。在油石上加适量机油，先磨两平面直至平面平整，表面粗糙度 $Ra < 0.2\mu m$，如图 2-7-5(a)所示。然后精磨端面，刃磨时左手扶住手柄，右手紧握刀身，使刮刀直立在油石上，略带前倾地向前移动，拉回时刀身略微提起，以免磨损刀口，如此往复，直到切削部分形状和角度符合要求，且刃口锋利为止，如图 2-7-5(b)所示。

(2) 校正工具

校正工具也称为研具，它是用来推磨研点及检验刮削面精度的工具。根据被检工件表面的形状特点，校正工具可分为标准平板、标准平尺和角度平尺三种。

① 标准平板。标准平板用来检验宽平面，如图 2-7-6 所示。平板的精度分 0、1、2、3 四级，0 级为最高。

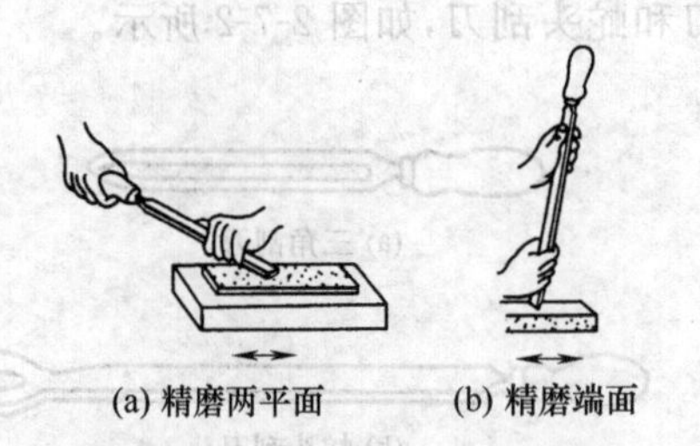

(a) 精磨两平面　(b) 精磨端面

图 2-7-5　平面刮刀的精磨方法

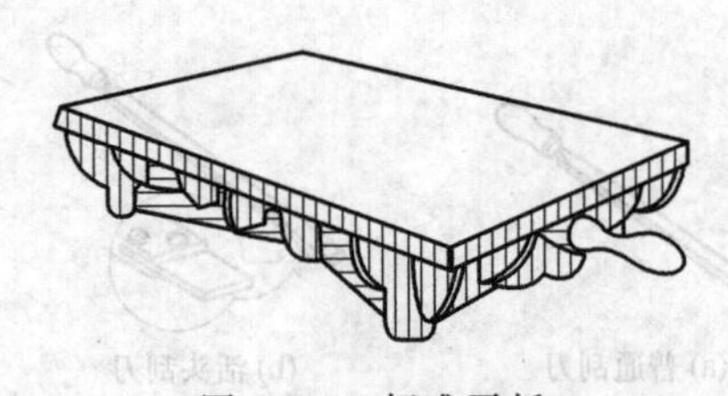

图 2-7-6　标准平板

② 标准平尺。常用的标准平尺有桥形平尺和工字形平尺两种，如图 2-7-7(a)和图 2-7-7(b)所示。桥形平尺用来检验较大导轨平面。工字形直尺又分单面平尺和双面平尺，单面平尺用来检验短导轨平面，双面平尺用来检验导轨相对位置精度。

③ 角度平尺。角度平尺用来检验两个互成角度的刮削面，如图 2-7-7(c)所示。角度平尺的两面经过精刮，并成所需要的标准角度，如 55°、60°等。第三面是放置时的支承面，不用精刮，刨削加工即可。

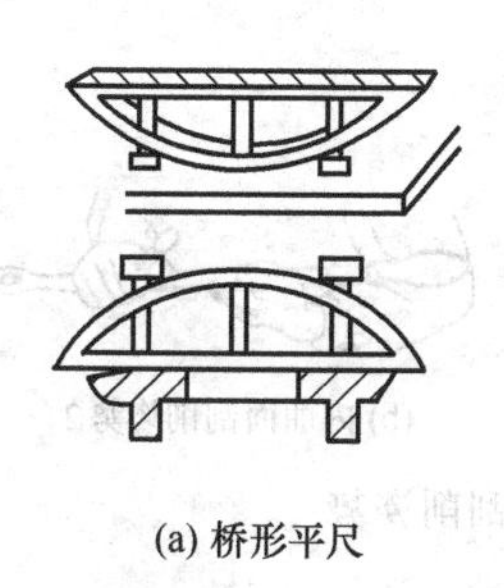

(a) 桥形平尺

(b) 工字形平尺

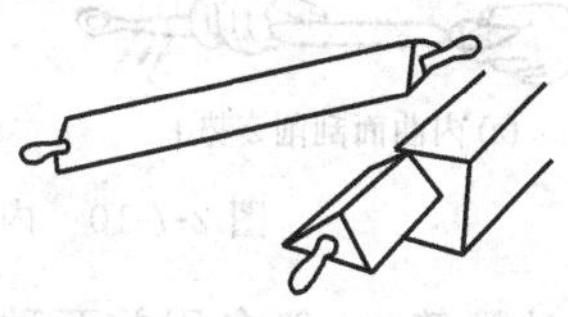

(c) 角度平尺

图 2-7-7 平尺

2. 刮削方法

(1) 平面刮削方法

平面刮削方法有手刮法和挺刮法两种。

① 手刮法。手刮法的姿势如图 2-7-8 所示。右手如握锉刀柄姿势，左手四指向下握住近刮刀头部约 50mm 处，刮刀与被刮削面成 25°～30°角度。同时，左脚前跨一步，上身随着往前倾斜，这样可以增加左手压力，也易看清刮刀前面点的情况。刮削时随着上身前倾，使刮刀向前推进，左手下压，落刀要轻，当推进到所需要位置时，左手迅速提起，完成一个手刮动作。手刮法动作灵活，适用于各种工作位置，姿势可合理掌握，但手较易疲劳，故不适用于加工余量较大的场合。

② 挺刮法。挺刮法的姿势如图 2-7-9 所示。将刮刀柄放在小腹右下侧，双手并拢握在刮刀前部 80mm 左右处，刮削时刮刀对准研点，左手下压，利用腿部和臀部力量使刮刀向前推挤，在推动到位的瞬间，同时用双手将刮刀提起，完成一次刮点。挺刮法每刀切削量较大，工作效率较高，适合余量大的刮削加工，但腰部易疲劳。

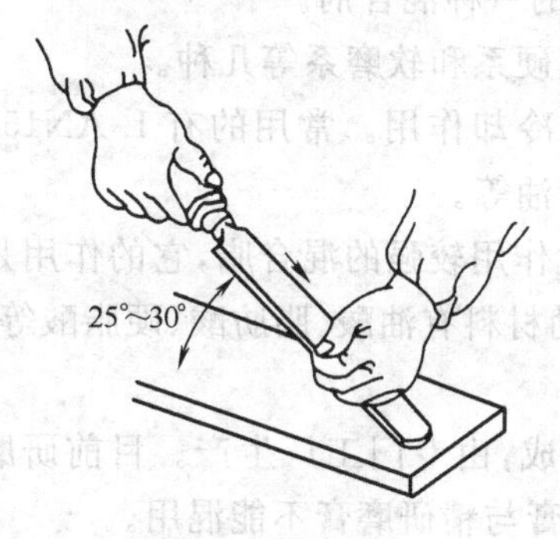

图 2-7-8 手刮法

图 2-7-9 挺刮法

(2) 内曲面刮削方法

内曲面刮削时，刮刀应在曲面内做螺旋运动，图 2-7-10 为曲面刮削的两种姿势。为了提高刮削面的精度，一遍刮削与另一遍刮削要交叉进行，以免出现波纹。同时在刮削开始时，压力不宜过大，以防止发生抖动，使表面产生振痕。

(3) 显示剂及其应用

显示剂的作用是显示刮削零件与标准工具的接触状况。常用的显示剂有红丹粉、普

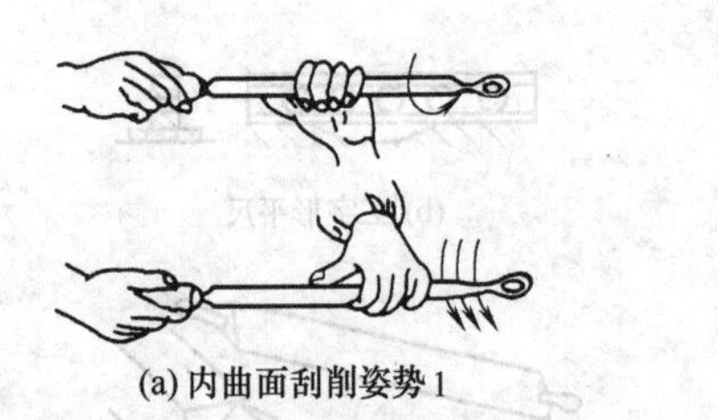
(a) 内曲面刮削姿势1

(b) 内曲面刮削姿势2

图 2-7-10　内曲面的刮削姿势

鲁士蓝油、印红油、油墨等，一般多用前两种。红丹粉又分铅丹和铁丹两种，广泛用于钢和铸铁的显示。普鲁士蓝油是用普鲁士蓝粉与蓖麻油及适量机油调合成的，多用于有色金属和精密零件的显示。

显示剂使用方法：粗刮时，显示剂调合稀些，涂刷在校准工具表面，可涂得稍厚些，显示点子较暗淡、大而少，切屑不易黏附在刮刀上；精刮时，显示剂调合干些，涂抹在零件表面，涂得薄而均匀，显示点子细小清晰，便于提高刮削精度。涂好显示剂后，将工件和校准工具反复对研，即可显示出需要刮去的高点部分。

7.2　研磨

用研磨工具及研料从工件表面研掉极薄的一层金属，这种精加工方法称为研磨。研磨加工是应用较广的一种光整加工，加工后精度可达 IT5 级，表面粗糙度可达 $Ra0.1 \sim 0.006\mu m$。

1. 研磨材料

研磨剂是由磨料和研磨液及辅助材料混合而成的一种混合剂。

(1) 研磨剂

研磨剂是由磨料和研磨液及辅助材料混合而成的一种混合剂。

① 磨料。常用的磨料有氧化物系、碳化物系、超硬系和软磨系等几种。

② 研磨液。研磨液在研磨剂中起稀释、润滑与冷却作用。常用的有 L-AN15 和 L-AN32 全损耗系统用油、煤油、汽油、工业甘油和熟猪油等。

③ 辅助材料。辅助材料是一种粘性较大和氧化作用较强的混合脂，它的作用是使工件表面形成一层氧化膜，加速研磨进程。常用的辅助材料有油酸、脂肪酸、硬脂酸等。

(2) 研磨膏

研磨膏是在磨料中加入粘结剂和润滑剂调制而成，由专门工厂生产。目前研磨膏的应用较为广泛，使用时要用油液稀释，并注意粗研磨膏与精研磨膏不能混用。

(3) 油石

油石由磨料与粘结剂压制烧结而成。它的端面形状有正方形、长方形、三角形、半圆形和圆形等。油石主要用于工件形状比较复杂和没有适当研磨工具的场合，如刀具、模具、量规等的研磨。

2. 研磨工具

研磨工具是研磨时决定工件表面几何形状的标准工具。在生产中需要研磨的工件是多种多样的，不同形状的工件应选用不同类型的研具。现介绍常用的几种。

(1) 研磨平板

研磨平板主要用于研磨平面。研磨平板分为有槽平板和光滑平板两种，如图 2-7-11 所示。有槽平板用于粗研，研磨时易于将工件压平，可防止将研磨面磨成凸弧形。光滑平板用于精研，可使研磨后的工件得到准确的尺寸精度及良好的表面质量。

(2) 研磨环

研磨环如图 2-7-12 所示，用于研磨外圆柱表面。研磨环的内径一般比工件外径大 0.025～0.05mm。使用时，将研磨环套在工件外径上进行研磨。图 2-7-12(b)所示为可调节式研磨环，当研磨一段时间后，研磨环的内孔会增大，则应拧紧调节螺钉，使孔径缩小，以达到所需要的间隙。

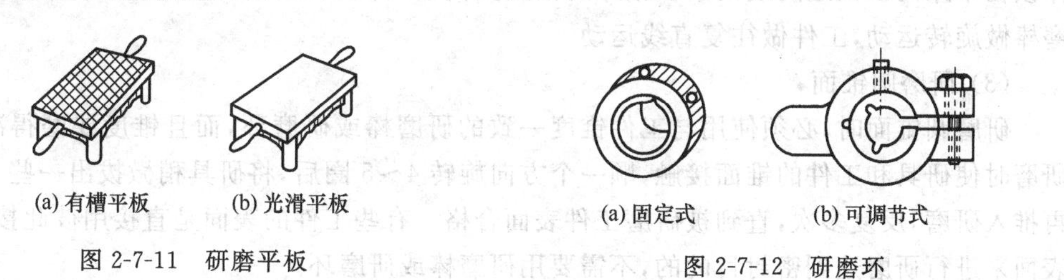

(a) 有槽平板　(b) 光滑平板

图 2-7-11　研磨平板

(a) 固定式　(b) 可调节式

图 2-7-12　研磨环

(3) 研磨棒

研磨棒如图 2-7-13 所示，用于圆柱孔的研磨。研磨棒有固定式和可调式两种。固定式研磨棒制造容易，但磨损后无法补偿，多用于单件研磨。有槽的研磨棒用于粗研，光滑的研磨棒用于精研。可调式研磨棒能在一定的尺寸范围内进行调整，适用于成批工件的研磨，应用广泛。若将研磨环的内孔或将研磨棒的外圆制成圆锥形，即可用于研磨内、外圆锥表面。

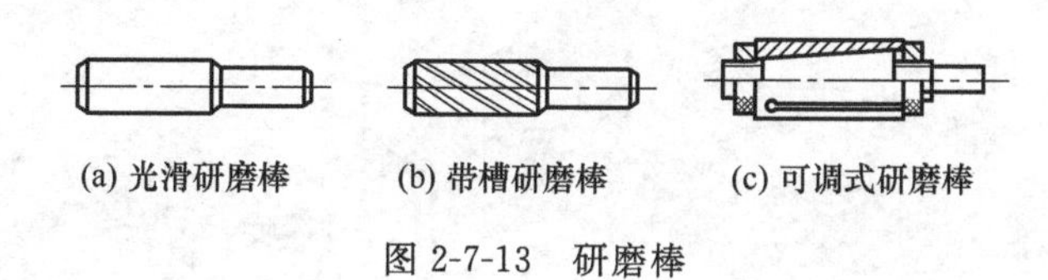

(a) 光滑研磨棒　(b) 带槽研磨棒　(c) 可调式研磨棒

图 2-7-13　研磨棒

3. 研磨方法

(1) 研磨平面

开始研磨前，先将煤油涂在研磨平板的工作表面上，把平板擦洗干净，再涂上研磨剂。研磨时，用手将工件轻压在平板上，按“8”字形或螺旋形运动轨迹进行研磨，如图 2-7-14 所示。平板每一个地方都要磨到，使平板磨耗均匀，保持平板精度。同时还要使工件不时地变换位置，以免研磨平面倾斜。研磨压力和速度不宜过大，以免工件发热变形。研磨后不应立即测量，待冷却至室温后再测量。

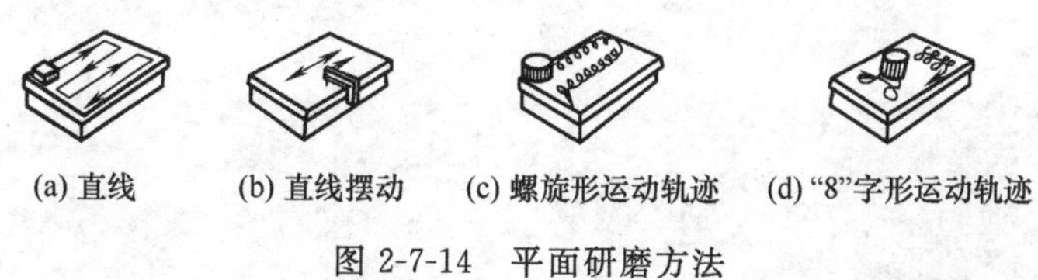

(a) 直线　(b) 直线摆动　(c) 螺旋形运动轨迹　(d)“8”字形运动轨迹

图 2-7-14　平面研磨方法

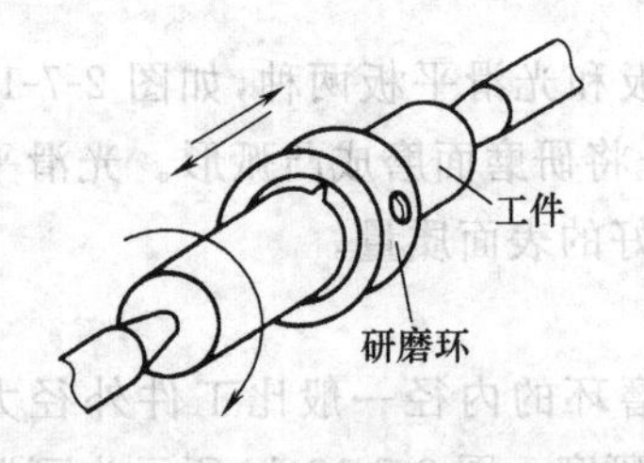

图 2-7-15 外圆柱面研磨方法

(2) 研磨圆柱面

外圆柱面研磨多在车床上进行。将工件顶在车床的顶尖之间，涂上研磨剂，然后套上研磨环，如图 2-7-15 所示。研磨时工件以一定的速度转动，同时用手握住研磨环做轴向往复运动，两种速度要配合适当，使工件表面研磨出交叉网纹。研磨一定时间后，应将工件调转 180°再进行研磨，这样可以提高研磨精度，使研磨环磨耗均匀。

内圆柱面研磨与外圆柱面研磨相反。研磨时将研磨棒顶在车床两顶尖之间或夹紧在钻床的钻夹头内，工件套在研磨棒上，并用手握住，使研磨棒做旋转运动，工件做往复直线运动。

(3) 研磨圆锥面

研磨圆锥面时，必须使用与工件锥度一致的研磨棒或研磨环，而且锥度要磨得准确。研磨时使研具和工件的锥面接触，顺一个方向旋转 4～5 圈后，将研具稍微拔出一些，然后再推入研磨，反复多次，直到被研磨工件表面合格。有些工件的表面是直接用彼此接触的表面来进行研磨达到密封目的的，不需要用研磨棒或研磨环。

单元8

钻孔、锪孔、扩孔、铰孔

学习目标

(1) 初步掌握麻花钻的刃磨和修磨方法。

(2) 了解各种特殊孔的钻削方法。

(3) 会使用台式钻床进行钻孔、锪孔、扩孔操作。

(4) 掌握铰孔加工方法。

钳工孔加工方法主要有两类:一类是在实体材料上加工出孔,即用麻花钻、中心钻等进行钻孔;另一类是对已有的孔进行再加工,即用扩孔钻(或麻花钻)、锪钻或铰刀等进行扩孔、锪孔和铰孔等。钻孔、锪孔、扩孔、铰孔等孔加工方法,是钳工重要的操作技能。

8.1 钻孔

用钻头在实体材料上加工出孔的操作叫钻孔。用钻床钻孔时,工件装夹在钻床的工作台上固定不动,钻头装夹在钻床主轴上随主轴一起旋转,并沿钻头轴向做进给运动。钻孔时,由于钻头的刚性和精度较差,因此钻孔加工的精度不高,$Ra \geqslant 12.5\mu m$。

钻头的种类很多,有麻花钻、扁钻、深孔钻、中心钻等,钳工常用的是麻花钻。

1. 麻花钻的刃磨

麻花钻用高速钢材料制成,并经热处理淬硬,由柄部、颈部和工作部分等组成,如图 2-8-1所示。柄部的作用是使钻头和钻床主轴相连接,以传递转矩。颈部是磨制钻头时砂轮退刀工艺槽。一般在此处刻印钻头规格及商标。工作部分由切削部分和导向部分组成。切削部分起主要切削作用,它包括两条主切削刃和横刃。导向部分在钻孔时起引导钻头方向和修光孔壁的作用,同时也是切削部分的备磨部分。导向作用是靠两条沿螺旋槽高出 0.5～1mm 的棱边(刃带)与孔壁接触来完成的,它的直径略有倒锥,倒锥量在100mm 长度内为 0.03～0.12mm,其作用是减少钻头与孔壁间的摩擦。导向部分上的两条螺旋槽用来形成主切削刃和前角,并起着排屑和输送冷却液的作用。

麻花钻常用的有直柄麻花钻和锥柄麻花钻。直径 13mm 及 13mm 以下的钻头多是直柄麻花钻,柄部为圆柱形,安装在钻床主轴下面的钻夹头孔内使用;直径大于 13mm 的钻头柄部多为莫氏锥柄,直接(或用锥套)插入钻床主轴锥孔内使用。

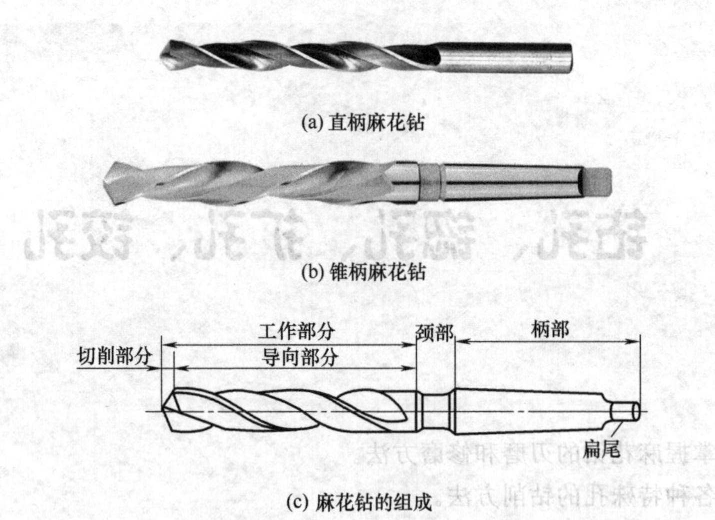

(a) 直柄麻花钻

(b) 锥柄麻花钻

(c) 麻花钻的组成

图 2-8-1　麻花钻

(1) 切削部分的几何参数

麻花钻头的几何参数如图 2-8-2 所示。

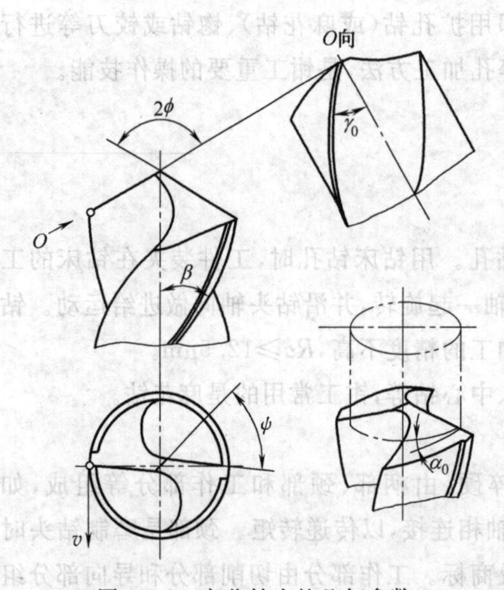

图 2-8-2　麻花钻头的几何参数

① 顶角(2ϕ)。钻头两主切削刃在其平行的轴向平面上投影所夹的角。顶角大，钻尖强度好，但钻削时轴向阻力大。钻削钢件和铸铁件时，一般取 $2\phi=116°\sim120°$。

② 前角(γ_0)。主切削刃上任意一点的前角是通过该点所作的主剖面中前刀面与该点基面间的夹角。前角大小影响切屑的变形和主切削刃的强度，决定着切削的难易程度。主切削刃上各点的前角是不等的，外缘处最大，约为 30°，越接近中心越小，到靠近横刃处约为 −30°，横刃上的前角为 −54°～−60°。

③ 后角(α_0)。主切削刃上任意一点的后角是通过该点所作的平行于钻头轴线的平面内，后刀面与切削平面间的夹角。后角影响后刀面与切削平面的摩擦和主切削刃的强度。主切削刃上各点的后角大小也不等，外缘处最小为 8°～14°，越接近中心越大，钻心处为 20°～26°。

④ 横刃斜角(ψ)。横刃与主刀刃在垂直于钻头轴线平面上所夹的角。标准麻花钻头的横刃斜角为 50°～55°。刃磨后角时，当靠近钻心处的后角磨得越大，则横刃斜角就越小。所以刃磨时，横刃斜角的大小可用来判断靠近钻心处的后角刃磨是否正确。

⑤ 螺旋角(β)。外缘螺旋线与麻花钻轴心线的夹角称为钻头的螺旋角。标准麻花钻的 β= 18°～30°。麻花钻直径越小，β 也越小。螺旋角是国家标准规定的。

(2) 麻花钻的刃磨

在砂轮上修磨钻头的切削部分,以得到所需的几何形状及角度叫钻头的刃磨。手工刃磨钻头在砂轮机上进行,选择粒度为 46#～80#,硬度为中软级的氧化铝砂轮。

麻花钻的刃磨步骤如下。

① 将主切削刃置于水平状态,并在略高于砂轮水平中心线处与砂轮外圆接触。

② 将钻头中心线和砂轮外圆面成 ϕ 角,如图 2-8-3(a)所示。

③ 右手握住钻头导向部分前端,作为定位支点,刃磨时使钻头绕其轴心线转动,左手握住钻头的柄部,作上下扇形摆动,磨出后角,同时,掌握好作用在砂轮上的压力,如图 2-8-3(b)所示。

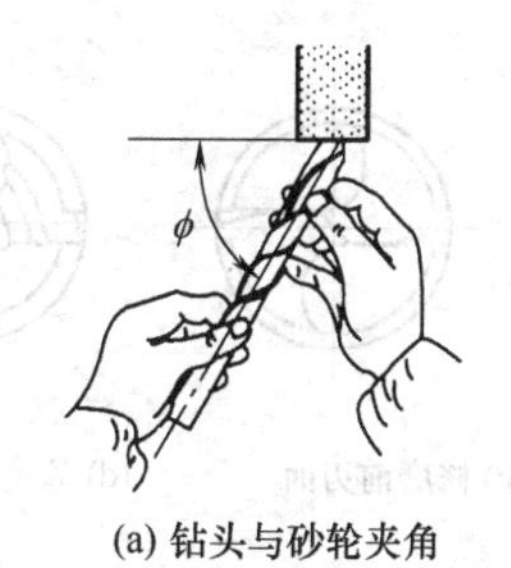

(a) 钻头与砂轮夹角

(b) 钻头转动与摆动

图 2-8-3 钻头刃磨

④ 左右两手的动作要协调一致,相互配合。一面磨好后,翻转 180°刃磨另一面。

在刃磨过程中,主切削刃的顶角、后角和横刃斜角同时磨出。为防切削部分过热退火,应注意蘸水冷却。刃磨后的钻头,常用目测法进行检查,也可用样板检验。目测时,将钻头竖起,切削部分向上,两眼平视两主切削刃外缘处的最低点位置,转动 180°后再观察,反复几次。如果两主切削刃长度相等,两个最低点位置一样,顶角、外缘处后角、横刃斜角都符合要求,且两个后刀面刃磨光滑,说明钻头刃磨正确。

(3) 麻花钻头的修磨

为了适应不同的钻削状态,达到不同的钻削目的,在砂轮上对麻花钻头原有的切削刃、边、面进行修改磨削,以得到所需的几何形状,叫麻花钻头的修磨。

麻花钻头的修磨方法有以下几种。

① 修磨横刃。为提高定心作用,减小钻削时的轴向阻力和挤刮现象,将横刃磨短至原长度的 1/3～1/5,如图 2-8-4(a)所示。

② 修磨主切削刃。为增加刀尖强度,改善刀尖处散热条件,强化刀尖角,从而提高钻孔的表面质量和钻头的耐用度,要修磨出双重顶角($2\phi_0=70°\sim75°$),如图 2-8-4(b)所示。

③ 修磨前刀面。将主切削刃外缘处前刀面磨去一小块,使其前角减小,如图 2-8-4(c)所示。钻削硬材料时可提高刀齿的强度;钻削黄铜等软材料时还可避免由于切削刃过于锋利而引起的扎刀现象。

④ 修磨棱边。加工精孔或韧性材料时,为减小棱边与孔壁的摩擦,提高钻头的寿命在棱边的前端修磨出副后角($\alpha_1=6°\sim8°$),保留棱边的宽度为原来的 1/3～1/2,如图 2-8-4(d)所示。

⑤ 修磨分屑槽。如图 2-8-4(d)所示，在钻头的两个主后刀面上磨出几条相互错开的分屑槽，可改变钻头主切削刃长、切屑较宽的不足，使切屑变窄，排屑顺利，尤其适用于钻削钢料。直径大于 15mm 的钻头宜修磨分屑槽。

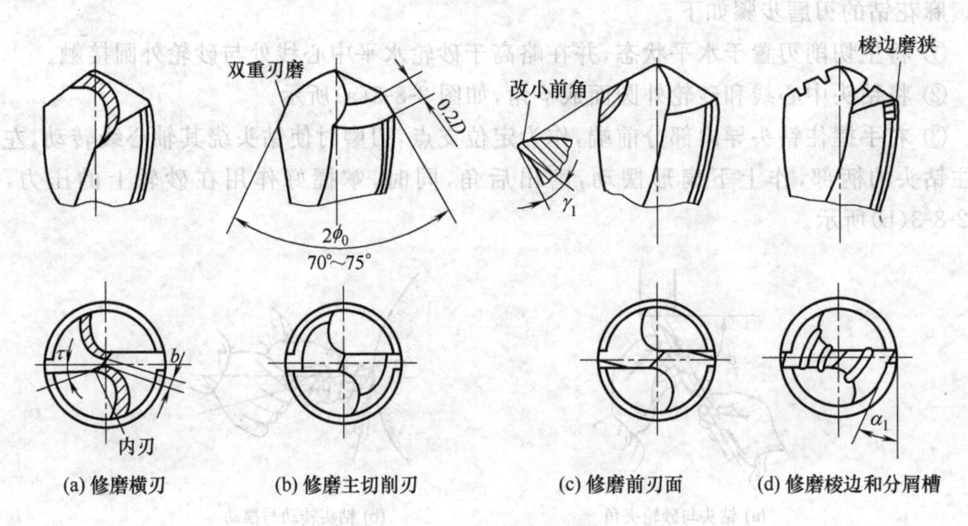

图 2-8-4 麻花钻的修磨

2. 划线钻孔方法

钻孔方法有划线钻孔、夹具钻孔和配钻钻孔 3 种。下面主要介绍划线钻孔方法。

(1) 工件划线

根据图纸要求，在工件上划出正确的孔中心位置，打上样冲眼。再以样冲眼为圆心划一组同心圆(直径≤钻孔直径)，也可直接划出与孔中心线对称的几个大小不等的方框，以便试钻时找正。

(2) 工件装夹

钻孔前一般都须将工件夹紧固定，以防钻孔时工件移动折断钻头或使钻孔位置偏移。工件的夹持方法，主要根据工件的大小、形状和加工要求而定，主要有以下 7 种。

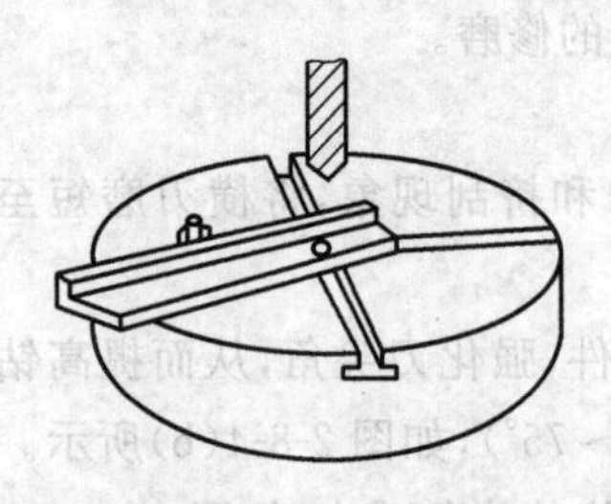

图 2-8-5 长工件用螺钉靠住

① 用手握持。钻削孔径小于 8mm，工件较大，能用手稳固握持，一般可直接用手攥住工件钻孔。当工件较长时，可在钻床工作台面上用螺钉靠紧，以防工件顺时针转动飞出，如图 2-8-5 所示。

② 用平口钳装夹。平口钳一般用于装夹外形平整的工件，如图 2-8-6(a)所示。装夹时，应使工件表面与钻头轴线垂直。钻通孔时，工件底部应垫上垫铁，空出落钻位置，以免钻坏钳身。钻孔直径大时，必须用螺栓将平口钳固定在钻床工作台面上。

③ 用 V 形块装夹。在轴套工件上钻径向孔时，一般把工件放在 V 形块上，用压板压紧，以免工件钻孔时转动，如图 2-8-6(b)所示。装夹时，应使钻头轴线与 V 形块斜面的对称面重合，以保证钻出孔的中心线通过轴套工件的轴线。

④ 用压板夹持工件。钻削大孔或不适合用平口钳装夹的工件时，可用螺栓、压板把工件固定在钻床工作台面上，如图 2-8-6(c)所示。

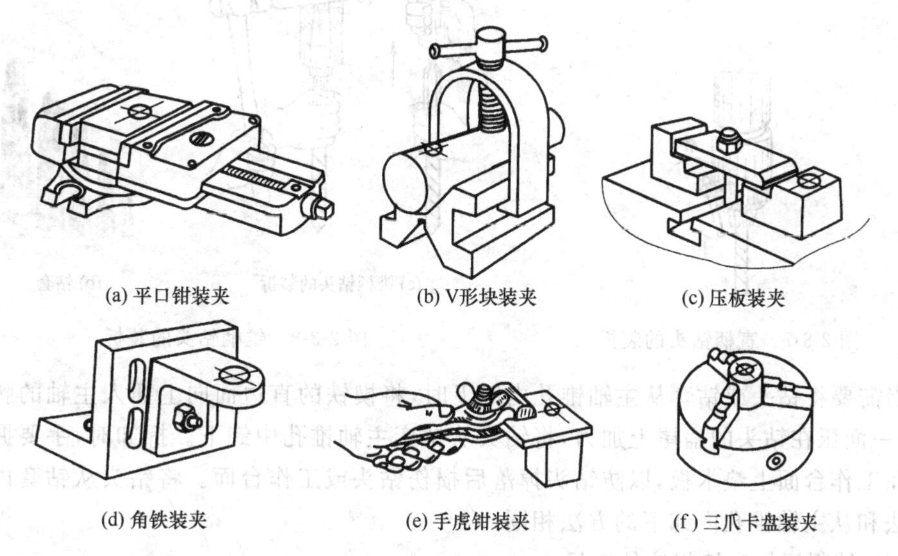

(a) 平口钳装夹　(b) V形块装夹　(c) 压板装夹

(d) 角铁装夹　(e) 手虎钳装夹　(f) 三爪卡盘装夹

图 2-8-6　工件装夹方法

使用压板时应注意以下几点。

· 压板的厚度及螺栓的直径要适当，螺栓应尽量靠近工件，以加大压紧力。

· 垫铁应等于或稍高于工件的压紧表面。

· 压紧精加工过的表面时，应在压板下面垫上铜皮等，以免压出印痕。

⑤ 用角铁夹持工件。底面不平或加工基准在侧面的工件可用角铁装夹，如图 2-8-6(d)所示。由于钻孔时的轴向力作用在角铁安装平面之外，因此角铁必须固定在钻床工作台面上。

⑥ 用手虎钳装夹。在小型工件或薄板上钻小孔时，可将工件放置在垫块上，用手虎钳装夹进行钻孔，如图 2-8-6(e)所示。

⑦ 用卡盘装夹。圆盘类工件端面上钻孔时，可将工件用三爪卡盘进行装夹，如图 2-8-6(f)所示。

(3) 钻头的装拆

① 直柄钻头的装拆。直柄钻头需用装在钻床主轴下端的钻夹头夹持。将钻头柄部塞入钻夹头的 3 个卡爪内，其夹持长度应不少于 15mm，转动带有小锥齿轮的钻夹头钥匙，带动夹头套旋转，可夹紧或松开直柄钻头，如图 2-8-7 所示。

② 锥柄钻头的装拆。锥柄麻花钻的装拆如图 2-8-8 所示。当锥柄钻头的柄部锥度的号数与钻床主轴锥孔的锥度号数相同时，可直接将钻头装入钻床主轴的锥孔内。装夹前，应将钻头锥柄和主轴锥孔擦拭干净，且使钻头柄部扁尾与主轴上的腰形孔中心方向一致，利用加速冲击力一次装好。当锥柄钻头的柄部锥度的号数小于钻床主轴锥孔的锥度号数时，需选用合适的钻套作为过渡连接，安装时，锥体的内外表面应擦干净，各锥面套实、镦紧。钻套的内外表面都是莫式锥度。钻套按内径的大小分为 1～5 号，1 号直径最小。1 号钻套的内锥孔为 1 号莫氏锥度，外圆锥为 2 号莫氏锥度。

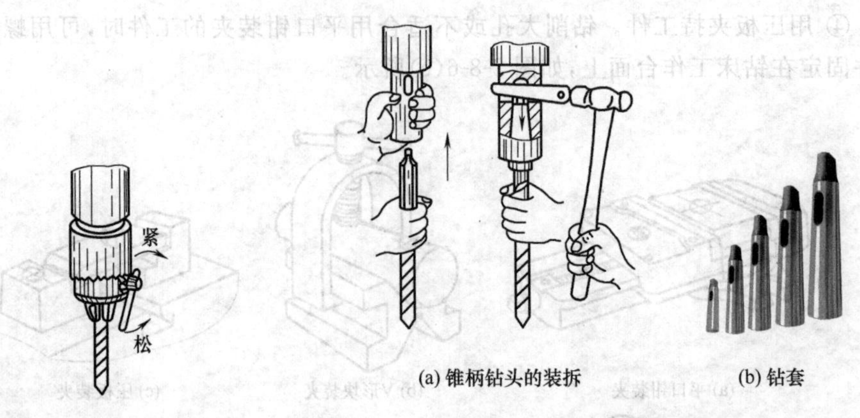

图 2-8-7　直柄钻头的装拆　　　图 2-8-8　锥柄钻头的装拆

当需要将钻头或钻套从主轴锥孔内卸下时，将楔铁的直边面向上插入主轴的腰形孔中，另一面压在钻头的扁尾上加力，将钻头从钻床主轴锥孔中卸下。拆卸时，手要握住钻头或在工作台面上垫木板，以防钻头掉落后损伤钻头或工作台面。将钻头从钻套内卸下的方法和从主轴锥孔内卸下的方法相同。

(4) 钻削用量和切削液的选择

① 钻削用量的选择。钻削用量是指钻削过程中的切削速度、进给量和背吃刀量。合理选择钻削用量，可提高钻孔精度、生产效率，并能防止机床过载或损坏。

- 切削速度 v。钻削时钻头切削刃上最大直径处的线速度。由下式计算：

$$v=\frac{\pi dn}{1000}$$

式中：d——钻头直径，mm；

n——钻头的转速，r/min；

v——切削速度，m/min。

- 进给量 f。钻头每转一转沿进给方向移动的距离，单位为 mm/r。
- 背吃刀量 a_p。背吃刀量是指工件已加工表面与待加工表面之间的垂直距离。在实心材料上钻孔时，背吃刀量等于钻头的半径，即 $a_p=d/2$(mm)；在空心材料上钻孔时，$a_p=(d-d_0)/2$(mm)。式中 d_0 为空心直径。

钻孔时选择钻削用量应根据工件材料的硬度、强度、孔的表面粗糙度、孔径的大小等因素综合考虑。通常，钻孔直径小时，转速应快些，进给量小些；钻硬材料时，转速和进给量都要小些。表 2-8-1 为一般钢料的钻削用量。钻削与一般钢料不同的材料时，其切削用量可根据表中所列的数据加以修正。

表 2-8-1　一般钢料的钻削用量

钻孔直径 d/mm	1～2	2～3	3～5	5～10
切削速度 v/(r/min)	10000～2000	2000～1500	1500～1000	1000～750
进给量 f/(mm/r)	0.005～0.02	0.02～0.05	0.05～0.15	0.15～0.3
钻孔直径 d/mm	10～20	20～30	30～40	40～50
切削速度 v/(r/min)	750～350	350～250	250～200	200～120
进给量 f/(mm/r)	0.30～0.50	0.60～0.75	0.75～0.85	0.85～1

在碳素工具钢、铸钢上钻孔时，切削用量减少1/5左右；在合金工具钢、合金铸钢上钻孔时，切削用量减少1/3左右；在铸铁上钻孔时，进给量增加1/5而转速减少1/5左右；在有色金属上钻孔时，转速应增加近1倍，进给量应增加1/5。

② 钻孔时切削液的选择。钻头在钻削过程中，由于切屑的变形及钻头与工件摩擦所产生的切削热，严重影响到钻头的切削能力和钻孔精度，甚至使钻头退火，钻削无法进行。为了延长钻头的使用寿命、提高钻孔精度和生产效率，钻孔时，要加注充足的切削液。钻削时可根据工件的不同材料和不同的加工要求合理选用切削液，见表2-8-2。

表2-8-2 钻削各种材料所用的切削液

工件材料	切削液	工件材料	切削液
各类结构钢	3%～5%乳化液，7%硫化乳化液	铸铁	不用或5%～8%乳化液，煤油
不锈耐热钢	3%肥皂加2%亚麻油水溶液，硫化切削油	铝合金	不用或5%～8%乳化液，煤油，煤油与柴油的混合油
铜	不用或5%～8%乳化液	有机玻璃	5%～8%乳化液，煤油

孔的精度和表面粗糙度要求高时，应选用主要起润滑作用的油类切削液(如菜油、猪油、硫化切削油等)。

(5) 起钻

钻孔开始时，先找正钻头与工件的位置，使钻尖对准钻孔中心样冲眼，然后试钻一浅坑，检查钻孔位置是否正确。如钻出的浅坑与所划的钻孔圆周线不同心，可移动工件或钻床主轴予以借正。若钻头较大或浅坑偏得较多，可用样冲或油槽錾在需多钻去一些的部位錾几条沟槽，以减少此处的切削阻力使钻头偏移过来，达到借正的目的。试钻的位置正确后才可正式钻孔，如图2-8-9所示。

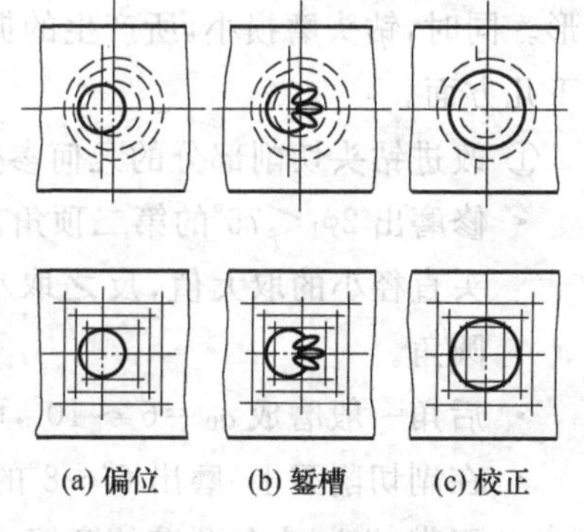

图2-8-9 錾沟槽校正

(6) 手动进给操作

当起钻达到钻孔的位置要求时，即可固定工件完成钻孔。手动进给时，应用间断进给方法进给，用力不能过大，否则易使钻头弯曲(钻头直径较小时)，造成孔轴线歪斜，钻小孔或深孔时，进给量要小，并要经常退钻排屑，以免切屑阻塞折断钻头。特别要注意，当孔将要钻穿时，进给压力要减小，以免造成事故。

(7) 钻孔时注意事项

钻孔应注意以下几点。

① 严格遵守钻床安全操作规程。

② 钻不通孔时，可按孔深度调整钻床上的挡块，并通过测量实际尺寸来控制钻孔深度。

③ 钻通孔时，当孔将要钻通时，进给量要减小，避免钻头在钻穿时出现“啃刀”现象，

损坏钻头，影响加工质量，甚至发生事故。如采用自动进给，此时最好改为手动进给，以减少孔口毛刺，防止钻头折断或钻孔质量降低等现象。

④ 在钻削过程中，特别是钻深孔时，当钻孔深度达到钻头直径的3倍时，要经常退出钻头排出切屑和进行冷却，否则可能使切屑堵塞或钻头过热磨损，甚至扭断钻头，并影响加工质量。

⑤ 钻削直径大于ϕ30mm的孔应分两次钻，第一次先钻第一个直径较小的孔（为加工孔径的0.5～0.7倍），第二次用钻头将孔扩大到所要求的直径。这样可以减小转距和轴向阻力，既保护了钻床，又提高了钻孔质量。

⑥ 钻削时要注意冷却润滑：钻削钢件时常用机油或乳化液；钻削铝件时常用乳化液或煤油；钻削铸铁时则用煤油。

3. 特殊孔的钻削

钻削精孔、小孔、深孔和半圆孔等特殊孔时，为保证加工质量，应分别采用不同的钻削工艺。

(1) 精孔钻削

精孔钻削是一种孔的精加工方法，钻削出孔的尺寸精度达IT8～IT7级、表面粗糙度达$Ra1.6 \sim 0.8\mu m$。通常采用分两次钻削的方法：先钻出底孔，留有0.5～1mm的加工余量，再用精孔钻进行二次钻削。这样，第二次钻削时切削用量小，产生的热量少，工件不易变形。同时，钻头磨损小，所产生的振动也小，提高了孔的加工精度。精孔钻削时应注意以下几方面。

① 改进钻头切削部分的几何参数。

- 修磨出$2\phi_1 \leqslant 75°$的第二顶角。新磨出切削刃长度为钻头直径的0.15～0.4倍，钻头直径小的取大值，反之取小值，刀尖角处须用油石磨出$R0.2 \sim R0.5$mm的小圆角。
- 后角一般磨成$\alpha_0 = 6° \sim 10°$，可避免产生振动。
- 在副切削刃上，磨出6°～8°的副后角，并保留棱边宽0.10～0.20mm，用油石磨光刃带，以减小与孔壁的摩擦。
- 用细油石研磨主切削刃的前刀面、后刀面，细化表面粗糙度。

② 选用合适的切削用量。

- 钻削铸铁时，切削速度小于15m/min；钻钢件时，切削速度小于10m/min。
- 应采用机动进给，进给量为0.1mm/r左右。

③ 其他要求。

- 选用精度高的钻床，若主轴径向跳动量大，可采用浮动夹头。
- 选用尺寸精度符合孔径精度要求的钻头钻削。必要时可在同零件材质的材料上试钻，以确定其是否适用。
- 钻头两主切削刃修磨要对称，两刃径向摆动差应小于0.05mm。
- 扩孔过程中要选择植物油或低黏度的机械油进行润滑。
- 钻完孔后，应先停车，然后退出钻头，避免钻头退出时擦伤孔壁。

(2) 小孔钻削

钻削直径在 3mm 以下的孔，称小孔钻削。钻削小孔时，存在以下问题：一是钻头的直径小，其强度较差，定心性能差，容易滑偏；二是钻头的螺旋槽较窄，排屑不易；三是钻孔时选用的转速较高，所产生的切削热较大，又不易散发，加剧了钻头的磨损。因此，小孔钻削时应注意以下几方面。

① 开始钻孔时，进给力要小，防止钻头弯曲和滑移，以保证钻孔的位置。

② 进给时要注意手用力的感觉，当钻头弹跳时，使它有一个缓冲的范围，以防钻头折断。

③ 切削过程中，要及时提起钻头排屑，并借此机会加入切削液。

④ 选用高精度钻床，合理选择切削速度，通常钻削 1～3mm 孔时，转速为 1500～3000r/min。在高精度钻床上，钻削直径小于 1mm 孔时，转速可达 10000r/min。

(3) 深孔钻削

通常把深度和直径比大于 5 的孔称为深孔。钻削深孔的方法有以下两种。

① 用加长麻花钻钻削深孔。深孔钻削时，用一般的麻花钻长度不够，需用接长的钻头来加工。在钻削过程中，钻头加工一定时间或一定深度后退出工件，以排出切屑、冷却刀具，然后重复进刀和退刀，直至加工完毕。

深孔钻削时要注意：

- 要选用刚性和导向性好的钻头。用标准麻花钻接长杆时，接长杆必须调质处理，以增强刚性和导向性。
- 机床主轴、刀具导向套、导杆支撑套等要求同轴度好。钻削精度要求较高、长径比大的孔，其同轴度不大于 0.02mm。
- 钻头前刀面或后刀面要磨出分屑槽与断屑槽，使切屑呈碎块状，易于排屑。
- 要频繁地退刀排屑，要保证切削液输送系统的畅通。

② 用两边钻孔的方法钻削深孔。钻通孔而没有加长钻头时，可采用两边钻孔的方法，先在工件的一边钻至孔深的一半，再将一块平行垫铁装压在钻床工作台上，并在上面钻一个一定直径的定位孔。把定位销的一端压入孔内，定位销另一端与工件已钻孔为间隙配合，然后以定位销定位将工件放在垫板上进行钻孔，这样可以保证两面孔的同轴度。当孔快钻通时，进给量要小，以免因两孔不同轴而将钻头折断。

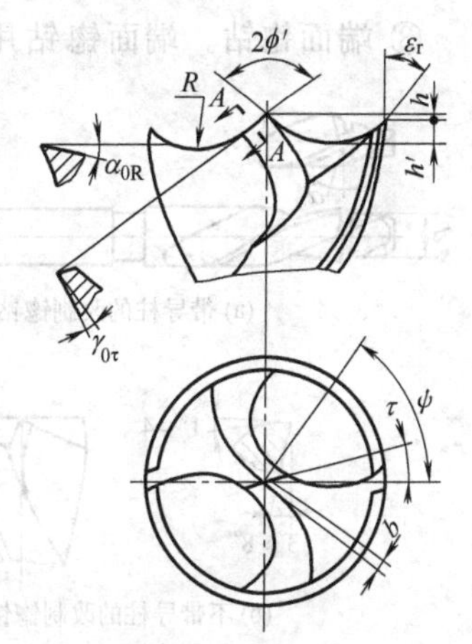

图 2-8-10　薄板钻

(4) 半圆孔钻削

在板料上钻削半圆孔时，通常可把与工件材料相同的板料和工件一起装夹，钻后再将板料去除。这样可避免钻头偏斜而造成不垂直，孔径不圆或将钻头折断。

(5) 薄板上钻孔

在薄板上钻孔，当钻尖钻穿工件时，钻削的轴向阻力会突然减少，而使钻头迅速下滑，出现扎刀现象。为此，应将钻头磨成如图 2-8-10 所示的三尖钻。工作时，钻心先切入工件定心，两个锋利的外尖转动切削，把中间的圆片切离，避免了扎刀现象，得到较高质量的孔。

8.2 锪孔、扩孔

1. 锪孔

用锪钻(或改制的麻花钻)将孔口表面加工成一定形状的孔和平面，称为锪孔。常见的锪孔有柱形锪孔、锥形锪孔和端面锪孔，如图 2-8-11 所示。

(1) 锪钻的种类和特点

锪钻常见的有柱形锪钻、锥形锪钻和端面锪钻，如图 2-8-12 所示的 3 种。

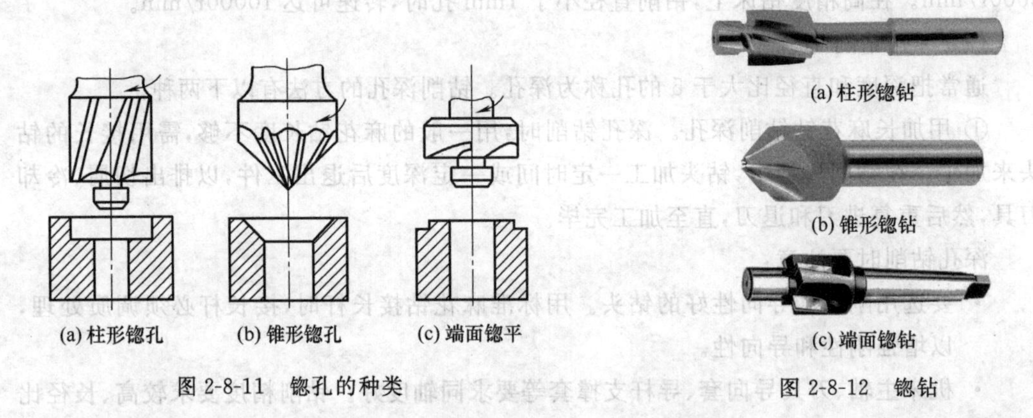

图 2-8-11 锪孔的种类

图 2-8-12 锪钻

① 柱形锪钻。柱形锪钻用来锪圆柱形沉头孔。按端部结构分为带导柱、不带导柱和带可换导柱 3 种。带导柱的锪钻导柱可与工件原有孔配合，起定心导向作用，端面刀刃为主刀刃起主要切削作用，外圆上的刀刃为副刀刃起修光孔壁作用。

② 锥形锪钻。锥形锪钻用来锪锥形沉头孔。按切削部分锥角分为 60°、75°、90°、120°四种，刀齿齿数为 4～12 个。

③ 端面锪钻。端面锪钻用来锪平孔的端面。有多齿形端面锪钻和片形端面锪钻。其端面刀齿为切削刃，前端导柱用来定心和导向，以保证加工后的端面与孔中心线垂直。

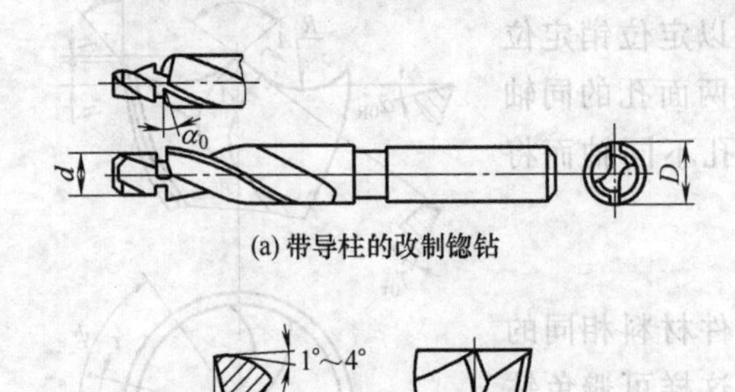

图 2-8-13 用钻头改制的锪钻

(2) 用麻花钻改制锪钻

锪钻常用麻花钻改制。图 2-8-13(a)为改制成带导柱的柱形锪钻，导柱直径 d 与工件原有的孔采用基本偏差为 f8 的间隙配合。端面切削刃须在锯片砂轮上磨出，后角 $\alpha_0=8°$，导柱部分两条螺旋槽锋口倒钝。图 2-8-13(b)为改制的不带导柱的平底锪钻，可用来锪平底盲孔。

麻花钻还可根据工件锥孔度数改制成锥形锪钻。为避免锪孔时产生振痕，后角和外缘处前角应磨得小些。

(3) 锪孔注意事项

锪孔方法与钻孔方法基本相同，但锪孔时刀具容易振动，特别是使用麻花钻改制的锪钻，易在所锪端面或锥面产生振痕，影响锪削质量，因此锪孔时应注意以下几点。

① 锪孔的切削用量。由于锪孔的切削面积小，锪钻的切削刃多，所以进给量为钻孔的 2～3 倍，切削速度为钻孔的 1/2～1/3。精锪时，可采用钻床停车惯性来锪孔。

② 用麻花钻改制锪钻时，后角和外缘处前角适当减小，以防扎刀。两切削刃要对称，保持切削平稳。尽量选用较短钻头改制，减少振动。

③ 锪钻的刀杆和刀片装夹要牢固，工件夹持稳定。

④ 钢件锪孔时，可加机油润滑。

2. 扩孔

用扩孔钻(或麻花钻)将工件上原有孔径进行扩大的加工方法称为扩孔。常用于孔的半精加工和铰孔前的预加工。扩孔可以校正孔的轴线偏差，并使其获得正确的几何形状和较小的表面粗糙度，其加工精度一般为 IT9～IT10 级，表面粗糙度 Ra＝3.2～6.3μm。扩孔的加工余量一般为 0.2～4mm。

(1) 扩孔钻的种类和结构特点

扩孔钻按刀体结构分为整体式和镶片式两种；按装夹方式分为直柄式、锥柄式和套式 3 种。扩孔钻的结构如图 2-8-14 所示。其结构特点是：

① 扩孔钻中心不切削，切削刃只有外边缘一小段，没有横刃。

② 由于背吃刀量小，切屑窄，易排出，不易擦伤已加工表面。

③ 容屑槽浅，钻心粗，刚性强，切削平稳。

④ 切削刃齿数多，可增强扩孔钻导向作用。

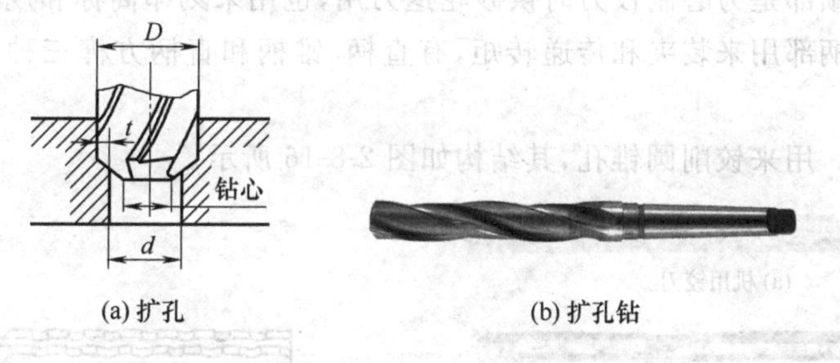

(a) 扩孔　　(b) 扩孔钻

图 2-8-14　扩孔钻结构

(2) 扩孔注意事项

扩孔时要注意以下几点。

① 扩孔前钻孔直径的确定。用扩孔钻扩孔时，预钻孔直径为要求孔径的 0.9 倍；用麻花钻扩孔时，预钻孔直径为要求孔径的 0.5～0.7 倍。

② 扩孔的切削用量。扩孔的进给量为钻孔的 1.5～2 倍，切削速度为钻孔的 0.5 倍。

③ 除铸铁和青铜外，其他材料的工件扩孔时，都要使用切削液。

实际生产中，常用麻花钻代替扩孔钻。使用时，因横刃不参加切削，轴向切削抗力较小，所以应适当减小麻花钻的后角，以防扩孔时扎刀。

8.3 铰孔

铰孔是用铰刀从工件孔壁上切除微量金属层，以提高孔的尺寸精度和降低表面粗糙度的加工方法。铰孔是应用较普遍的孔的精加工方法之一，其加工精度可达 IT6～IT9级，表面粗糙度 $Ra=0.4\sim0.8\mu m$。

1. 铰刀与铰杠

(1) 铰刀

铰刀按刀体结构可分为整体式铰刀、焊接式铰刀、镶齿式铰刀和装配可调式铰刀；按外形可分为圆柱铰刀和圆锥铰刀；按加工手段可分为手用铰刀和机用铰刀。手用铰刀柄部为直柄，工作部分较长，导向作用较好。机用铰刀柄部有直柄和锥柄两种，工作部分较短。

① 整体圆柱铰刀。主要用来铰削标准系列的孔。它由工作部分、颈部和柄部三个部分组成。其结构如图 2-8-15 所示。

- 工作部分。由切削部分和校准部分组成。

切削部分。担负主要铰削工作。切削锥角 2ϕ，主要影响孔的加工精度、孔壁的表面粗糙度、切削时的轴向力的大小和铰刀的寿命，手铰刀的 $\phi=30'\sim1°30'$。切削部分前端，有 45°锥角，便于铰刀进入铰削孔中，并保护切削刃。

校准部分。用来引导铰孔方向和校准孔的尺寸，也是铰刀的备磨部分。

铰刀的刀齿一般有 6～16 个，可使铰削平稳，导向性好。为避免铰孔时出现周期性振纹，手铰刀一般采用不等距分布刀齿。

- 颈部。颈部是为磨制铰刀时供砂轮退刀用，也用来刻印商标和规格。
- 柄部。柄部用来装夹和传递转矩，有直柄、锥柄和直柄方榫三种。手铰刀用直柄方榫。

② 锥铰刀。用来铰削圆锥孔，其结构如图 2-8-16 所示。

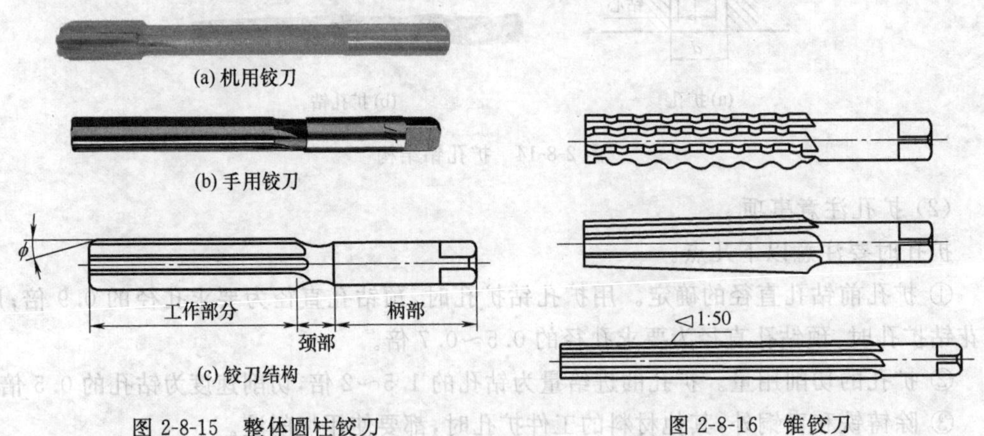

图 2-8-15 整体圆柱铰刀

图 2-8-16 锥铰刀

圆锥铰刀按锥度又可分为1：10锥度铰刀、1：30锥度铰刀、1：50锥度铰刀和锥度近似于1：20的莫氏锥度铰刀。

尺寸较小的圆锥孔，铰孔前可按小端直径钻出圆柱底孔，再用锥铰刀铰削即可。尺寸和深度较大或锥度较大的圆锥孔，铰孔前的底孔应钻成阶梯孔。

(2) 铰刀的研磨

新铰刀直径上一般留有0.005～0.02mm的研磨量，为保证铰孔精度，铰孔前，应按工件的精度要求研磨铰刀直径。新铰刀的研磨可用研具在钻床上进行。另外，铰刀在使用过程中易产生磨损，通常也由钳工进行手工修磨。

① 选择油石

修磨高速钢和合金工具钢铰刀，可选用W14、中硬(ZY)或硬(Y)氧化铝油石；修磨硬质合金铰刀，可用碳化硅油石。

② 研磨方法

油石在使用前应在煤油中浸泡一段时间。将铰刀固定，研磨后刀面时，油石与铰刀后面贴紧，沿切削刃垂直方向轻轻推动油石，注意不能将油石沿切削刃方向推动，以免由于油石磨出沟痕将刃口磨钝。当铰刀前刀面需要研磨时，应将油石贴紧在前刀面上，沿齿槽方向轻轻推动，注意不要损坏刃口。

(3) 铰杠

手工铰孔时，用来夹持铰刀柄部的方头，带动铰刀旋转的工具称为铰杠。常用的铰杠有普通铰杠和丁字铰杠，如图2-8-17和图2-8-18所示。

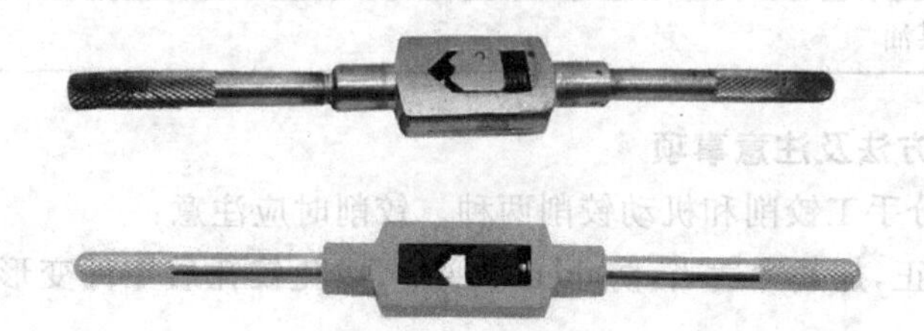

图2-8-17　普通铰杠

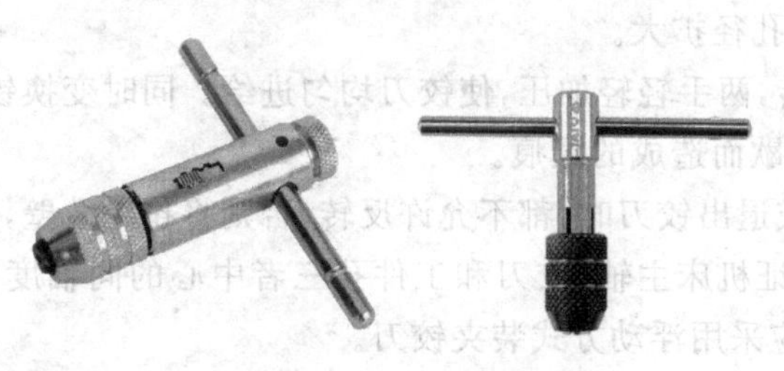

图2-8-18　丁字铰杠

2. 铰削用量及冷却润滑

铰削时要选用合适的铰刀、铰削余量、切削用量和切削液。

(1) 铰削余量

铰削余量是指上道工序(钻孔或扩孔)完成后，孔径方向留下的加工余量。一般根据孔径尺寸、孔的精度、表面粗糙度及材料的软硬和铰刀类型等选取，可参考表2-8-3。

表 2-8-3 铰削余量

铰孔直径/mm	<8	8～20	21～32	33～50	51～70
铰削余量/mm	0.1～0.2	0.15～0.25	0.2～0.3	0.3～0.5	0.5～0.8

(2) 机铰的铰削速度和进给量

铰削钢材时，切削速度 $v<8$m/min，进给量 $f=0.4$mm/r；铰削铸铁时，切削速度 $v<10$m/min，进给量 $f=0.8$mm/r。

(3) 铰孔时的切削液

铰孔时，应根据零件材质选用切削液进行润滑和冷却，以减少摩擦和散发热量，同时将切屑及时冲掉，可参考表 2-8-4。

表 2-8-4 铰孔时的切削液

工件材料	切 削 液
钢	(1) 10%～15%乳化液或硫化乳化液 (2) 铰孔要求较高时，采用 30%菜油加 70%乳化液 (3) 高精度铰削时，可用菜油、柴油、猪油
铸铁	(1) 一般不用 (2) 用煤油，使用时注意孔径收缩量最大可达 0.02～0.04mm (3) 低浓度乳化油水溶液
铜	乳化油水溶液
铝	煤油

3. 铰孔操作方法及注意事项

铰孔的方法分手工铰削和机动铰削两种。铰削时应注意：

① 工件要夹正，加紧力适当，防止工件变形，以免铰孔后零件变形部分的回弹，影响孔的几何精度。

② 手铰时，两手用力要均衡，速度要均匀，保持铰削的稳定性，避免由于铰刀的摇摆而造成孔口喇叭状和孔径扩大。

③ 随着铰刀旋转，两手轻轻加压，使铰刀均匀进给。同时变换铰刀每次停歇位置，防止连续在同一位置停歇而造成的振痕。

④ 铰削过程中或退出铰刀时，都不允许反转，否则将拉毛孔壁，甚至使铰刀崩刃。

⑤ 机铰时，要保证机床主轴、铰刀和工件孔三者中心的同轴度要求。若同轴度达不到铰孔精度要求时，应采用浮动方式装夹铰刀。

⑥ 机铰结束，铰刀应退出孔外后停机，否则孔壁有刀痕。

⑦ 铰削盲孔时，应经常退出铰刀，清除铰刀和孔内切屑，防止因堵屑而刮伤孔壁。

⑧ 铰孔过程中，按工件材料、铰孔精度要求合理选用切削液。

4. 铰孔质量分析

铰孔精度和表面粗糙度的要求都很高，如操作不当将会产生废品。铰孔时废品形式及产生的原因见表 2-8-5。

表 2-8-5 铰孔时废品形式及产生的原因

废品形式	产生原因
孔壁表面粗糙度超差	(1) 铰削余量留得不合适 (2) 没有合理选用切削液 (3) 切削速度过高 (4) 铰刀切削刃崩裂、不锋利,或粘有积屑瘤,刃口不光洁等 (5) 铰削过程中或退刀时反转
孔呈多棱形	(1) 铰削余量过大 (2) 铰刀切削部分后角过大或刃带过宽 (3) 工件夹持太紧 (4) 工件前道工序加工孔的圆度超差
孔径扩大	(1) 机铰时铰刀与孔轴线不重合,铰刀偏摆过大 (2) 手铰时两手用力不均,铰刀晃动 (3) 切削速度太高,冷却不充分 (4) 铰锥孔时,未常用锥销试配、检查、铰孔过深
孔径缩小	(1) 铰刀磨损 (2) 铰削铸铁时用煤油作切削液,未考虑收缩量 (3) 铰削速度太低而进给量大 (4) 钝铰刀铰削薄壁件产生挤压,铰削后零件弹性变形产生缩孔

单元9

攻螺纹、套螺纹

学习目标

(1) 熟悉丝锥、板牙、铰杠等工具。
(2) 能正确确定攻螺纹前底孔直径和套螺纹前圆杆直径。
(3) 掌握攻螺纹、套螺纹方法。

9.1 攻螺纹

用丝锥加工工件内螺纹的操作叫攻螺纹。攻螺纹常用的工具有丝锥、铰杠。

1. 丝锥、铰杠

丝锥(又称丝攻)是用来切削内螺纹的工具,如图 2-9-1 所示。丝锥分手用和机用两种,手用丝锥由合金工具钢或轴承钢制成,机用丝锥由高速钢制成。

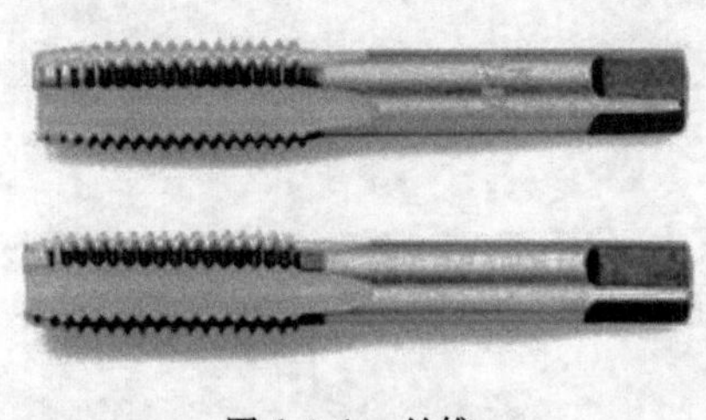

图 2-9-1 丝锥

丝锥由工作部分和柄部组成,工作部分包括切削部分和校准部分。切削部分起主要切削作用,呈锥形,其上开有几条容屑槽,以形成切削刃和前角。刀齿高度由端部逐渐增大,使切削负荷分布在几个刀齿上,切削省力,刀齿受力均匀,不易崩齿或折断,丝锥也容易正确切入。校准部分有完整的齿形,起导向及修光作用。柄部有方头,用来传递转矩。

手用丝锥为了减少攻螺纹时的切削力和提高丝锥的使用寿命,将切削负荷分配给一组丝锥,通常 2～3 支丝锥组成一组。其切削负荷的分配有两种形式,锥形分配和柱形分配,如图 2-9-2 所示。切削负荷采用锥形分配时,同组丝锥的大径、中径和小径都相等,只是切削部分的长度和锥角不等。头锥切削部分的长度为 5～7 个螺距,二锥是 2.5～4 个螺距,三锥是 1～2 个螺距。切削负荷采用柱形分配时,同组丝锥的大径、中径和小径都不等,随头锥、二锥、三锥依次增大。攻丝时,切削用量分配合理,每支丝锥磨损均匀,使用寿命长。但攻丝时顺序不能搞错。

铰杠(又称铰手)是用来夹持丝锥柄部的方头,带动丝锥旋转切削的工具。铰杠有普通铰杠和丁字形铰杠两类,各类铰杠又分为固定式和可调式两种。固定式普通铰杠用于攻制 M5 以下螺纹孔,可调式普通铰杠应根据丝锥尺寸大小合理选用,参见表 2-9-1。

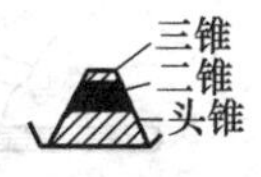

(a) 锥形分配

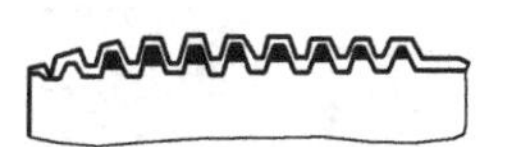
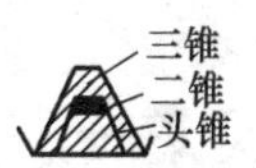

(b) 柱形分配

图 2-9-2 丝锥切削量分配

表 2-9-1 可调式铰杠的适用范围

铰杠规格/mm	150～200	200～250	250～300	300～350	350～450
适用丝锥范围	≤M6	M8～M10	M12～M14	M14～M16	≥M16

丁字形铰杠用于攻制带有台阶工件侧边的螺纹孔或机体内部的螺纹孔。

铰杠的结构详见单元 8。

2. 攻螺纹时底孔直径的确定

攻螺纹时，丝锥在切削材料的同时，还产生挤压，使材料向螺纹牙尖流动。若攻丝前底孔直径与螺纹小径相等，被挤出的材料就会卡住丝锥甚至使丝锥折断。并且材料的塑性越大，挤压作用越明显。因此攻丝前底孔直径的大小，应从被加工材料的性质考虑，保证攻螺纹时既有足够的空间来容纳被挤出的材料，又能够使加工出的螺纹有完整的牙形。

一般攻制普通螺纹时前底孔直径(d_0)可参照下式计算：

$$d_0 = d - nP$$

式中：d——螺纹大径，mm；

P——螺距，mm；

n 为常数，在钢或韧性材料上攻螺纹时，$n=1$；在铸铁或脆性材料上攻螺纹时，$n=1.1$。

攻盲孔螺纹时，由于丝锥切削部分带有锥角，不能切出完整的螺纹牙形，因此为了保证螺孔的有效深度，所钻底孔深度(L_0)一定要大于所需螺孔深度(L)，一般取：

$$L_0 = L + 0.7d$$

式中：d——螺纹大径，mm。

3. 攻螺纹方法及注意事项

攻螺纹方法及注意事项如下。

① 确定底孔直径，钻孔后两端面孔口应倒角，这样丝锥容易切入，攻穿时螺纹也不会崩裂。

② 根据丝锥大小选用合适的铰杠，勿用其他工具代替铰杠。

③ 攻螺纹时丝锥应垂直于底孔端面，不得偏斜。在丝锥切入 1～2 圈后，用直角尺在两个互相垂直的方向检查，若不垂直，应及时校正，如图 2-9-3 所示。

④ 丝锥切入 3～4 圈时，只需均匀转动铰杠。且每正转 1/2～1 圈，要倒转 1/4～1/2 圈，以利断屑、排屑，如图 2-9-4 所示。攻韧性材料、深螺孔和盲螺孔时更应注意。攻盲螺孔时还应在丝锥上做好标记，并经常退出丝锥排屑。

⑤ 攻较硬材料时，应头锥、二锥交替使用。调换时，先用手将丝锥旋入孔中，再用铰杠转动，以防乱扣。

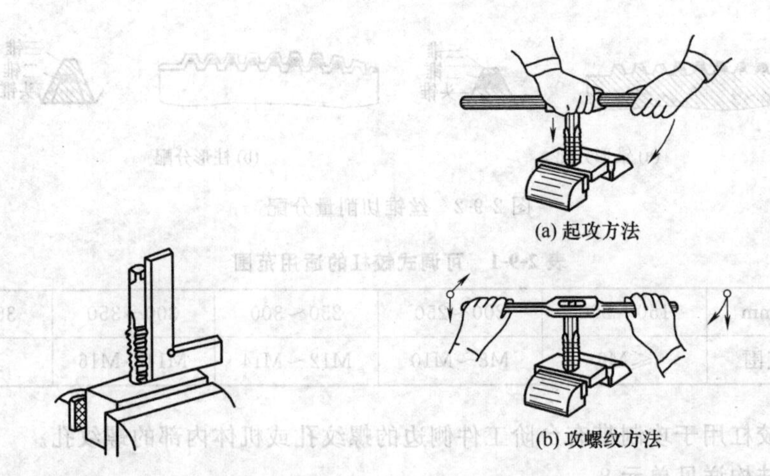

图 2-9-3　用直角尺检查丝锥位置　　　　图 2-9-4　攻螺纹方法

⑥ 攻韧性材料或精度较高螺孔时,要选用适宜的切削液。常用切削液参见表 2-9-2。

⑦ 攻通孔时,丝锥的校准部分不能全部攻出底孔口,以防退丝锥时造成螺纹烂牙。

表 2-9-2　攻螺纹时切削液的选用

零件材料	切　削　液
钢	乳化液、机油、菜油等
铸铁	煤油或不用
铜合金	机械油、硫化油、煤油+矿物油
铝及铝合金	50%煤油+50%机械油、85%煤油+15%亚麻油、松节油

4. 丝锥的修磨

当丝锥切削部分磨损或切削刃崩牙时,应刃磨后再使用。先将损坏部分磨掉,再磨出后角,如图 2-9-5 所示。要把丝锥竖起来刃磨,手的转动要平稳、均匀。刃磨后的丝锥,各对应处的锥角大小要相等,切削部分长度要一致。

当丝锥校准部分磨损时,可刃磨前刀面使刃口锋利,如图 2-9-6 所示。刃磨时,丝锥在棱角修圆的片状砂轮上做轴向运动,整个前面要均匀磨削,并控制好角度。注意冷却,防止丝锥刃口退火。

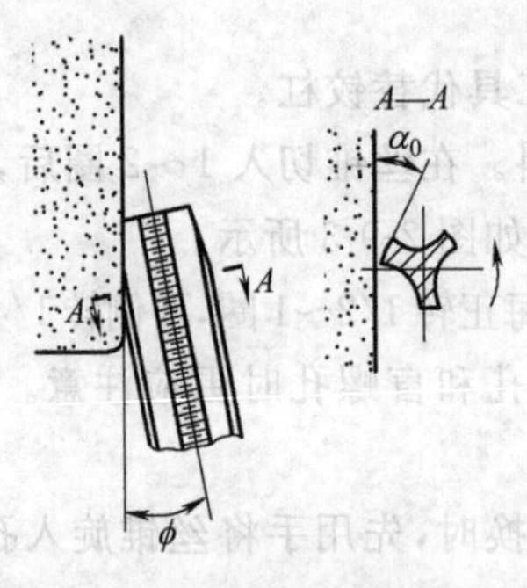

图 2-9-5　修磨丝锥的后刀面

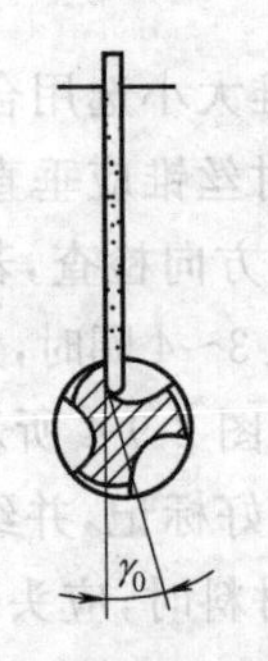

图 2-9-6　修磨丝锥的前刀面

5. 取出折断在螺孔中丝锥的方法

攻螺纹时，若丝锥折断，可用钳子旋出或用錾子沿旋出方向敲出丝锥折断部分；若丝锥断在螺孔中，可用钢丝或带凸爪的专用旋出器，插入丝锥槽中将折断部分取出。

6. 攻螺纹时常见缺陷分析

攻螺纹时常见缺陷形式及产生的原因见表 2-9-3。

表 2-9-3 攻螺纹时常见缺陷形式及产生的原因

缺陷形式	产生的原因
丝锥崩刃、折断或磨损过快	(1) 螺纹底孔直径偏小或深度不够 (2) 丝锥参数刃磨不合适 (3) 切削液选择不合适 (4) 机攻螺纹时切削速度过快 (5) 手攻螺纹时用力过猛、铰杠掌握不稳、未经常倒转断屑、切屑堵塞 (6) 工件材料的韧性过高
螺纹烂牙	(1) 丝锥磨钝或切削刃上粘有积屑瘤 (2) 丝锥与底孔端面不垂直，强行矫正 (3) 机攻螺纹时，校准部分攻出底孔口 (4) 手攻螺纹时，攻入 3～4 圈后仍加压力或用二锥攻时，直接用铰杠旋入 (5) 未加切削液，润滑条件差
螺纹牙形不整	(1) 攻丝前底孔直径过大 (2) 丝锥磨钝或切削刃刃磨不对称

9.2 套螺纹

用板牙在圆柱或管子的表面加工外螺纹的操作称为套螺纹。套螺纹常用的工具有板牙、板牙铰杠。

1. 圆板牙与铰杠

板牙是用来切削外螺纹的工具，如图 2-9-7 所示。板牙由切削部分、校准部分和排屑孔组成。

排屑孔形成刃口。切削部分是指板牙的两端锥形部分，其锥角为 30°～60°，前角在 15°左右，后角约为 8°。校准部分在板牙的中部，起导向和修光作用。

圆板牙两端都有切削部分，一端磨损后可换另一端使用。但圆锥管螺纹板牙只在一面制成切削锥，所以，圆锥管螺纹板牙只能单面使用。

铰杠是用来安装板牙并带动板牙旋转切削的工具，通常又称为“板牙架”，如图 2-9-8 所示。

2. 套螺纹时圆杆直径的确定

套螺纹时，板牙在切削材料的同时，也会产生挤压作用，使材料产生塑性变形。所以套螺纹前的圆杆直径(D)应稍小于螺纹大径(d)，可参照下式计算：

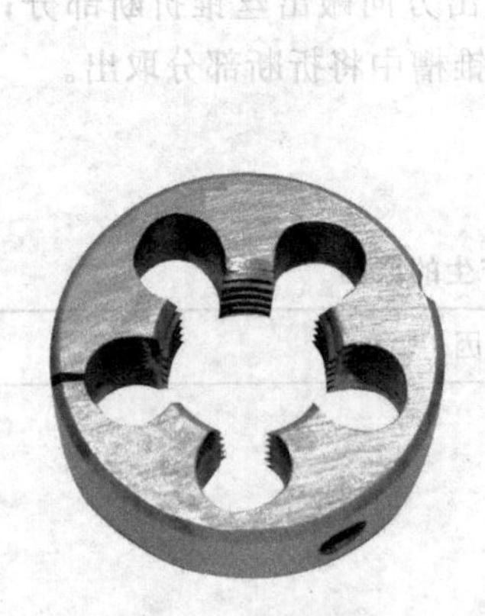

图 2-9-7 圆板牙

图 2-9-8 板牙铰杠

$$D=d-0.13P$$

式中：P——螺距，mm。

圆杆直径确定后，为便于切削在圆杆的端部应倒角 15°～20°，倒角处小端直径应小于螺纹小径。

3. 套螺纹方法及注意事项

套螺纹方法及注意事项如下。

① 确定圆杆直径，切入端倒角 15°～20°。

② 用软钳口或硬木做的 V 形块将工件夹持牢固，注意圆杆夹持要垂直于钳口，且不能损伤外表面，如图 2-9-9 所示。

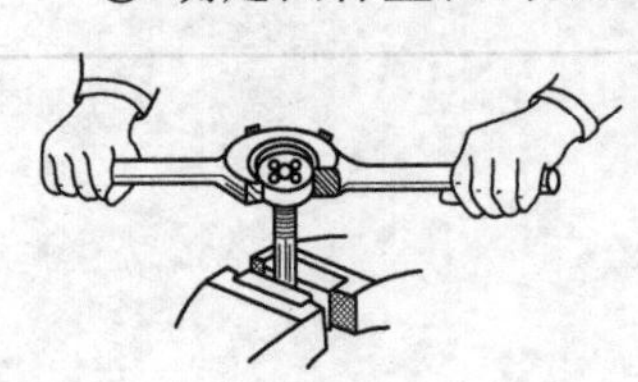

图 2-9-9 用 V 形块夹持圆杆套螺纹

③ 将装入板牙架的板牙套在圆杆上，保证板牙端面应与螺杆轴线垂直。

④ 开始套螺纹，在转动板牙的同时加适当的轴向压力。当切出 1～2 圈螺纹后，检查是否套正，如有歪斜应慢慢校正后再继续加工，此时，只需均匀转动板牙，而不加压力，但要经常倒转板牙断屑。

⑤ 为提高螺纹表面质量和延长板牙使用寿命，套螺纹时要加浓的乳化液、机油切削液，螺纹精度要求高时，可采用菜油或二硫化钼。

4. 套螺纹时常见缺陷分析

套螺纹时常见缺陷形式及产生的原因见表 2-9-4。

表 2-9-4 套螺纹时常见缺陷形式及产生的原因

缺陷形式	产生原因
板牙崩齿、破裂或磨损过快	(1) 圆杆直径过大或端部未倒角 (2) 板牙端面与圆杆轴线不垂直 (3) 未经常倒转断屑，造成切屑堵塞 (4) 未选用切削液

续表

缺陷形式	产生原因
螺纹烂牙	(1) 圆杆直径过大，起套困难 (2) 套入1～2圈后仍加压力 (3) 强行校正已套歪的螺纹或未倒转断屑 (4) 未用合适的切削液
螺纹牙形不整	(1) 圆杆直径过小 (2) 板牙直径调节过大
螺纹歪斜	(1) 起套时，板牙端面与圆杆轴线不垂直 (2) 两手用力不均使板牙位置发生歪斜

单元10

装　配

学习目标

(1) 了解机械装配的基本知识。

(2) 了解常用装配工具及其使用。

(3) 掌握连接件的装配和调整方法。

(4) 掌握传动机构的装配和调整方法。

(5) 掌握滚动轴承的装配和调整方法。

10.1　装配概述

按规定的技术要求,将若干个零件(包括自制的、外购的、外协的),按照装配图样结合成部件或将若干个零部件按照总装图结合成最终产品的过程,称为装配。

1. 装配工作的重要性

装配工作,是产品制造工艺过程中的后期工作,它包括各种装配准备工作、部装、总装、调整、检验和试机等工作。装配质量的好坏,对整个产品的质量起着决定性的作用。如果装配不当,不重视清理工作,不按工艺技术文件要求装配,即使所有零件加工质量都合格,也不一定能够装配出合格的、优质的产品。相反,虽然某些零部件的质量并不很高,但经过仔细修配和精确调整后,仍能装配出性能良好的产品。因此,装配工作是一项非常重要而细致的工作,必须认真按照产品装配图的要求,制订出合理的装配工艺规程,并严格按工艺规程进行操作,以保证装配质量。

2. 装配工艺过程

产品的装配工艺过程一般由以下 4 个部分组成。

(1) 装配前的准备工作

① 研究和熟悉装配图、工艺文件及图纸上的技术要求,了解产品的结构、各零件的作用以及相互连接的关系。

② 确定装配方法、顺序,准备好所需用的工具,熟悉装配工艺规程。

③ 领取和清洗零件。清洗时,可用柴油、煤油等去掉零件上的锈蚀、切屑、油污及其他脏物。然后,涂一层润滑油。有毛刺时,应用油石修去,但应注意不要损伤零件表面的精度和粗糙度。

④ 对旋转零件要进行必要的平衡试验,以消除因零件重心与旋转中心不一致而引起

的振动。对要求密封的工件，要进行水压试验。对要求修配的零件，要进行修配。

(2) 装配

一台机器在进行图纸设计时，已根据它不同的结构，分为若干部分。装配时，参照设计图纸，可分为组件装配、部件装配、总装配等装配工序。

① 组件装配。它是从设计图纸的一个部件里分出来的，通常由几个零件连接成为一个单独的构件，一般称为装配的基本单元。

② 部件装配。以设计图纸的一个部件为单位，将这个部件的所有零件都装配齐全，使之成为一个整体的机构。也就是将组件、零件连接成部件的过程。部件装配后，应根据工作要求进行调整和试验，合格后，才可进入总装配。

③ 总装配。将零件、组件、部件连接成一台整体机器的过程。

(3) 调整、精度检验和试车，使产品达到质量要求

调整工作包括机构间隙(如轴与轴承的间隙)调整；压力调整(如摩擦离合器中摩擦片之间的压力)等。

试车包括机构或机器运转的灵活性、平稳性、密封性、温度、转速、功率和机床的切削性能等方面。

(4) 喷漆、上油及装箱

喷漆是为了防锈和使机器外表美观。上油是防止滑动面与零件已加工表面生锈。装箱是为了方便运输。

3. 装配类型

装配类型有完全互换法、选配法、修配法、调整法4种。

(1) 完全互换法

完全互换法、适用于专业产品的成批生产和流水线生产。它要求任何一个零件，不再经过修配，装上去就能满足应有的技术要求。因此，对零件加工精度要求较高，主要依靠先进的工艺装备来保证零件公差的一致性。

(2) 选配法

将零件的制造公差适当放宽，装配前按比较严格的公差范围将零件分成几组。然后，将对应的各组配合件进行装配，以达到要求的装配精度。用选配法，可提高装配精度，但并不增加零件的加工费用。这种方法适用在成批生产中的某些精确配合处。选配以后的零件要分别打好标记以免装配时搞错。

(3) 修配法

当装配精度要求较高，采用完全互换不够经济时，常用修整某配合零件的方法来达到规定的装配精度。这种方法虽然使装配工作复杂并增加了装配时间，但不需要采用高精度的设备来保证零件的加工精度，节省机器加工的时间，从而使产品成本降低。因此，修配法常用在成批生产精度高的产品或单件、小批生产中。

(4) 调整法

装配时，调整一个或几个零件的位置，以消除零件间的积累误差，来达到装配要求。如用不同尺寸的可换垫片、衬套、可调节螺钉、镶条等进行调整。这种方法比修配法方便，也能达到较高的装配精度，在大批生产和单件生产中都可采用。但这种方法往往使部件

的刚性降低，有时会使机器各部分的位置精度降低。调整得不好，会影响机器的性能和使用寿命，所以，要认真仔细地进行调整。

10.2 常用装配工具

1. 扳手

(1) 活扳手

活扳手也称活动扳手，简称扳手，是用来拧紧和起松四方头或六方头螺母常用的一种工具，如图 2-10-1 所示。活扳手一般采用碳钢、铬钒钢等材质制成，常用规格 100mm、150mm、200mm、250mm、300mm 等，最大开口宽度为 14mm、19mm、24mm、30mm、36mm 等。活扳手开口宽度可在一定尺寸范围内进行调节，可对尺寸不同的螺栓或螺母旋紧和拆卸。

活扳手使用注意事项：

① 应按螺栓或管件大小选用适当的活扳手。

② 扳手开口要适当，防止打滑，以免损坏管件或螺栓，并造成人员受伤。

③ 扳手使用时要顺扳（即朝活动钳口方向旋转），不准反扳，以免损坏扳手，如图 2-10-2 所示。

④ 不能将管子套在扳手上使用，不准把扳手当榔头用。使用后应擦洗干净。

图 2-10-1 活扳手

图 2-10-2 活扳手用力方向

(2) 呆扳手

呆扳手又称开口扳手(或称死扳手)，一端或两端制有固定尺寸的开口，用以拧转一定尺寸的螺母或螺栓。在机械设备检修、汽车修理等场合，应用广泛。常用的有双头呆扳手和单头呆扳手，如图 2-10-3 所示。

呆扳手使用注意事项：

① 扳手应与螺栓或螺母的平面保持水平，以免用力时扳手滑出伤人。

② 不能将管子套在扳手尾端上增加力矩，以防损坏扳手。

③ 不能用钢锤敲击扳手，扳手在冲击截荷下极易变形或损坏。

④ 公制扳手与英制扳手不能混用，以免造成打滑而伤及使用者。

(3) 梅花扳手

梅花扳手两端呈花环状，其工作端内孔有十二角，是由两个同心的正六边形相互错开30°而成，如图 2-10-4 所示。梅花扳手大多有弯头，角度为 10°～45°，从侧面看工作端和手柄部分是错开的，方便装拆在凹陷空间的螺栓、螺母。梅花扳手可将螺栓、螺母的头部全部围住，因此不会损坏螺栓角，可以施加大力矩，适用于工作空间狭小，不能使用普通扳手的场合。

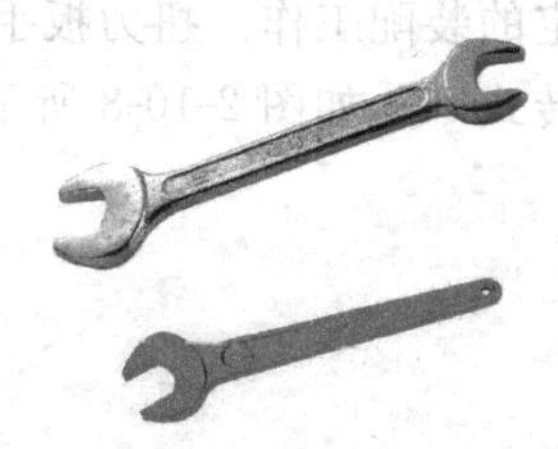

图 2-10-3 呆扳手

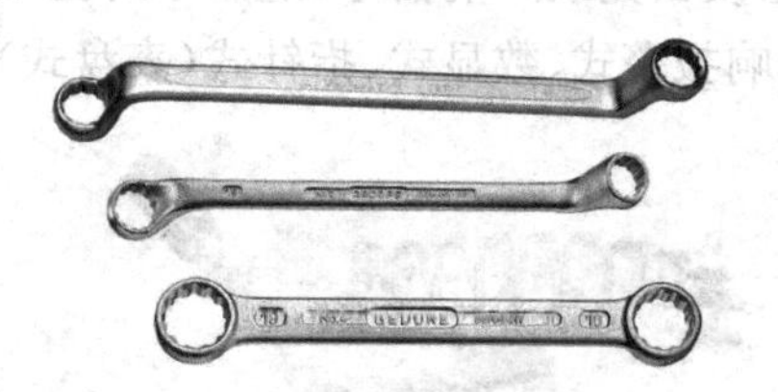

图 2-10-4 梅花扳手

梅花扳手使用注意事项：

① 梅花扳手有各种规格，使用时要选择与螺栓或螺母大小对应的扳手。

② 使用梅花扳手时，左手压在梅花扳手与螺栓连接处，使梅花扳手与螺栓完全配合，防止滑脱，右手握住梅花扳手另一端并加力。

③ 使用时，严禁将管子套在扳手上以增加力矩，严禁捶击扳手以增加力矩，否则会造成工具的损坏。

④ 严禁使用带有裂纹和内孔已严重磨损的梅花扳手。

(4) 两用扳手

两用扳手一端与单头呆扳手相同，另一端与梅花扳手相同，如图 2-10-5 所示。使用同呆扳手和梅花扳手，两端可拧转相同规格的螺栓或螺母。

(5) 钩形扳手

钩形扳手又称月牙形扳手，如图 2-10-6 所示。用于拆装车辆，机械设备上的圆螺母、扁螺母等。

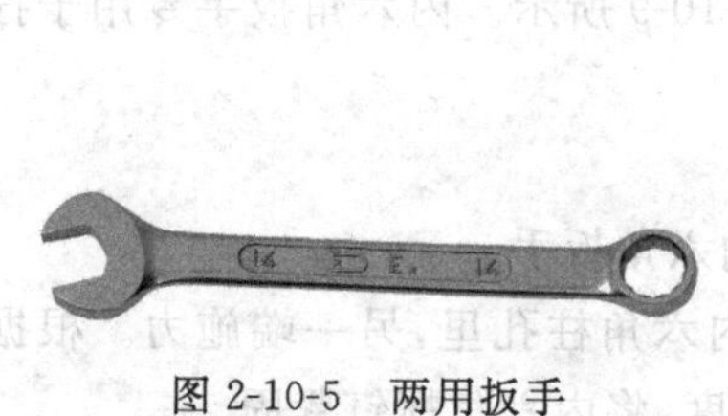

图 2-10-5 两用扳手

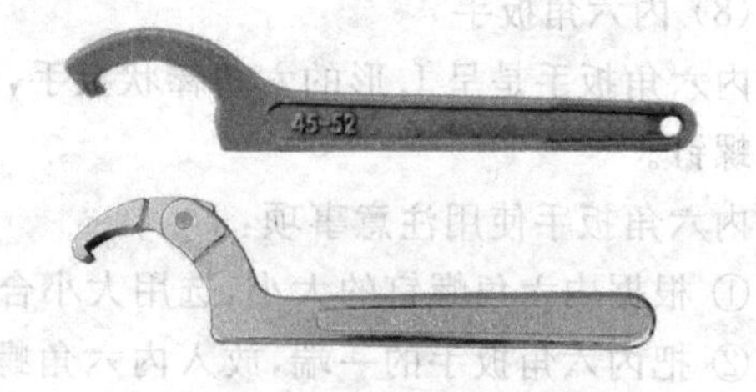

图 2-10-6 钩形扳手

(6) 套筒扳手

套筒扳手是由多个带六角孔或十二角孔的套筒并配有手柄、接杆等多种附件组成的，如图 2-10-7 所示。特别适用于拧转地位十分狭小或螺母、螺栓完全低于被连接面，且凹孔的直径不能用开口扳手、活动扳手及梅花扳手的场合。套筒扳手一般有 20 件一盒、32 件一盒等，内有一套各种规格的套筒头以及手柄、接杆、万向接头、旋具接头、弯头手柄等。

套筒扳手使用注意事项：

① 根据螺母、螺栓选套筒扳手规格，将扳手头套在螺母、螺栓上并选择合适的手柄。

② 手柄、套筒、接头、接杆等安装必须稳定，防止打滑脱落伤人。

③ 扳动手柄时用力要平稳,用力方向与被扭件的中心轴线垂直。

(7) 扭力扳手

扭力扳手在拧转螺栓或螺母时,能显示出所施加的扭矩,或者当施加的扭矩到达规定值后,会发出光或声响信号,适用于对扭矩大小有明确规定的装配工作。扭力扳手可分为机械音响报警式、数显式、指针式(表盘式)、打滑式(自滑转式)等,如图 2-10-8 所示。

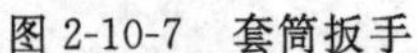

图 2-10-7 套筒扳手

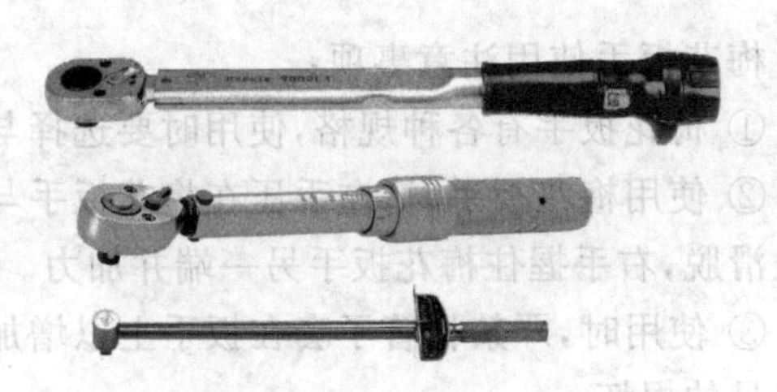

图 2-10-8 扭力扳手

扭力扳手使用注意事项:

① 根据螺栓或螺母所需扭矩值要求,确定预设扭矩值。

② 所选用的扭力扳手的开口尺寸必须与螺栓或螺母的尺寸相符合。

③ 施加外力时必须按标明的箭头方向。

④ 当拧紧到预设扭矩值,应停止加力。

⑤ 如长期不用,调节标尺刻线退至扭矩最小数值处。

(8) 内六角扳手

内六角扳手是呈 L 形的六角棒状扳手,如图 2-10-9 所示。内六角扳手专用于拧紧内六角螺钉。

内六角扳手使用注意事项:

① 根据内六角螺钉的大小,选用大小合适的内六角扳手。

② 把内六角扳手的一端,放入内六角螺钉的内六角柱孔里,另一端施力。根据不同规格大小和不同等级的内六角螺钉,使用不同的力度,将内六角螺钉紧固。

2. 起子

起子用于紧固和拆卸螺钉,常用的有一字起子和十字起子,如图 2-10-10 所示。起子的规格是以手柄以外的刀体长度(杆部长度)表示,常用的有 50mm、75mm、100mm、150mm、200mm、250mm、300mm 等。

起子使用注意事项:

① 根据螺钉的大小选择合适的规格。一字起子的刀口应与螺钉槽大小、宽窄、长短相适应,十字起子的刀口应与螺钉十字槽相吻合,刀口不能残缺,以免损坏槽。

② 使用时,右手握住起子,手心抵住柄端,起子和螺钉同心,让起子口与螺钉槽完全

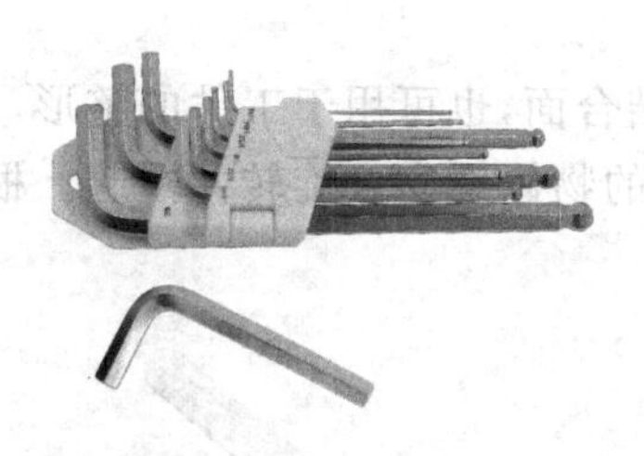

图 2-10-9 内六角扳手

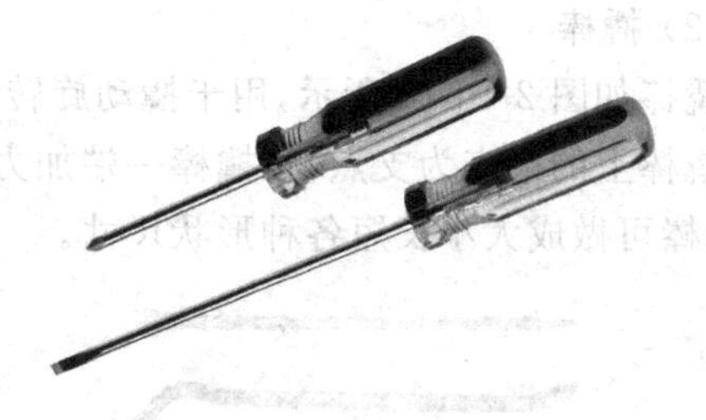

图 2-10-10 起子

吻合，压紧后用手腕扭转，即可将螺钉拧紧或旋松。使用长杆起子，可用左手协助压紧和拧动手柄。

③ 不可用锤子敲击起子柄或把起子当做錾子使用，不可把起子口端用扳手增加扭力，以免损坏起子。

3. 钳子

钳子用于夹持、固定加工工件或者扭转、弯曲、剪断金属丝线。常用的有钢丝钳、尖嘴钳、内挡圈钳、外挡圈钳等，如图 2-10-11 所示。钢丝钳俗称老虎钳，可用来夹持小零件，剪切细钢丝、细铅丝，用铅丝捆扎零件等。尖嘴钳的头部尖细，可用来夹持细小零件。内挡圈钳用于拆装孔内定位用的弹性挡圈。外挡圈钳用于拆装轴上定位用的弹性挡圈。

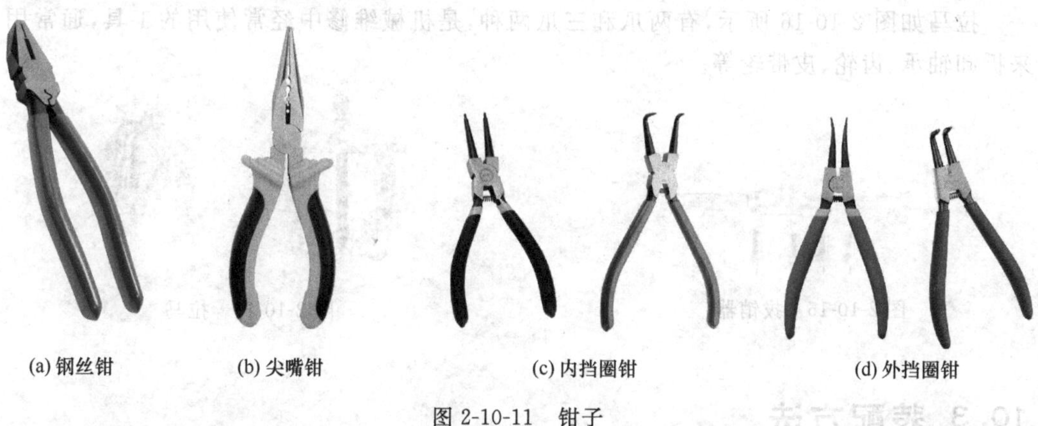

(a) 钢丝钳　(b) 尖嘴钳　(c) 内挡圈钳　(d) 外挡圈钳

图 2-10-11 钳子

钳子使用注意事项：

① 使用时，应擦净钳子上的油污，以免打滑。

② 钳子的强度有限，不能用来做手的力量所达不到的工作，如用型号较小的尖嘴钳，弯折强度大的棒料、板材时可能会将钳口损坏。

③ 钳柄只能用手握，不能用其他方法加力。

4. 其他工具

(1) 铜棒

铜棒如图 2-10-12 所示，主要用于敲击不允许直接接触的工件表面。使用时，一般和手锤共用，一手握住铜棒，一手用手锤锤击铜棒另一端。

图 2-10-12 铜棒

(2) 撬棒

撬棒如图 2-10-13 所示，用于撬动旋转件或撬开结合面，也可用于工件的整形。使用时以撬棒上的某点为支点，在撬棒一端加力使另一端的物体绕支点旋转并撬起。根据需要，撬棒可做成大小长短各种形状尺寸。

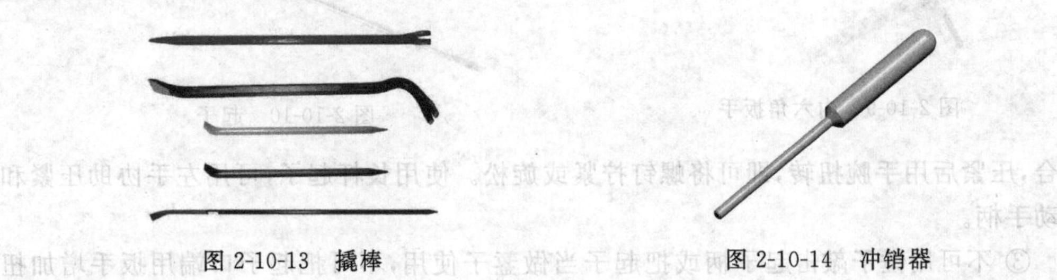

图 2-10-13　撬棒　　图 2-10-14　冲销器

(3) 冲销器

冲销器如图 2-10-14 所示，通常垫在圆柱销上，用手锤敲打冲销器来装拆圆柱销。根据需要，冲销器可做成大小长短各种规格。

(4) 拔销器

拔销器如图 2-10-15 所示，通常用来拆卸销端面上有螺纹孔的圆锥销、圆柱销。

(5) 拉马

拉马如图 2-10-16 所示，有两爪和三爪两种，是机械维修中经常使用的工具，通常用来拆卸轴承、齿轮、皮带轮等。

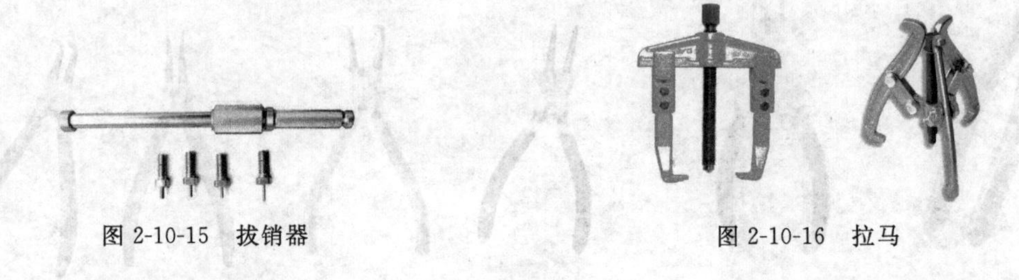

图 2-10-15　拔销器　　图 2-10-16　拉马

10.3 装配方法

1. 螺纹连接件的装配

螺纹连接是一种可拆卸的固定连接，具有结构简单、连接可靠、装拆方便迅速等优点，因而在机械产品中应用非常普遍。

(1) 双头螺柱的装配

① 双头螺柱的装配要求。双头螺柱（又称双头螺栓）装配时与机体螺孔连接必须紧固，螺柱不能有松动现象；其轴心线必须垂直机体表面；装入螺柱时，必须加润滑油，以免互相咬伤，并为以后拆卸提供方便。

② 双头螺柱的装拆方法。

- 双螺母装拆法。双螺母装拆双头螺柱，如图 2-10-17(a)所示。先将两个螺母相互锁紧在双头螺柱上，装配时扳动上螺母即能拧紧螺柱，拆卸时反向扳动下螺母即能拧松螺柱。

· 长螺母装拆法。长螺母装拆双头螺柱，如图 2-10-17(b)所示。使用时，将长螺母旋在双头螺柱上，然后拧紧顶端止动螺钉，装拆时只要扳动长螺母，便可使双头螺柱拧紧或拧松。装拆完后应先将止动螺钉拧松，然后再旋出长螺母。

· 专用工具装拆法。用带有偏心盘的旋紧套筒装拆双头螺柱，如图 2-10-17(c)所示。偏心盘的周围有滚花，当套筒套入双头螺柱时，依拧紧方向转动手柄，偏心盘即可在双头螺柱的圆杆处楔紧，将它旋入螺孔中。将手柄倒转，偏心盘就自动松开，套筒便可方便地取出。改变偏心盘位置，依拧松方向转动手柄，即可旋出双头螺柱。

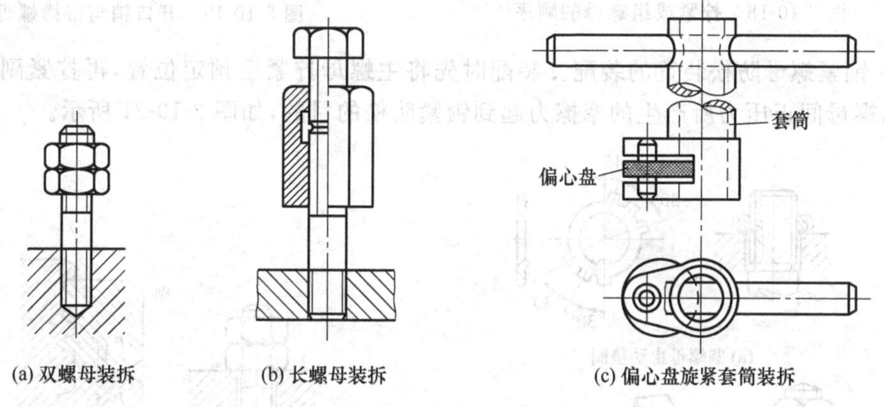

(a) 双螺母装拆　(b) 长螺母装拆　(c) 偏心盘旋紧套筒装拆

图 2-10-17　双头螺柱的装拆方法

(2) 成组螺钉(螺母)的装配

螺钉螺母的装配要求是：螺钉或螺母与被连接件接触的表面要光洁、平整，否则会影响连接的可靠性；当被连接件的光孔与螺孔中心不重合时，不得将螺钉强行拧入。

拧紧成组的螺钉螺母时，要用扳手按如图 2-10-18 所示的顺序进行，一般要分几次(常分三次)逐步拧紧，否则会出现松紧不均、个别螺钉被拉长甚至断裂，以及使被连接件变形等现象。

(3) 螺纹连接防松装置的装配

螺纹连接防松的方法很多，常见螺纹连接防松装置的装配如下。

① 弹簧垫圈防松装置的装配。将弹簧垫圈置于螺母下，用扳手拧紧螺母即可。

② 开口销与带槽防松螺母的装拆。装配时用扳手将带槽螺母拧紧后，将开口销插入螺栓的销孔内，拨开销开口，使螺母与螺栓相互固定，达到了防松的目的，如图 2-10-19 所示。这种装置防松可靠，但螺栓上的销孔位置不易与螺母最佳锁紧状态的槽口位置相一致。拆卸时，拔出开口销，反向拧出螺母即可。

③ 止动垫圈防松装置的装配。止动垫圈防松如图 2-10-20 所示。图 2-10-20(a)为圆螺母止动垫圈的防松装置。装配时先把垫圈的内翅插入螺栓的槽中，然后拧紧螺母，再把外翅弯入螺母的外缺口内。图 2-10-20(b)为带耳止动垫圈，它可以防止六角螺母回松。拧紧螺母后，将垫圈的耳边弯折，与被连接件及螺母的边缘贴紧，防止回松。

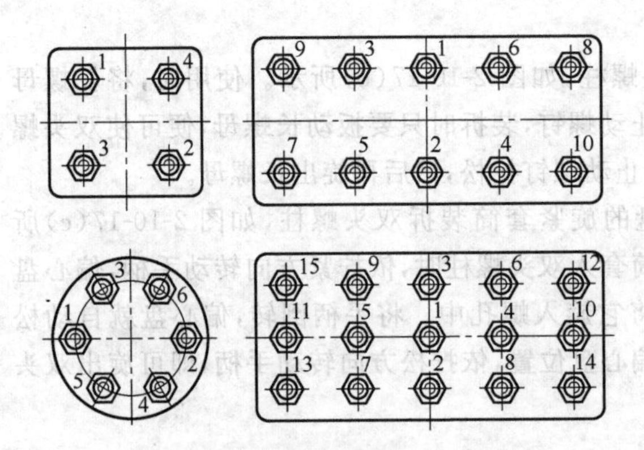

图 2-10-18　拧紧成组螺母的顺序

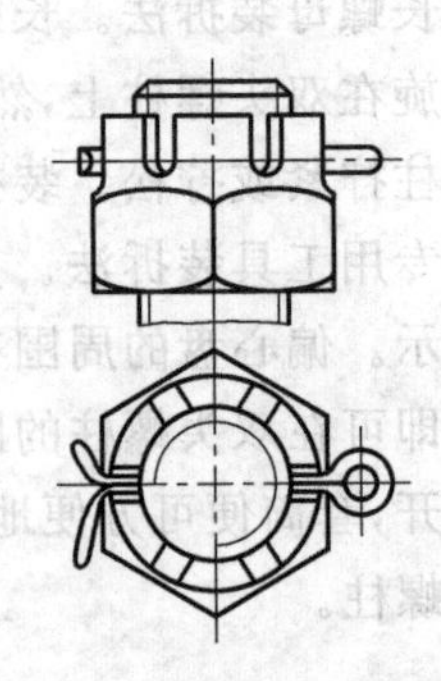

图 2-10-19　开口销与带槽螺母防松

④ 锁紧螺母防松装置的装配。装配时先将主螺母拧紧至预定位置，再拧紧副螺母，依靠两螺母间正压力所产生的摩擦力起到锁紧防松的目的，如图 2-10-21 所示。

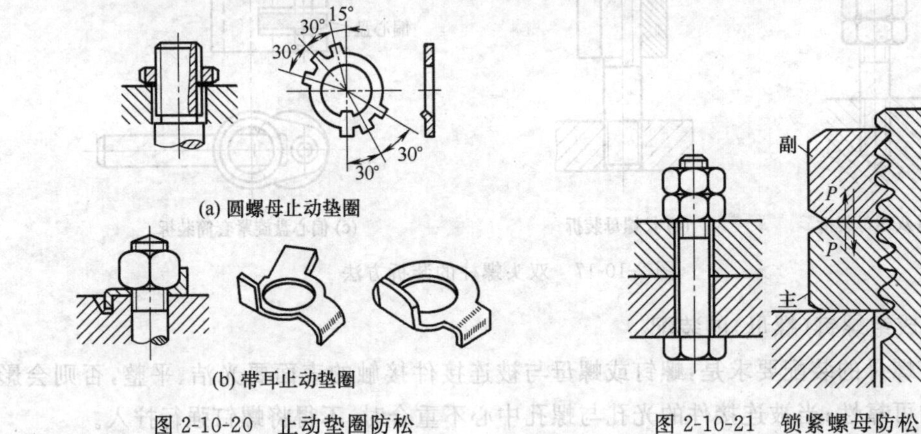

(a) 圆螺母止动垫圈

(b) 带耳止动垫圈

图 2-10-20　止动垫圈防松

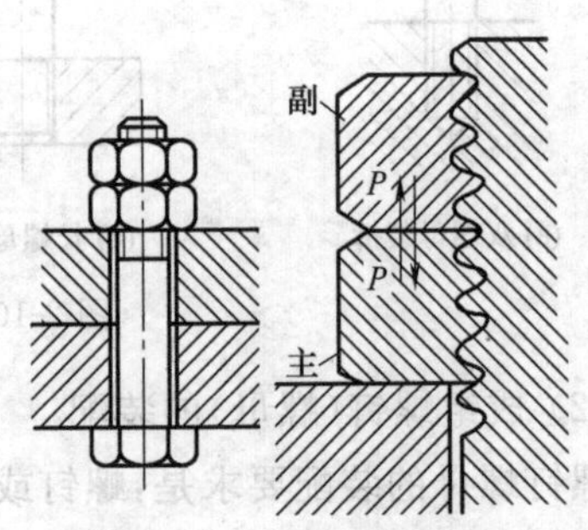

图 2-10-21　锁紧螺母防松

⑤ 紧定螺钉防松装置的装配。如图 2-10-22 所示为紧定螺钉防松。装配时先将螺母拧紧至预定位置，再拧紧紧定螺钉。为了防止紧定螺钉损坏轴上螺纹，装配时可在紧定螺钉的前端装入塑料或铜质保护块，避免紧定螺钉与螺纹直接接触。

⑥ 串联钢丝防松装置的装配。如图 2-10-23 所示为串联钢丝防松。装配时先将螺母拧紧，然后按图 2-10-23 串联钢丝。图中实线串法正确，双点划线所示串绕方向错误，因为螺母并未被牵制住，仍然可以回松。

2. 键连接件的装配

(1) 平键连接的装配

平键连接时，键的两侧面与键槽两侧面间为过渡配合，键的底面应与槽底接触，顶面之间则留有较大的间隙，并在键的长度方向也应留一定的间隙。

平键连接装配步骤如下。

① 装配准备。去除键、键槽的毛刺，检验键、键槽的加工精度。修配平键与键槽宽度的配合，要求配合精度符合要求；修配平键的半圆头，使键头与轴槽间有 0.1mm 左右的间隙。

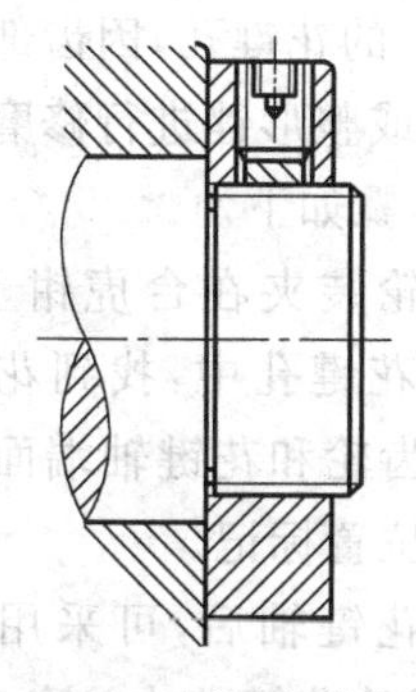

图 2-10-22 用紧定螺钉防松

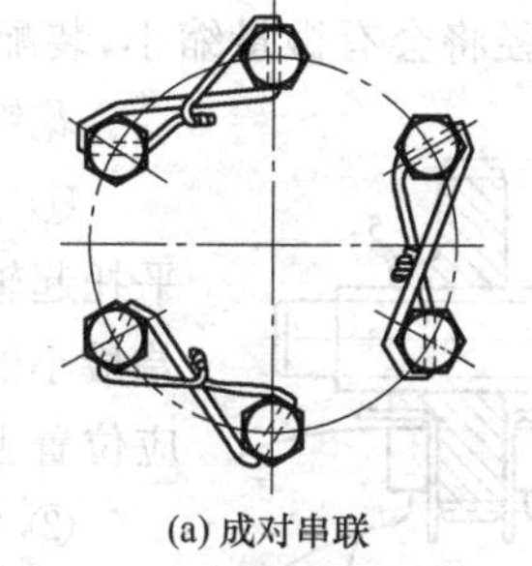

(a) 成对串联

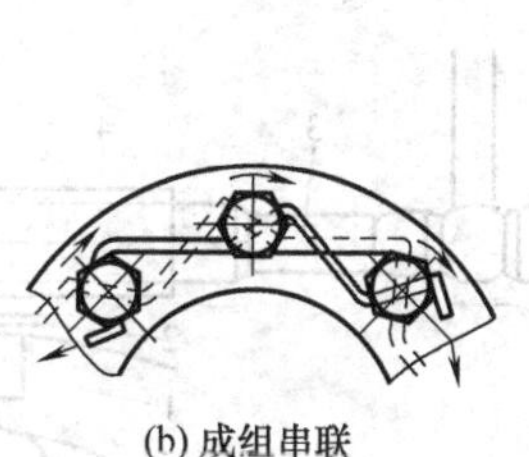

(b) 成组串联

图 2-10-23 串联钢丝防松

② 装配平键。配合面涂上机械油，将平键放入轴槽，用铜棒敲入，使其与槽底接触。

③ 安装配件。按装配要求试装并安装轴上配件(如齿轮、带轮等)。装配后，键顶面与配件槽底面应留 0.3～0.5mm 的间隙；键侧面与配件槽侧面配合应符合装配要求，若配合过紧难以装入，则应及时拆下，根据接触印痕，修整键槽两侧面。

(2) 斜键的装配

斜键连接时，键的上表面和与它相连接轮毂的槽底面接触，而且均有 1∶100 的斜度，键侧与键槽间有一定的间隙，如图 2-10-24 所示。装配时，将键打入而构成紧键连接，以传递转矩和承受单向轴向力。斜键的一端有钩头，便于键的拆卸。

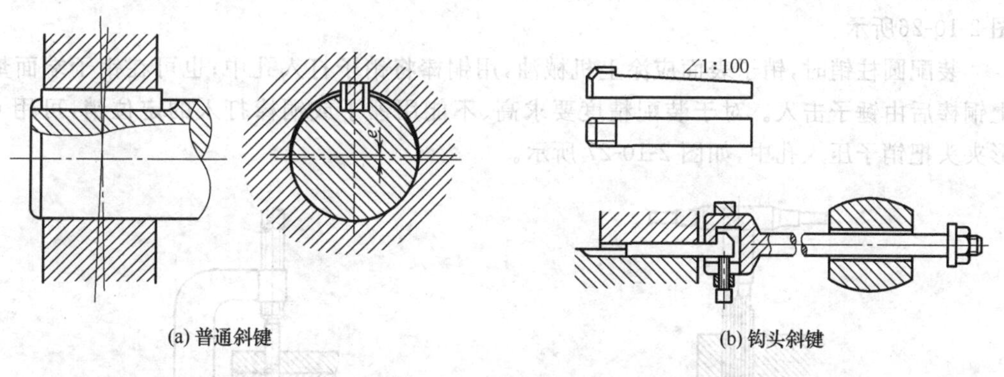

(a) 普通斜键　　(b) 钩头斜键

图 2-10-24 斜键连接

斜键连接装配步骤如下。

① 装配准备。去除键、键槽的毛刺，检验键、键槽的加工精度。修配键宽，使键与键槽之间保持一定的间隙。

② 修配斜键。将轴上配件的键槽与轴上键槽对正，在斜键的斜面上涂色后敲入键槽内，根据斜键的接触斑点来判别斜度配合是否良好。如果斜度配合不好，用锉削或刮削进行修整，使键与键槽的上下结合面紧密贴合。

③ 装配斜键。清理斜键和键槽，将斜键涂上机械油，敲入键槽中。

(3) 花键的装配

花键连接多数为间隙配合，轴孔装配后应能相对滑动。花键轴一般经滚削或铣削加工后，外圆还要经过磨削，所以表面光洁，尺寸比较精确，装配前只需用油石将棱边倒角即可。花键孔一般用拉刀拉削而成，尺寸也很精确。但对于齿轮上的花键孔，因齿部通常要进行高频淬火，花键孔的直径将会有微量缩小，装配时需用油石或整形锉进行修磨。

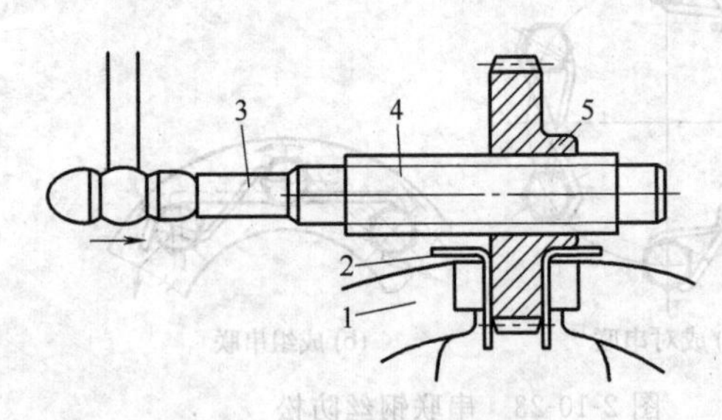

图 2-10-25　敲入花键轴

1—台虎钳；2—软钳口铁；3—铜棒；4—花键轴；5—齿轮

花键连接装配步骤如下。

① 试装。将齿轮装夹在台虎钳上，两手平托起轴，对准伸入花键孔中，找到花键槽误差最小的位置后，在齿轮和花键轴端面的相对应位置上，作出装配位置标记。

② 修整。拔出花键轴后，可采用着色法检查配合情况。在齿轮花键孔内涂色（常用红丹粉），再将花键轴用锤子轻轻敲入，如图 2-10-25所示。退出轴后，根据色斑的分布情况，修整键槽两侧，反复数次，直到合格为止。

③ 装配。把涂上机械油的花键轴装入齿轮的花键孔内。装配后，花键轴在孔中沿轴向应滑动自如，周向往复转动轴时，不应感觉到有较大的间隙。

3. 销连接件的装配

(1) 圆柱销的装配

装配圆柱销前，通常把两个被连接件调整好位置并固定后一起钻孔和铰孔，如图 2-10-26所示。

装配圆柱销时，销子表面应涂上机械油，用铜棒将销子打入孔中；也可在销子端面垫上铜棒后由锤子击入。对于装配精度要求高、不能用锤子或铜棒打入的定位销，可用 C 形夹头把销子压入孔中，如图 2-10-27 所示。

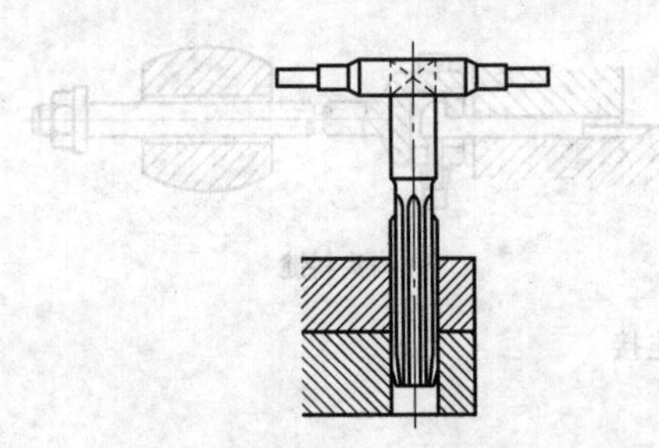

图 2-10-26　一起钻孔后铰孔

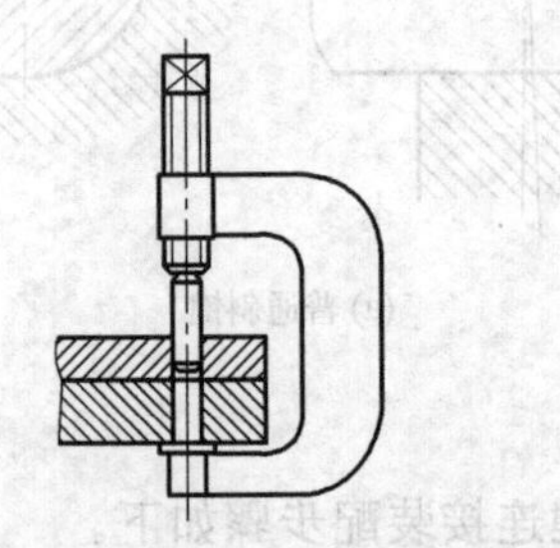

图 2-10-27　用 C 形夹头压入圆柱销

(2) 圆锥销的装配

标准圆锥销具有 1∶50 的锥度，主要用于定位。它具有定位准确、装拆方便，而不损坏连接质量的特点，并在横向力作用下可保证自锁。一般多用于经常装拆的场合。

装配时，连接零件的销孔必须一起钻、铰。钻孔时应按圆锥销的小端直径选用钻头。铰孔的深度，以销子用手推入孔内的长度，占销子全长的 80%～85%为宜，如图 2-10-28 所示。当用铜棒敲入时，应保证销子的倒角部分伸出所连接零件的平面外。

4. 过盈连接件的装配

过盈连接是依靠轴和孔的过盈量达到连接目的的。装配后，由于材料的弹性变形，使轴和孔的配合面间产生压力，工作时，依靠此压力所产生的摩擦力来传递转矩或轴向力。这种连接的结构简单，对中性好，承载能力强，但配合面加工精度要求较高。过盈连接件常用的装配方法有锤击装配法、压合装配法和温差装配法。

(1) 锤击装配法

锤击装配法常用来装配过盈量较小的配合件，如图 2-10-29 所示。装配前，应对配合件的孔口及轴端进行倒角，并在连接表面涂上机械油。锤击时，应在工件锤击部位垫上软金属，锤击力方向不可偏斜，四周用力要均匀。

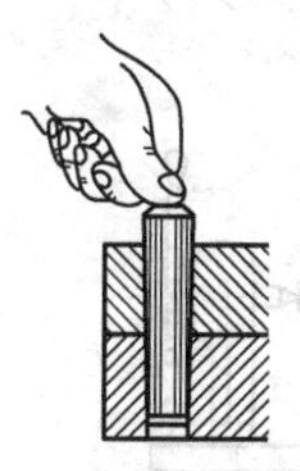

图 2-10-28 用锥销检查铰孔深度

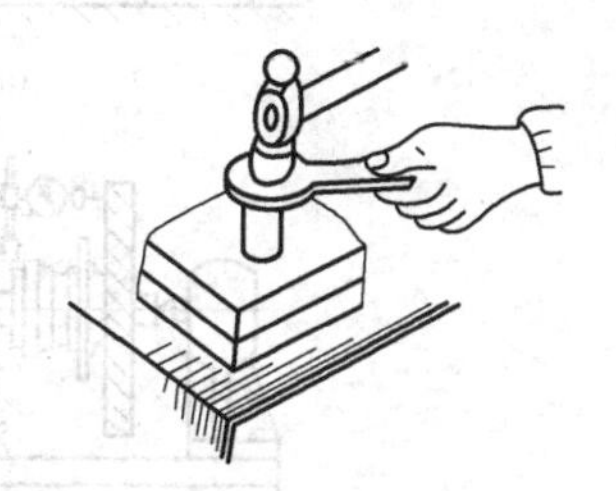

图 2-10-29 锤击装配法

(2) 压合装配法

压合装配法是用压力机械将过盈连接的配合件压入。与锤击法相比较，它的导向性好，配合件受力均匀，能装配尺寸较大和过盈量较大的配合件。常用的压力机械有专用螺旋 C 形夹头、螺旋压力机、齿条压力机和气动压力机等。压合装配时，配合表面必须涂上机械油润滑，压合速度要保持平稳，不允许有间断，否则配合表面因停留会产生压痕。

(3) 温差装配法

温差装配法是利用金属材料所具有的热胀冷缩的特性，通过加热使孔径增大，或者冷却使轴径缩小的方法来进行的装配。一般用于大型零件、过盈量大或特别精密零件的装配。

5. 齿轮传动机构的装配

(1) 圆柱齿轮的装配

圆柱齿轮传动机构的装配过程一般有下面两步：齿轮装在轴上，齿轮轴组件装入箱体。

① 齿轮与轴的装配。

如果采用间隙配合、过渡配合或过盈量不大的配合，可用手工工具敲击装入；如果是过盈量较大的配合，可用压力机压装；如果是过盈量很大的配合，则需采用液压套合的方法装配。

装配后，如果齿轮的传动精度要求高则应检查径向和端面圆跳动误差。图 2-10-30(a) 所示为检查径向圆跳动误差的方法：将齿轮轴支承在两顶尖间或两块 V 形块上，调整轴线与平板平行。将圆柱量规放在齿间，使其与轮齿在分度圆处相接触，然后用百分表测量圆柱。转动轴，每隔 3～4 齿检测一次，百分表最大读数与最小读数之差即为齿轮分度圆上的径向圆跳动误差。图 2-10-30(b)所示为检查端面圆跳动误差的方法：用两顶尖顶住轴端，用百分表测量齿轮端面，转动轴，在一周内百分表最大读数与最小读数之差即为齿轮的端面圆跳动误差。

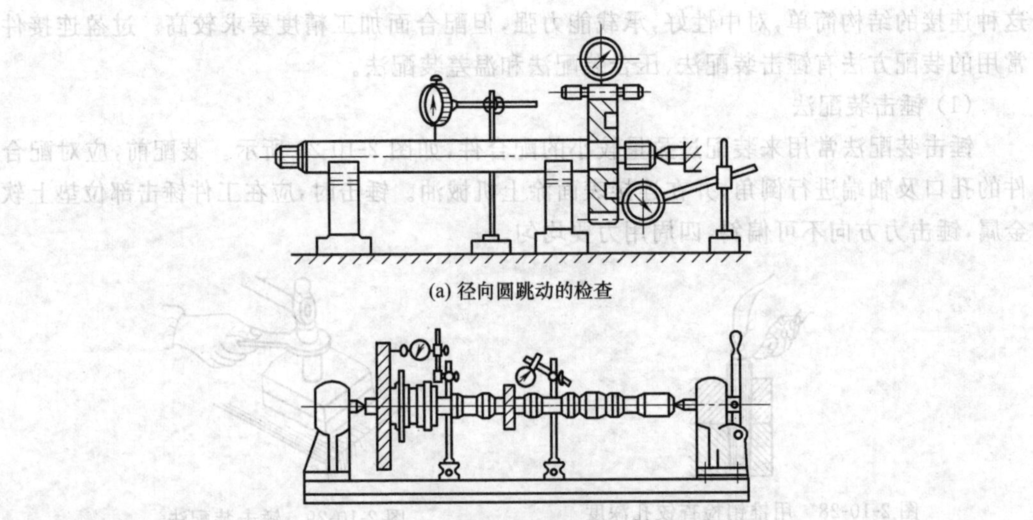

(a) 径向圆跳动的检查

(b) 端面圆跳动的检查

图 2-10-30　检查径向和端面圆跳动误差

② 齿轮轴组件装入箱体。

装配时，必须保证齿轮间有适当的啮合侧隙、一定的接触面积和正确的接触位置。

· 侧隙的检验。

检验齿轮啮合侧隙常用的方法是压软金属丝（如铅丝），如图 2-10-31 所示。在齿宽两端的齿面上，平行放置两根铅丝（宽齿应放置 3～4 根），其直径不宜超过最小侧隙的 4 倍，转动齿轮使其挤压铅丝，测量铅丝最薄处的厚度，即为该啮合齿轮的侧隙。精确的测量方法可采用图 2-10-32 所示的装置。测量时，将一个齿轮固定，在另一个齿轮上装上夹紧杆 1。由于侧隙存在，装有夹紧杆的齿轮便可摆一定角度，从而触动百分表 2 的测量头，得读数 C，则此时齿侧隙 C_n 值为

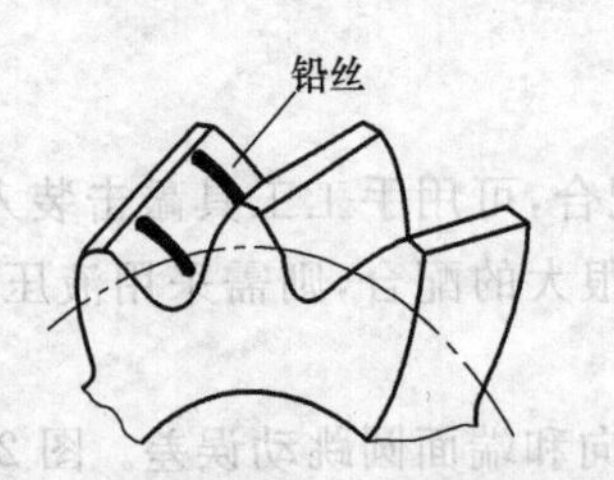

图 2-10-31　压软铅丝检查侧隙

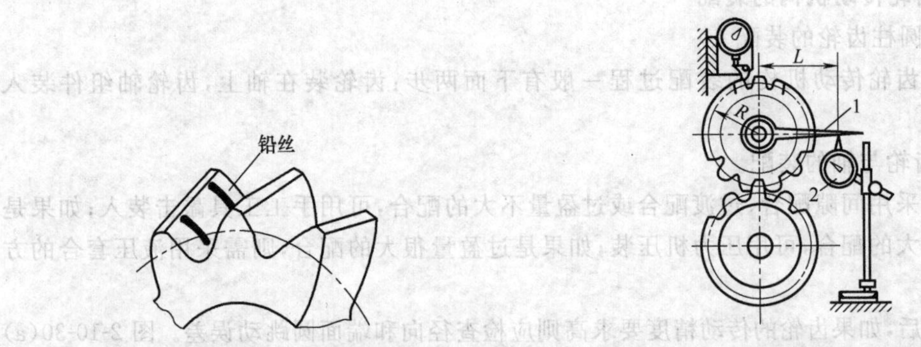

图 2-10-32　侧隙的精确测量法

1—夹紧杆；2—百分表

$$C_n = C\frac{R}{L}$$

式中：C——百分表读数，mm；

R——装夹紧杆齿轮的分度圆半径，mm；

L——夹紧杆长度，mm。

· 接触面积的检验。

一般采用涂色法检查齿轮齿面的接触面积。将红丹粉涂于大齿轮齿面上，转动齿轮时，被动轮应轻微制动。通过齿面上接触斑点的分布情况，来判断产生接触误差的原因。正常啮合，齿面上接触印痕的分布面积为：在轮齿的高度上接触斑点不少于 30%～50%；在轮齿的宽度上不少于 40%～70%，如图 2-10-33 所示。对双向工作的传动齿轮，应检查正反两个齿面。

(2) 锥齿轮传动机构的装配

锥齿轮传动机构的装配顺序和圆柱齿轮的装配顺序相似。装配时，主要调整两齿轮的轴向位置和啮合接触位置。

① 锥齿轮轴向位置的调整。

两锥齿轮的轴向位置调整均用垫圈来完成，如图 2-10-34 所示。先将两锥齿轮啮合并使背锥面对齐对平，用塞尺测出调整垫圈处的间隙，然后按此间隙大小配磨垫圈的厚度。装配后，再检查两齿轮的轴向窜动量和侧隙，要求齿轮正反转动灵活，无明显间隙。

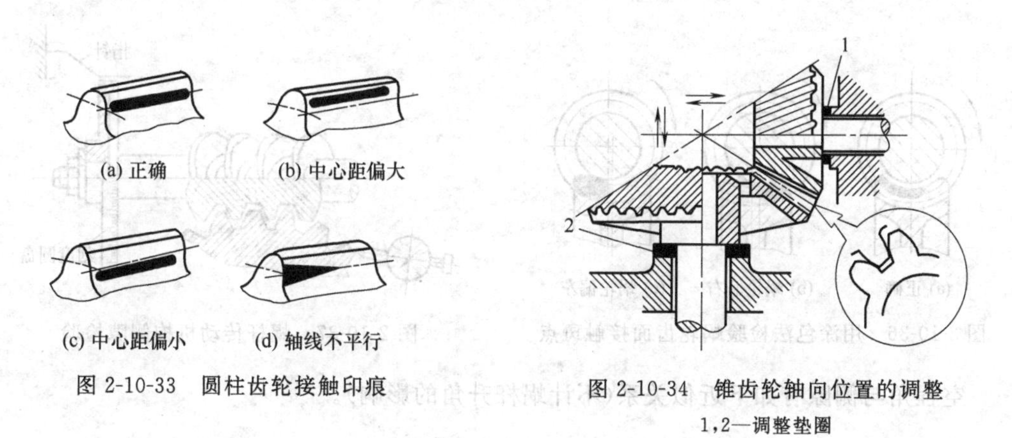

图 2-10-33　圆柱齿轮接触印痕

图 2-10-34　锥齿轮轴向位置的调整
1,2—调整垫圈

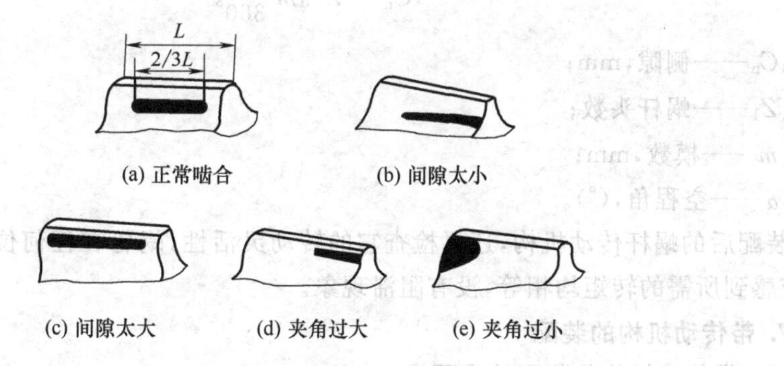

图 2-10-35　锥齿轮接触印痕

② 锥齿轮啮合情况检查。

锥齿轮啮合情况的检查也采用涂色法，如图 2-10-35 所示。根据接触印痕，判断产生接触误差的原因，然后采取相应的调整措施。正常啮合，齿面上接触印痕的分布情况应该是：位于齿宽的中部，印痕长度约为齿宽的 2/3，稍偏近于小端。在小齿轮齿面上较高，大齿轮齿面上较低，但都不到齿顶。

6. 蜗杆传动机构的装配

蜗轮与轴的装配方法和圆柱齿轮相同。一般情况下，先将蜗轮组件装入箱体后，再装入蜗杆。蜗杆的轴心线位置由箱体孔所决定。蜗轮的轴向位置则根据蜗杆的轴心线，通过改变调整垫圈厚度的方法来调整。

蜗轮与蜗杆装配后的检查和调整，可用涂色法检验蜗轮的轴向位置及啮合印痕。先将红丹粉涂在蜗杆的螺旋面上，转动蜗杆可在蜗轮轮齿上获得接触斑点，如图 2-10-36 所示。图 2-10-36(a)为正确接触，其接触斑点应在蜗轮中部稍偏于蜗杆旋出方向。图 2-10-36(b)和图 2-10-36(c)两图表示蜗轮轴向位置不正确，应配磨垫片来调整蜗轮的轴向位置。

由于蜗杆传动机构的结构特点，齿侧间隙用铅丝或塞尺的方法测量是困难的，一般要用百分表测量，如图 2-10-37 所示。在蜗杆轴上固定一带量角器的刻度盘，百分表测头抵在蜗轮齿面上。转动蜗杆，在百分表指针不动的条件下，刻度盘相对于固定指针的最大转角称空程角。空程角的大小反映出了侧隙的大小。

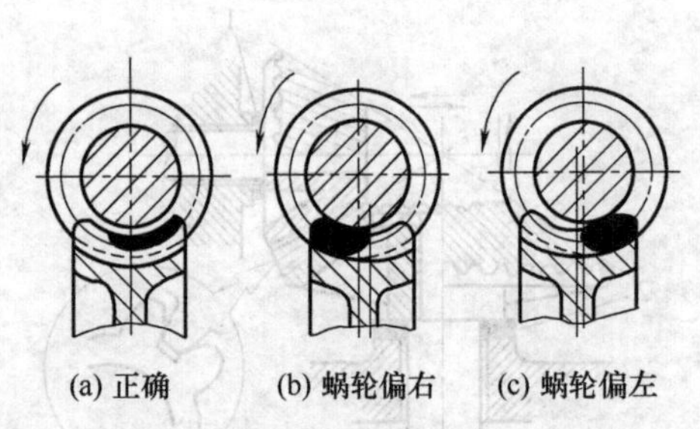

图 2-10-36 用涂色法检验蜗轮齿面接触斑点

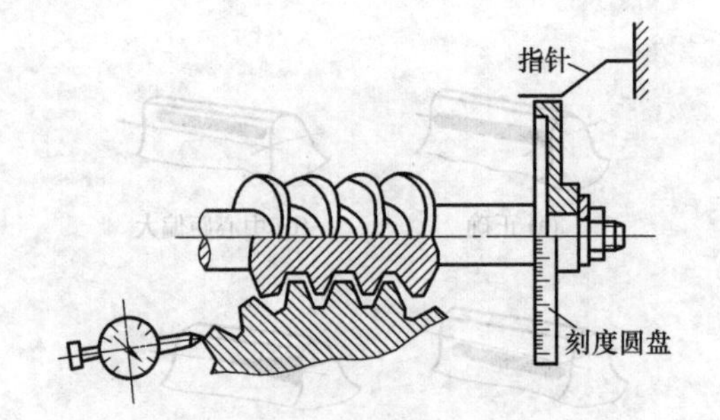

图 2-10-37 蜗杆传动机构侧隙检验

空程角与侧隙有如下近似关系(不计蜗杆升角的影响)。

$$C_n = Z_1 \pi m \frac{\alpha}{360^\circ}$$

式中：C_n——侧隙，mm；

Z_1——蜗杆头数；

m——模数，mm；

α——空程角，(°)。

装配后的蜗杆传动机构，还要检查它的转动灵活性，蜗轮在任何位置上，用手旋转蜗杆，应感到所需的转矩均相等，没有阻滞现象。

7. 带传动机构的装配

(1) 带传动机构的装配技术要求

① 带轮的安装位置符合要求，通常要求径向圆跳动和端面圆跳动量小于 0.2mm。

② 两轮的中心平面应重合，其倾斜角和轴向偏移量不得超过规定要求，一般倾斜角不超过 1°。

③ 传动带的张紧力要适当。

(2) 带传动机构的装配方法

带轮与轴间一般采用过渡配合,并用键或螺纹件等加以固定。装配时,按轴和轮毂孔键槽修配键,然后清洗装配面,并涂上机械油,用锤子将带轮轻轻打入,或用螺旋压入工具压到轴上,如图 2-10-38 所示。

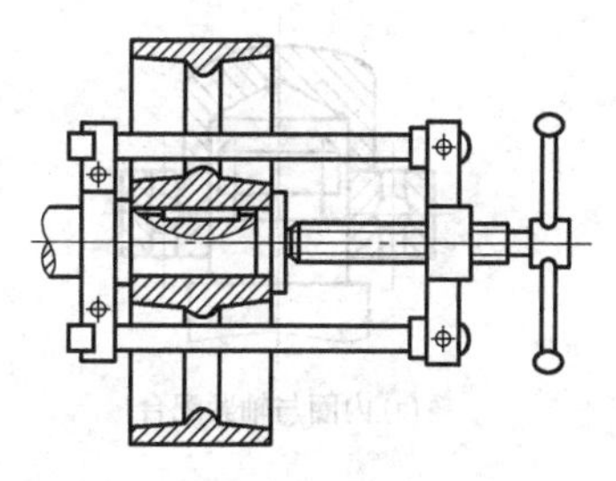

图 2-10-38 螺旋压入工具

带轮装在轴上后,要检查带轮的径向和端面圆跳动误差。如果要求不高,可用划线盘检查;要求较高的可用百分表来测量,如图 2-10-39 所示。两带轮相互位置不正确,会引起传动带张紧不均和加快磨损,并有可能在传动中使平带自行滑落。检查两带轮中心面的位置,可按图 2-10-40 所示的方法进行。当中心距不大时,用长直尺检查;当中心距较大时,则可用拉线法检查。

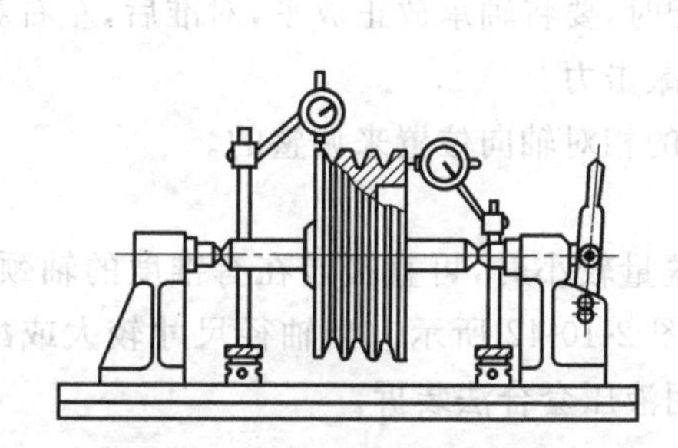

图 2-10-39 带轮跳动的检查

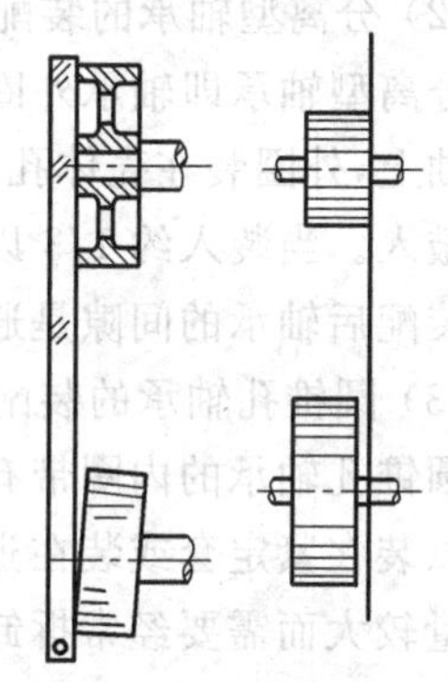

图 2-10-40 检查带轮位置

安装 V 带时,先将其套在小带轮轮槽中,然后套在大带轮上,边转动大带轮,边用螺钉旋具将带拨入大带轮槽中。

8. 滚动轴承的装配

滚动轴承的装配方法应根据轴承的结构、尺寸大小以及轴承部件的配合性质来决定。装配前,先将轴承和相配合的零件用柴油或煤油清洗干净,并在配合表面上涂上机械油。对于两面带防尘盖、密封圈或涂有防锈和润滑两用油脂的轴承,则不需要进行清洗。

(1) 不可分离型轴承的装配

不可分离型轴承即轴承内、外圈是不能分离的(如深沟球轴承)。装配时,应按轴承内、外圈配合松紧程度决定其安装顺序。当内圈与轴颈配合较紧,外圈与壳体孔配合较松时,应先将轴承装在轴上,如图 2-10-41(a)所示;反之,则应先将轴承压入壳体中,如图 2-10-41(b)所示。当轴承内圈与轴,外圈与壳体孔都是过盈配合时,应把轴承同时压在轴上和壳体孔中,如图 2-10-41(c)所示。

压装时,如先安装内圈,装配力应直接作用在内圈上。安装外圈时,装配力应直接作用在外圈上,内外圈同时装配时,装配力应同时作用在内、外圈上。装配时可采用如图 2-10-41 所示的专用套筒。

当配合过盈量较小时,可用套筒或铜棒在轴承内圈(或外圈)端面上,均匀地用力敲

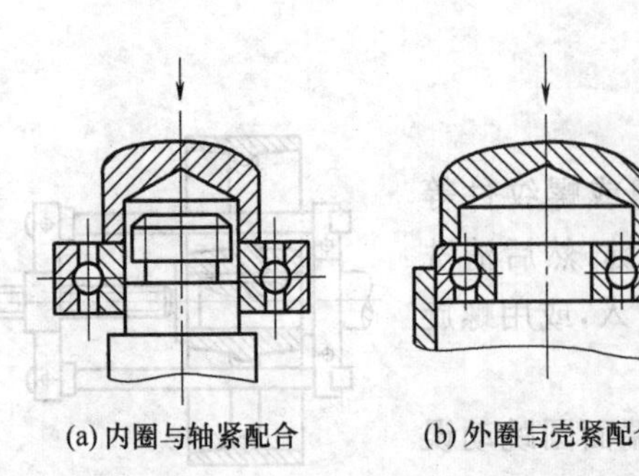

(a) 内圈与轴紧配合　(b) 外圈与壳紧配合　(c) 内圈与轴、外圈与壳均为紧配合

图 2-10-41　用压入法安装滚动轴承

入。严禁用锤子直接敲打轴承座圈。

当配合过盈量较大时，可用压力机压入轴承。也可将轴承放在可自动调温的电烘箱内或油箱中加热至 80～100℃后，使轴承内圈稍微胀大后进行装配。

(2) 分离型轴承的装配

分离型轴承即轴承外圈可自由脱开（如圆锥滚子轴承）。装配时，内圈和滚动体一起装在轴上，外圈装在壳体孔内。当用锤击法装配时，要将轴承放正放平，对准后，左右对称轻轻敲入。当装入约 1/3 以上时才可逐渐加大敲击力。

装配后轴承的间隙是通过改变轴承内外圈的相对轴向位置来调整的。

(3) 圆锥孔轴承的装配

圆锥孔轴承的内圈带有一定的锥度，当过盈量较小时，可直接装在有锥度的轴颈上，也可以装在紧定套或装在退卸套的锥面上，如图 2-10-42 所示。当轴径尺寸较大或配合过盈量较大而需要经常拆卸的圆锥孔轴承，可用液压套合法装拆。

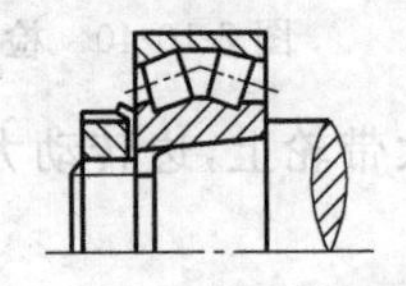

(a) 直接装在圆锥轴径上

(b) 装在紧定套上

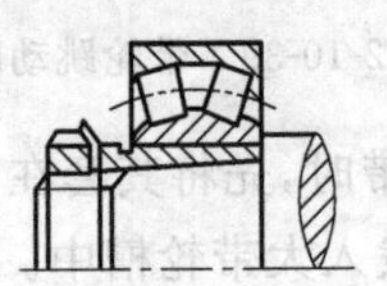

(c) 装在退卸套上

图 2-10-42　圆锥孔轴承的装配

装配时，通过调整轴承内圈在锥形轴径上的轴向位置，使内圈直径胀大来调整轴承的间隙。

(4) 推力球轴承的装配

推力球轴承有紧圈和松圈之分，装配时要注意区分。紧圈的内孔比松圈小，装配时应与轴肩靠紧，工作时与轴一起旋转。松圈则与轴有间隙，应紧靠在轴承座孔的端面上，如图 2-10-43 所示。如果装反，将使紧圈与轴或轴承座孔端产生剧烈摩擦，造成配合零件迅速磨损。推力球轴承的间隙可用螺母来调整。

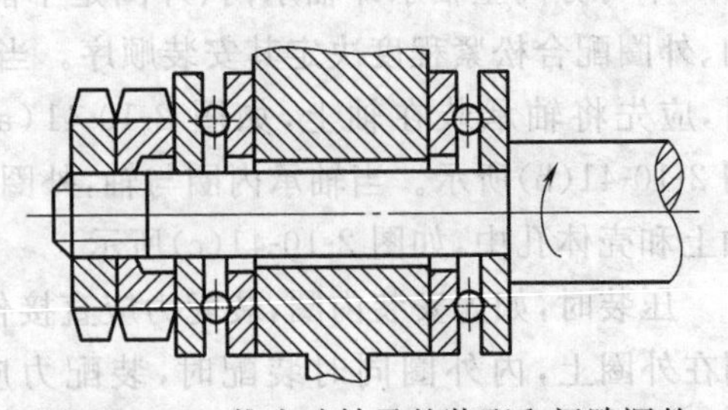

图 2-10-43　推力球轴承的装配和间隙调整

附录A

1. 测量对称度

如附图 A-1 所示，分别把 3、4 面放在平板上，用百分表测量 1、2 面到平板的尺寸 L，两次测得的 L 差值，即为实测的对称度误差值。

2. 测量平行度

测量平行度时，可把工件放在平板上，用百分表进行测量，测得的最大尺寸与最小尺寸之差，即为平行度误差值，如附图 A-2 所示。也可用游标卡尺或千分尺测量工件二平行面间的尺寸，最大尺寸与最小尺寸之差，即为平行度误差值。测量时，应测量工件的四角和中间等 5 个位置，如附图 A-3 所示。

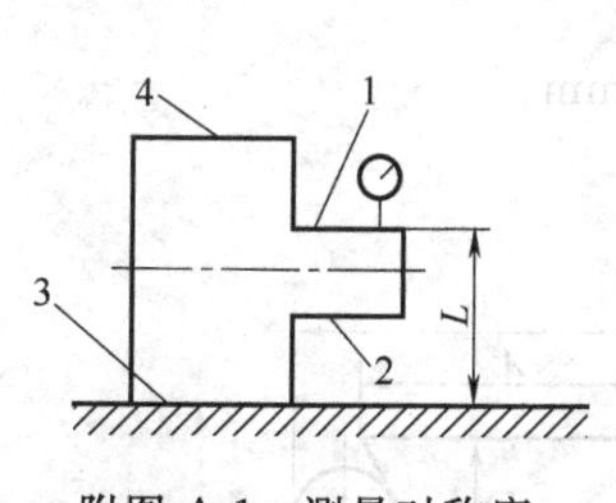

附图 A-1　测量对称度

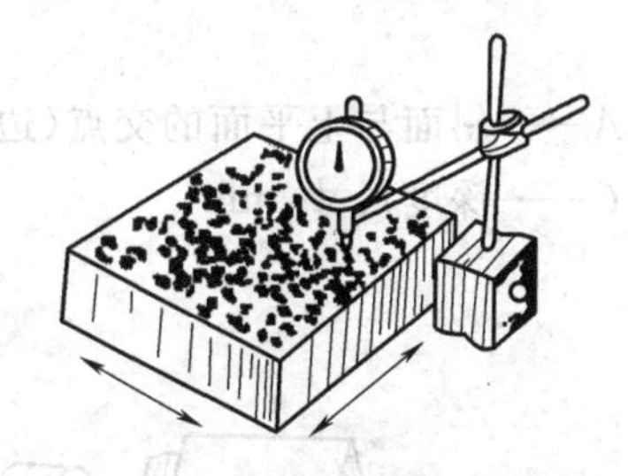

附图 A-2　百分表测量平行度

3. 测量角度

测量直角时，可用直角尺、万能角尺等进行检测；测量锐角或钝角时，可用角度样板、万能角尺等进行检测，如附图 A-4、附图 A-5 所示。

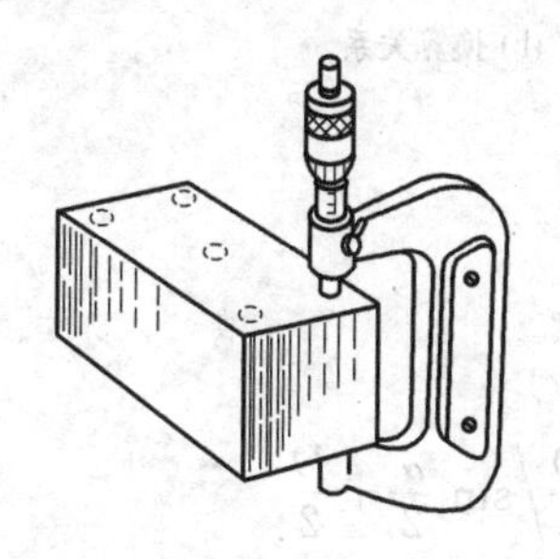

附图 A-3　千分尺测量平行度

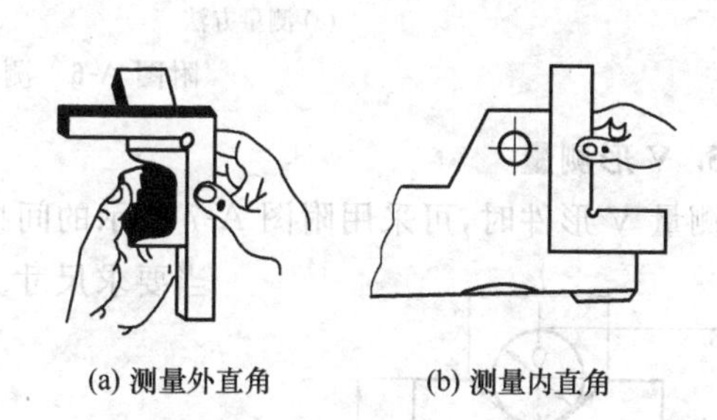

(a) 测量外直角　(b) 测量内直角

附图 A-4　直角尺测量角度

4. 测量燕尾

测量燕尾角度时，常使用角度样板或万能角尺。测量燕尾尺寸时，一般都采用间接测

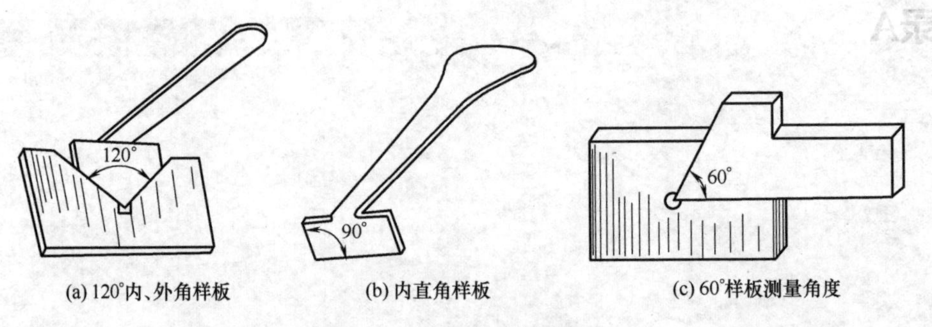

(a) 120°内、外角样板　　(b) 内直角样板　　(c) 60°样板测量角度

附图 A-5　角度样板测量角度

量法，如附图 A-6 所示。其测量尺寸 M 与尺寸 B、圆柱直径 d 之间有如下关系。

$$M=B+\frac{d}{2}\cot\frac{\alpha}{2}+\frac{d}{2}$$

式中：M——测量读数值，mm；

B——斜面与底面的交点至侧面的距离，mm；

d——圆柱量棒的直径尺寸，mm；

α——斜面的角度值，(°)。

当要求尺寸为 A 时，则可按下式进行换算。即

$$A=B+C\cot\alpha$$

式中：A——斜面与上平面的交点（边角）至侧面的距离，mm；

C——深度尺寸，mm。

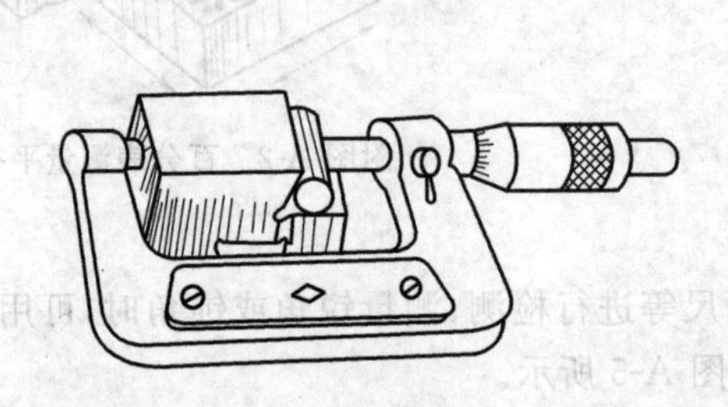

(a) 测量方法　　(b) 换算关系

附图 A-6　测量燕尾

5. V 形测量

测量 V 形件时，可采用附图 A-7 所示的间接测量方法。

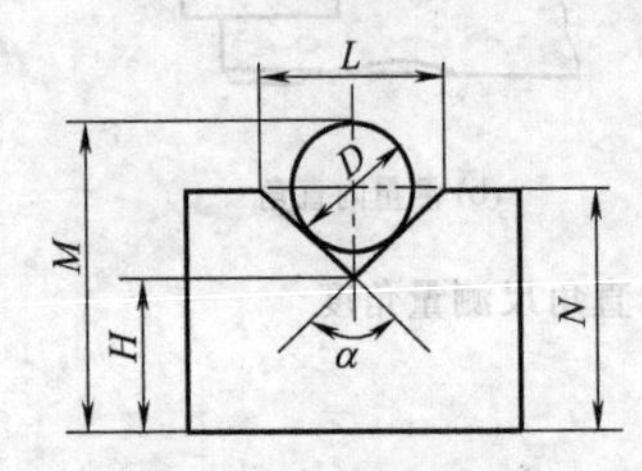

附图 A-7　V 形测量

当要求尺寸为 H 时

$$M=H+\frac{D}{2}\Big/\sin\frac{\alpha}{2}+\frac{D}{2}$$

当要求尺寸为 L 时

$$M=N-\frac{L}{2}\cot\frac{\alpha}{2}+\frac{D}{2}\left(1+1\Big/\sin\frac{\alpha}{2}\right)$$

式中：M——测量读数值，mm；

D——圆柱量棒直径，mm；

L——V形面与上平面的两交点的距离，mm；

H——V形面两交点至底面的距离，mm；

N——V形件的高度，mm；

α——V形面的角度值，(°)。

6. 间隙测量

测量配合间隙时，可用一片或数片塞尺重叠在一起塞入间隙内，检测两个接触面之间的间隙大小。也可用游标卡尺或千分尺等量具测量出内孔的尺寸和外形的尺寸，两者差值即为间隙。

参考文献

[1] 张玉中.模具制作实训[M].北京:国防工业出版社,2013.

[2] 吴清.钳工基础技术[M].北京:清华大学出版社,2011.

[3] 邱言龙.装配钳工实用技术手册[M].北京:中国电力出版社,2010.

[4] 秦涵.模具钳工实训教程[M].北京:化学工业出版社,2009.

[5] 邱言龙.机修钳工入门[M].北京:机械工业出版社,2008.

[6] 王永明.钳工基本技能[M].北京:金盾出版社,2007.

[7] 郭庆荣.初级工具钳工技术[M].北京:机械工业出版社,1999.

[8] 彭建声.简明模具工实用技术手册[M].北京:机械工业出版社,1999.

[9] 高佩福.实用模具制造技术[M].北京:中国轻工业出版社,1999.

[10] 单清琴.钳工常识[M].北京:机械工业出版社,1999.

[11] 机械电子工业部.钳工基本操作技能[M].北京:机械工业出版社,1998.

[12] 劳动部教材办公室组织.钳工生产实习(96新版)[M].北京:中国劳动出版社,1997.

[13] 刘汉蓉,张兆平.钳工生产实习[M].北京:中国劳动出版社,1997.

[14] 中华人民共和国职业技能鉴定辅导丛书编审委员会.钳工职业技能鉴定指南[M].北京:机械工业出版社,1996.

[15] 劳动部,机械工业部.工具钳工(考核大纲)[M].北京:机械工业出版社,1995.